高职高专计算机类专业教材
数字媒体系列

矢量绘图
设计与制作
案例教程
（Illustrator CC 2021）

张小玲◎编著

電子工業出版社
Publishing House of Electronics Industry
北京·BEIJING

内容简介

本书是一本将典型的工作过程和教学内容深度融合的教材，其中知识点和操作案例的选取以 Illustrator 在实际工作中的常见任务与高频次运用为标准，确保了教材内容的实用性和先进性。为了提高读者的学习效率与实战能力，全书分为基础篇与综合提高篇，读者可以根据需要快速上手。本书深入贯彻“技艺融合”的教学理念，将 Illustrator 软件运用、艺术设计、风格介绍等多方面必备知识分解融入背景、壁纸、插画、文字、图标、表情包、Q 版娃娃、数字化再现等实战项目中。同时，项目示范选取了优秀传统文化成果作为案例，对传统文化进行了传扬。

本书采用了目前最新软件版本 Illustrator CC 2021，通过娓娓道来的讲述与配套系列视频，让读者置身一线学习和工作情境中，边学边练，学用结合，从而逐步提升个人技术能力和设计水平。本书可作为高职院校和应用型本科院校、培训机构的教学用书，也适合 Illustrator 的初学者自学，同时对具有一定 Illustrator 使用经验的读者也有较高的参考价值。

图书在版编目（CIP）数据

矢量绘图设计与制作案例教程：Illustrator CC 2021 / 张小玲编著．—北京：电子工业出版社，2021.1
ISBN 978-7-121-37735-8

Ⅰ.①矢…　Ⅱ.①张…　Ⅲ.①图形软件－高等学校－教材　Ⅳ.① TP391.412

中国版本图书馆 CIP 数据核字（2019）第 240154 号

责任编辑：左　雅
印　　刷：北京瑞禾彩色印刷有限公司
装　　订：北京瑞禾彩色印刷有限公司
出版发行：电子工业出版社
　　　　　北京市海淀区万寿路 173 信箱　　　邮编 100036
开　　本：787×1092　1/16　　印张：13.75　　字数：345 千字
版　　次：2021 年 1 月第 1 版
印　　次：2023 年 1 月第 6 次印刷
定　　价：68.00 元

凡所购买电子工业出版社图书有缺损问题，请向购买书店调换。若书店售缺，请与本社发行部联系，联系及邮购电话：（010）88254888，88258888。
质量投诉请发邮件至 zlts@phei.com.cn，盗版侵权举报请发邮件至 dbqq@phei.com.cn。
本书咨询联系方式：（010）88254580，zuoya@phei.com.cn。

前 言

Illustrator 是一款非常好用的图片处理软件，也是目前顶尖的工业标准矢量插画软件，被广泛应用于出版、多媒体和在线图像编辑等领域。本书知识点及案例讲解皆采用了目前最新软件版本 Illustrator CC 2021，从认知、体验和技术上都走在了行业前列。本书基于“技艺融合”的教学理念，突出职业技能实际训练，强化岗位技艺综合能力，采用“基于工作过程导向”的项目任务驱动法进行编写。

本书是重庆市教育科学规划课题“媒体融合视域下中华优秀传统文化融入高校的德育研究”的阶段成果之一。全书整合了企业、行业和学校的资源，从宏观上对该课程以及知识体系做了部署。撰写过程除了软件技术的讲授，还有设计思想与项目规范的灌输，内容安排符合教学以及认知规律。书中充分体现理论够用、加强实践的教学理念，针对图形设计与制作，从具体案例、项目要求入手，对设计全过程进行剖析、归纳和演绎，将“理论知识”、“软件技术”与“艺术设计”各项元素充分融合，精选了背景、壁纸、插画、文字、表情包、图标、Q 版娃娃、数字化再现等实战案例。同时，项目示范选取了优秀传统文化成果作为案例，对传统文化进行了传扬。

全书分为基础篇和综合提高篇，共 10 章，具体内容如下。

第 1 章　矢量绘图设计基础：介绍设计学基础、视觉技巧与 Illustrator CC 2021 软件基础。

第 2 章　图形元素基础篇：介绍常用工具、基本图形、符号、常见控件与图案的绘制。

第 3 章　背景、壁纸综合篇：介绍了典型的有序背景和无序背景，以及不同的构成方式与风格的绘制。

第 4 章　典型文字处理综合篇：介绍了多种典型的矢量文字效果的设计与制作方法，涵盖了文字与多种工具的综合运用。

第 5 章　图标提高篇：介绍了以线性、面性图标为基础的图标分类、风格及其绘制方法。

第 6 章　数字化再现传统文化：介绍了数字化再现手稿及传统纹样的知识点与设计制作技巧。

第 7 章　生肖主题系列图标设计与绘制：介绍了主题系列图标绘制的关键知识点与设计制作技巧。

第 8 章　表情包设计与绘制：介绍了表情包绘制的关键知识点与设计制作技巧。

第 9 章　系列插画设计与绘制：以风景插画为例，介绍了插画绘制的关键知识点与设计制作技巧。

第 10 章　Q 版戏剧娃娃设计与绘制：介绍了 Q 版戏剧娃娃绘制的关键知识点与设计制作技巧。

配套学习资源提供了 40 余段经典操作的微课视频（扫描书中二维码观看），所有案例的源文件、素材文件，以及全套教学资料（教纲、考纲、学时安排、试题库、课件集、教案等），可帮助读者提高学习效率，请登录华信教育资源网（www.hxedu.com.cn）注册后免费下载。

由于作者水平有限，书中难免会有疏漏和不足之处，感谢您选择本书的同时，也希望您能够把对本书的意见和建议告诉我们。

编者邮箱：410279513@qq.com。

编　者

目录

第一部分　基础篇

第二部分 综合提高篇

第一部分
基础篇

第 1 章

矢量绘图设计基础

1.1 设计学基础

1.1.1 设计作品的基本形态要素

点、线、面是设计作品中最基本的形态要素，点、线、面的关系是相对而言的，以如图 1-1 所示米罗的作品为例，正是点、线、面元素很好结合的作品，画面中标注①的红色大圆相对于画面上标注③的黑色小圆来说，红色大圆就是面，黑色小圆就是点。

1. 形态要素之——点

点是平面构成中最小、最基本的元素。一个点，可以准确地标明位置，吸引人的注意力；多个点的组合，可以表现丰富的形象内涵。就形状来说，点具有以下两方面特点：点的大小不固定，点的形状不固定。

2. 形态要素之——线

线同样具有两类显而易见的特征：线是最具变化、最具个性的元素，但粗细超过一定限度或密集排列则会转化成面；线可以分为直线和曲线两种基本类型。

3. 形态要素之——面

面是平面构成中具有长度和宽度的二维空间，在画面中起到衬托点和线的作用。

面可以分为：直线形的面（用直线构成的形态）；曲线形的面（用曲线构成的形态）；不规则形的面（用直线和曲线随意构成的形态）。

图 1-1 米罗作品中的点线面

1.1.2 设计作品的构成秩序与形式美

设计时，视觉起着至关重要的作用，而秩序又是最常用、最有规律可循的一种，它将共性与个性有机地统一起来，给受众以和谐的美感。构成秩序的语法对视觉设计具有指导作用。在秩序关系的语法要素中，平衡的规律性、整体性最强，包括对称和均衡；节奏具有较强的持续性和反复性，包括规则的节奏和自由节奏；韵律则表现为相对均齐的状态，生动、灵活。根据图形要反映的客观载体的不同，选择相应的视觉语法，合理地利用秩序的构成，有助于把握设计的整体格局，将共性与个性相融合，带给观者和谐的美感。

这些构成不同形态、色彩语汇间的秩序关系的语法要素有平衡、节奏及韵律等，也是平面构成的形式美法则。形式美是美的事物外在形式所具有的相对独立的审美特性，而视觉美表现为具体的美的形式。狭义地说，形式美是指自然、生活、艺术中各类形式因素（色彩、线条、形体、声音等）及其有规律组合所具有的美。因此，在变化中求统一，在统一中求变化，是一切艺术形式美所遵循的基本法则。

1. 变化与统一

富于变化的形象更容易引起人的注意，激起人的新鲜感和愉悦感。因此，构成中的形态和形象必须有变化。有变化，还要有统一。可以利用主题来统一全局，通过线的方向、形状的大小、色彩的变化来得到多样统一的效果。

2. 条理与反复

按照一定的有序规律组织成有条理的装饰性图形，表现出一种整齐美和节奏美，比如二方连续、四方连续等重复构成装饰等。

设计时要仔细推敲单位纹样中形象的穿插、大小错落、简繁对比、色彩呼应及连接点处的再加工。二方连续纹样被广泛应用于建筑、书籍装帧、包装绳、服饰边缘、装饰间隔等，如图 1-2 所示，在 Illustrator 中可以用定义图案画笔的方法打造。

图 1-2　二方连续纹样

四方连续是由一个纹样或几个纹样组成一个单位，向四周重复地连续和延伸扩展而成的图案形式。四方连续的常见排法有梯形连续、菱形连续和四切（方形）连续等，在 Illustrator 中可以用定义图案的方法打造。

四方连续纹样是指一个单位纹样向上、下、左、右四个方向反复连续循环排列所产生的纹样。这种纹样节奏均匀，韵律统一，整体感强，如图 1-3 所示。

图 1-3　四方连续纹样

3. 平衡与均衡

1）平衡（对称）

平衡，是视觉形态秩序再造所要达到的最基本的要求。在所有的视觉设计中，平衡是构成设计整体协调的基本保证，可以给人以舒服的视觉享受和安全感。以静感为主导的平衡包括以对称性原理构成的形态平衡关系，也称之为均齐。

对称可以在视觉上取得力的平衡，让人感到完美无缺，体现出一种端庄和秩序之美。依据对称关系的不同特点，又可将视觉形态对称的形式分为反射对称、回转对称、扩大对称、旋转对称、移动对称 5 种主要类型，如图 1-4 所示。

反射对称

回转对称

扩大对称

旋转对称

移动对称

图 1-4　视觉形态对称的形式

- 反射对称也称为轴对称。反射对称的特点是当以一条中心线划分形态时，中心线两侧的形态可呈现出一种完全对称重合的镜像反映关系。这种对称形式在标志设计中应用十分广泛，由于它是以等量和等形的精确平衡为特征所构成的绝对对齐形式，所以是一种呼应关系最严谨、稳定感最突出的平衡形式，在标志中有利于表现庄重、坚实、成熟、安静等主题的视觉语境。
- 扩大对称是将基本形状部分或全部图案放大，形成大小对比关系，达到一种视觉平衡，也是移动对称的一种变形形式。
- 回转对称是由反射对称演化而来的一种对称形式，虽然其对称轴两侧的形态是等量、等形、相对呼应的，但在对称轴两侧的形态动势是以头尾相反的方向安排的。在这种对称方式中，由于运动方向的强烈矛盾，导致整个标志的造型产生明显的跳跃感。因此，它既能保持形态相互呼应的对称特征，又能在整体的对称关系中构成较强运动感的平衡形式。
- 旋转对称是以一个点为中心将对称轴按均等的角度呈放射状重复排列而构成的对称性，多以圆形为基本型，从而构成在视知觉中具有旋转运动趋势的对称秩序关系。这种视觉语法的造型关系多被运用于标志设计中，给人以规整、严谨之感又不失内在的活力，可营造较强的注目性。
- 移动对称是指等间距移动对称轴，使相同的单元形态有规则地重复排列而构成的对称性。以该视觉语法进行标志设计所呈现的形态关系具有构成简便、节奏明晰且可无限重复的特点。

2）均衡（不对称）

尽管对称体现了一种安定的美，但一种形式是远远不够的，均衡是形式美的一种不对称的平衡状态。虽然图形不对称，但可利用力学的杠杆原理，通过形态的大小或相互关系的调整，从而获得视觉上的平衡。均衡在视觉艺术中是一种在形态运动关系中构成的，以重心平衡为主导，以心理感受为依据的知觉平衡。它是指在中轴线或中心点周围的造型要素异型同量，或者同型异量，也可以整体均衡。这种均衡不仅受到形态重心的影响，还要考虑到运动趋势的影响。这种视觉语法法则在标志设计中具有可灵活调节、富于变化的特点，它可以适应于更大的应用范围且其形态的再造具有更多的趣味性。

4. 对比与调和

对比与调和是反映矛盾的两种状态。

- 对比：物象的形有大小、方圆、曲直、长短、粗细、凸凹等的对比；物象的质有光滑、粗糙、黑与白等的对比；物象的感觉有动与静、刚与柔、活泼与严肃、虚与实等的对比。
- 调和：调和就是统一，与对比相辅相成。

5. 节奏与韵律

节奏与韵律往往互相依存、互为因果。韵律是在节奏基础上的丰富，节奏是在韵律基础上的发展。一般认为，节奏带有一定程度的机械美，而韵律又在节奏变化中产生无穷的情趣，如植物枝叶的对生、轮生、互生，各种物象由大到小、由粗到细、由疏到密，不仅体现了节奏变化的伸展，也是韵律关系在物象变化中的升华。

节奏是规律性的重复。节奏在音乐中被定义为“互相连接的音，所经时间的秩序”，在造型艺术中则被认为是反复的形态和构造。在图案中将图形按照等距格式反复排列，做空间位置的伸展，如连续的线、断续的面等，就会产生节奏。节奏在视觉语言中可以理解为一种空间秩序。在标志设计中的视觉语汇在空间中持续地、有秩序地进行虚实、强弱的变化，各种形态和色彩在空间中的支配和占有，都是通过节奏特征感知其内在联系的。节奏感的适度运用可以提升标志的醒目度，加强其记忆性。在各种标志的视觉节奏形式中，分为有规则的节奏和不规则的节奏（又称为自由节奏）两种形式。

1）交替节奏

交替节奏是由相同元素与相同虚实、强弱间隔相结合所构成的节奏关系。在标志设计中，可以以同一视觉元素或同一组视觉元素，等量、等空间的连续重复表现出来，构成视觉上的可交替节奏，这种重复可以是大小位置也可以是方向的重复。利用这种视觉语法设计出来的标志给人以平稳、肯定、持久、明快且极具规律性的心理感受，具有高度统一的秩序美。

2）渐变节奏

渐变节奏是元素成分在有规律的递增或递减中，逐渐地显或隐、逐渐地强或弱所构成的节奏关系，在标志设计中体现为视觉要素持续、有规律的渐变运动。

- 形体渐变。在标志设计中，利用渐变的节奏可以在任何相异质的形态间构成和谐。
- 空间渐变。空间渐变有两种体现形式：一种是标志形态本身由小到大，或由大到小的空间渐变；另一种是由交点透视所引起的感觉中的渐变，最终通过空间排列给人以视觉享受。
- 色彩渐变。色彩在标志设计中也是非常重要的造型语汇，它的变化丰富多彩，通过渐变的节奏可以使不同明度、纯度的色相，甚至补色之间逐渐地相互渗透而趋于统一的和谐。

3）自由节奏

在标志设计中的自由节奏可以理解为没有定量单位的自由空间值的节奏，是一种视觉形象的体量占有、空间距离虚实关系不固定的节奏形式。我们在进行运用的时候主要借助点、线、面、色等形态要素，以均衡的形式为基础，显现出疏密、聚散的布局结构和虚实特征。

- 聚集节奏。以聚集节奏为特征的标志在形态分布上有明显的疏、密、聚、散的层次感，它可以是趋向于点的聚集，也可以是趋向于线的聚集。这类形式的标志设计由于它在排列上疏密有序、层次清晰，组织上有张有弛、有动有静，所以往往给人一种活跃生动又不乏亲切和谐之感。
- 挤集节奏。这种节奏在画面显示上表现为形态数量较多，空间密度较大，给人一种整体较拥挤的形态集结状态。

韵律是节奏的变化形式。它变节奏的等距间隔为几何级数的变化间隔，赋予重复的音节或图形以强弱起伏、抑扬顿挫的规律变化，由此产生优美的律动感。在图形设计中，可以将韵律理解为视觉形象结构的“相对均齐”状态，这种相对是相对于反射对称所呈现出的“绝对对称”而言的，具有相对灵活的特征。这种形态关系中，中轴线两侧的形态、色彩在体量和结构上，呈现出以近似为特征的平衡状态，远看如出一辙，近看则各有千秋。

1.1.3　设计作品的构成表现形式

1. 重复构成

重复构成主要是指相同或相近的图形连续地、有规律地反复出现，画面呈现整齐化、秩序化和统一感，如图 1-5 所示。重复构成的表现手法较为简单，但是视觉效果显著，适合大面积使用，如包装纸、壁纸、纺织品、地板革等。

图 1-5　重复构成

图 1-6 特异构成

2. 特异构成

相对于重复构成，特异构成的最大特征便是在局部变异形态与画面其他部分内容相互关联，形态相互对比，可以是颜色（材质）、形态（方向、大小）等的特异，如图 1-6 所示。

图 1-7 渐变构成

3. 渐变构成

渐变构成的主要特征是基本形态、骨骼或形象按照一定规律变化，产生节奏感和韵律美，同时具有一定的空间感和现代感。渐变表现的是一种循序渐进、有规律、有秩序的变化过程，如图 1-7 所示。

图 1-8 发射构成

4. 发射构成

发射构成具有两个基本特征：一是具有明显的焦点，焦点通常位于中央或偏于一侧；二是发射具有很强的动感，向中心集中或向四周扩散，如图 1-8 所示。

5. 空间构成

空间构成中的空间只是一个假象，三维空间是形态造成的视觉错觉，其本质还是平面的，如图 1-9 所示为纪念碑谷游戏界面。在平面设计中，空间是一种深度感的感觉，是相对人的视觉而言的，并非真正的空间。

图 1-9　空间构成

6. 肌理构成

肌理构成强调的是不同材料的视觉表现，主要可以分为视觉肌理和触觉肌理，后者还能用手去感知、触摸到。肌理表现可以用钢笔、毛笔、水笔等工具，喷绘、拓印、剪刻等手法，木材、石头、玻璃、塑料等材料来实现。如图1-10所示，从左到右依次为凹凸不平的表面、实色以及渐变的视觉肌理。

图 1-10　不同的视觉肌理

1.1.4　设计作品的颜色搭配

配色在矢量绘图设计的过程中相当重要。所有对象的填色，无外乎三种：第一，实色填充；第二，图案填充；第三，渐变填充。在填色的过程中我们要了解基本的配色技巧与原理，要对色彩的属性有所了解。通常色彩分为有彩色与无彩色。无彩色包括黑色、白色以及所有没有任何色彩倾向的灰色。有彩色包括红、橙、黄、绿、青、蓝、紫等七彩光所直接反射的所有颜色。我们可以利用临近色、同类色、对比色进行构成设计。色彩具有色相、明度、饱和度 3 个基本属性，加上这些属性的变化，配色方案几乎无穷多。

1.2 视觉技巧

1.2.1 美学意识

首先，一个优秀的平面设计师必须时刻关注新事物，有意识地观察周围环境。无论做什么，我们都可以在生活中发现设计，发现美。关注艺术、排版、包装、海报、杂志、书籍、应用程序、网页，甚至建筑物、物体或自然事物都可以激发你的灵感，提升你的设计品位和设计手段。你还必须关注设计趋势，这是实现有意识的设计决策的第一步。

1.2.2 视觉层级

当你在看一个设计时，视觉层级结构定义了你应注意的位置和内容。任何界面、书籍、杂志、屏幕，甚至建筑物或物体都可以具有视觉层次。如果你可以很好地建立层次结构，就可以正确地引导人们的注意力。

1.2.3 激发灵感

激发灵感的最好方式是积累。创造力涉及过程和实践，你必须训练你的大脑并习惯这个过程。但是你仍然需要学习这个过程，这是一种必备技能。养成分类收集整理优秀作品、图片素材、优秀教程、推荐网站、App、公众号等的习惯，养成临摹练习、自主创作的习惯。

1.2.4 排版技巧

排版技巧是视觉设计必须具备的一个技能。我们要学会对象的几种位置关系，如重叠、盖叠、合叠、透叠等；学会多种构成方式，如重复构成、发射构成、渐变构成、对比构成等。因此，必须学习并关注排版的基本规则和流行趋势。

1.3 Illustrator 软件基础

1.3.1 Illustrator 软件简介

Adobe Illustrator（简称 Illustrator）是 Adobe 公司推出的基于矢量的图形制作软件。作为全球著名的矢量图形软件之一，Illustrator 以其强大的功能和体贴用户的界面著称。无论是平面设计者、专业插画家、生产多媒体图像的艺术家，还是网页或在线内容的制作者，使用过 Illustrator 后都会发现，其强大的功能和简洁的界面设计风格是许多其他软件工具无法相比的。它同时作为创意软件套装 Creative Suite 的重要组成部分，与位图图形处理软件 Adobe Photoshop 有类似的界面，并能共享一些插件和功能，实现无缝连接。它与 Adobe 公司出品的其他软件有很好的共通性，界面相对友好，对于 Photoshop 熟悉的朋友能够轻松上手，因为许多快捷方式、操作习惯、界面设置都是相似的。

Illustrator 是矢量绘图软件，通常用于绘制插图、漫画、图表、图标和徽标。不同于将信息存储在点阵网格中的位图图像，Illustrator 使用数学方程来绘制形状，这使得矢量图形可以在不损失分辨率的情况下进行扩展。

学习矢量绘图设计首先必须了解清楚矢量绘图的原理。矢量图是放大不失真的，与位图有非常大的区别，了解清楚这些基本原理，才便于后期的设计与使用。

其次，还要具备数字化的相关知识。时代变化非常迅速，每天都可能出现新的工具、插件、方法、趋势或指南，Illustrator 的版本差不多也是一年一更新。你必须准备好学习使用新的数字化工具，并对这些变化保持开放态度，对设计领域的新工具和数字化解决方案有一些基本的“天赋”，或至少保持一些好奇心。

1.3.2 矢量图形的优点和缺点

1. 矢量图形的优点

- 可扩展，无分辨率丢失；
- 线条在任何尺寸下都是清晰锐利的；

- 能高分辨率打印；
- 较小的文件大小；
- 很适合绘图。

2. 矢量图形的缺点

- 图纸往往看起来平坦而卡通；
- 很难产生照片的真实感。

图 1-11　矢量图与位图的比较

如图 1–11 所示为矢量图与位图的比较，右边两个图为放大的效果，上方为矢量图，下方为位图，可以看到矢量图放大后细节细腻，而位图变得模糊。

矢量图是计算机图形学中用点、直线或者多边形等基于数学方程的几何图来表示图像的，而位图是使用像素点来表示的。所以，矢量图可以无限倍数地放大，而位图在放大到一定倍数时就变得模糊不清了。

正是因为矢量图的上述优势，它被广泛应用于图形设计、文字设计、标志设计、版式设计和界面设计等领域。

1.3.3　Illustrator 软件界面

Illustrator CC 2021 的启动界面如图 1–12 所示。我们首次运行 Illustrator CC 2021 会从这样一个界面开启神奇的矢量绘图世界。

初识 Illustrator CC 2021 界面

第一次启动 Illustrator CC 2021

图 1-12　Illustrator CC 2021 启动界面

启动后，单击“新建”按钮，在打开的“新建文档”对话框中，选择需要的文件大小，输入文档的名称，设置相关参数，单击“创建”按钮，创建你的第一个文档，如图 1-13 所示。

图 1-13　“新建文档”对话框

接下来映入眼帘的就是 Illustrator 的工作区，如图 1-14 所示。

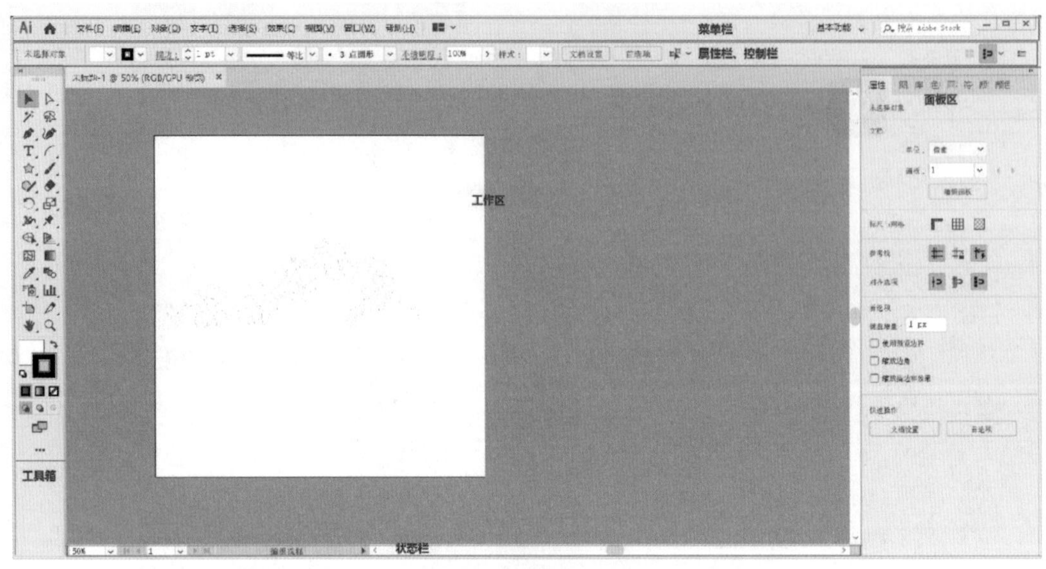

图 1-14　Illustrator 工作区

初次使用可以对软件进行个性化设置，执行菜单命令【编辑】|【首选项】，里面有一些设置选项，如图 1-15 所示。选择【用户界面】命令，为了本书部分插图印刷效果更好，将界面亮度设置为浅色（默认是黑色），如图 1-16 所示。

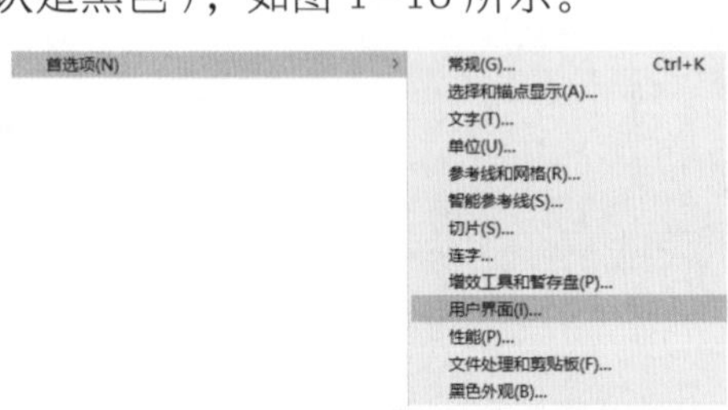

图 1-15　【首选项】|【用户界面】

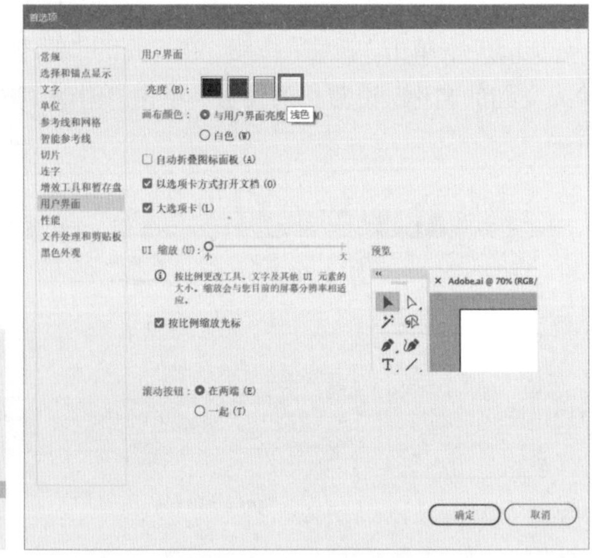

图 1-16　“首选项”对话框

1.4 同步练习

请尝试自己安装并运行一次 Illustrator CC 2021，熟悉工作区，并对软件进行个性化设置。

第2章

图形元素基础

2.1 有趣的基本图形

在 Illustrator 中提供了许多工具可以直接绘制基础的几何形状，绘制时有以下常用操作。

1. Shift 键、Alt 键与 Ctrl 键

“Shift”键通常表示多个、成倍、正形、相加，“Alt”键通常表示从点出发进行的操作或相减，而“Ctrl”键通常表示单个控制。拖曳鼠标的同时按住“Shift”键，可以绘制正形（如正方形、正圆、正多边形等）；按住“Alt”键，可以从指定点出发向外绘制形状；按“Shift+Alt”组合键，则可以从点出发绘制正形。例如，

使用“星形工具”的同时按住“Alt”键，就可以画出一个平肩五角星；按住“Ctrl”键，即可拖动鼠标来调整星星的角的大小，如图 2-1 所示。

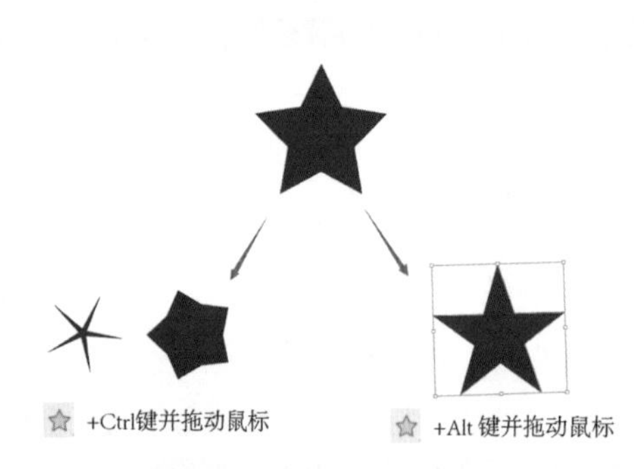

图 2-1　绘制不同的五角星

2. 空格键

拖曳鼠标绘制的同时按住“Space”（空格）键，可以将绘制对象随鼠标移动位置。

3. 方向键

拖曳鼠标绘制的同时，可以通过调节键盘上的“↑”“↓”“←”“→”方向键，对所绘制的图形参数进行调节，如使用“矩形网格工具”时，按“↑”或“↓”方向键可以增 / 减行数，按“←”或“→”方向键可以增 / 减列数。

4.~ 键

拖曳鼠标绘制的同时按住“~”键，可以迅速出现跟随鼠标运动轨迹的递增图形。

5. 其他特殊键

使用“矩形网格工具”时，拖曳鼠标绘制的同时，按住“C”键，竖向的网格间距逐渐向右变窄；按住“X”键，竖向的网格间距逐渐向左变窄；按住“V”键，横向的网格间距逐渐向上变窄；按住“F”键，横向的网格间距逐渐向下变窄。详见如图 2-2 所示基本图形的常见绘制方法。

利用基本形状工具与【效果】菜单配合还可以产生更多有趣的形状，如图 2-3 所示就是一些基本图形利用了菜单命令【效果】|【扭曲和变换】|【收缩和膨胀】的效果。

* 小练习：请尝试绘制如图 2-2 和图 2-3 所示的图形。

有趣的
基本图形

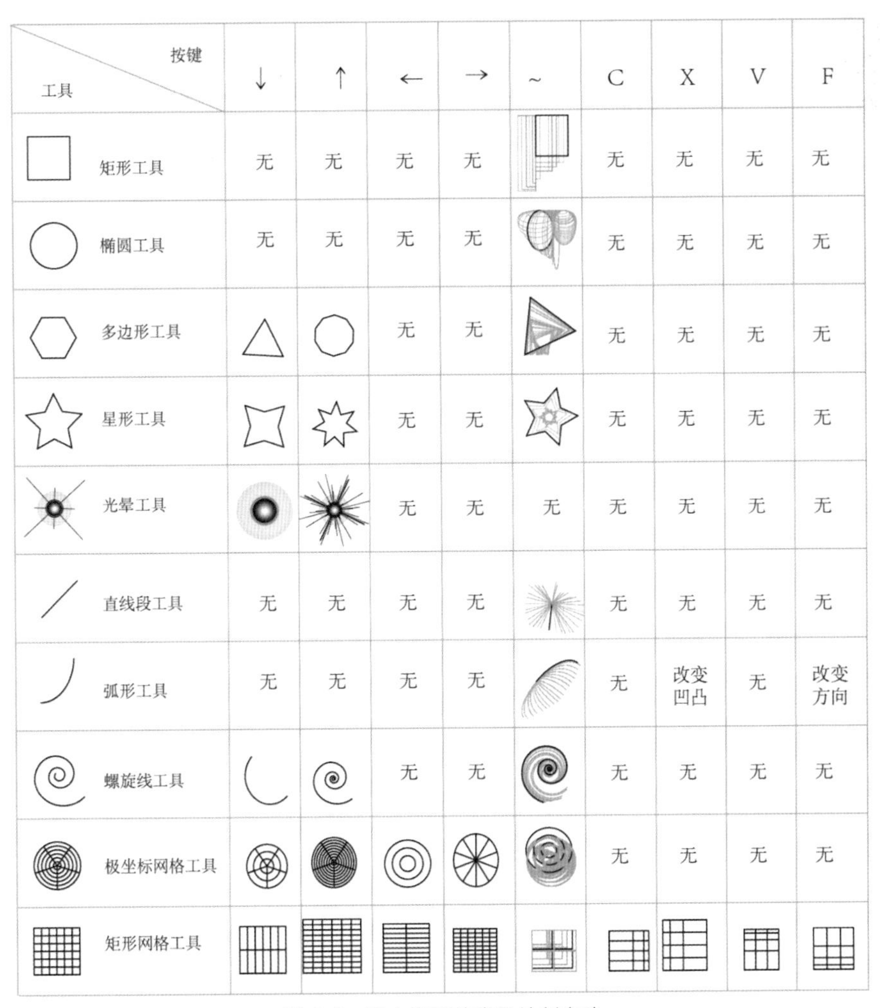

按键 / 工具	↓	↑	←	→	~	C	X	V	F
矩形工具	无	无	无	无		无	无	无	无
椭圆工具	无	无	无	无		无	无	无	无
多边形工具			无	无		无	无	无	无
星形工具			无	无		无	无	无	无
光晕工具			无	无	无	无	无	无	无
直线段工具	无	无	无	无		无	无	无	无
弧形工具	无	无	无	无		无	改变凹凸	无	改变方向
螺旋线工具			无	无		无	无	无	无
极坐标网格工具						无	无	无	无
矩形网格工具									

图 2-2　基本图形的常见绘制方法

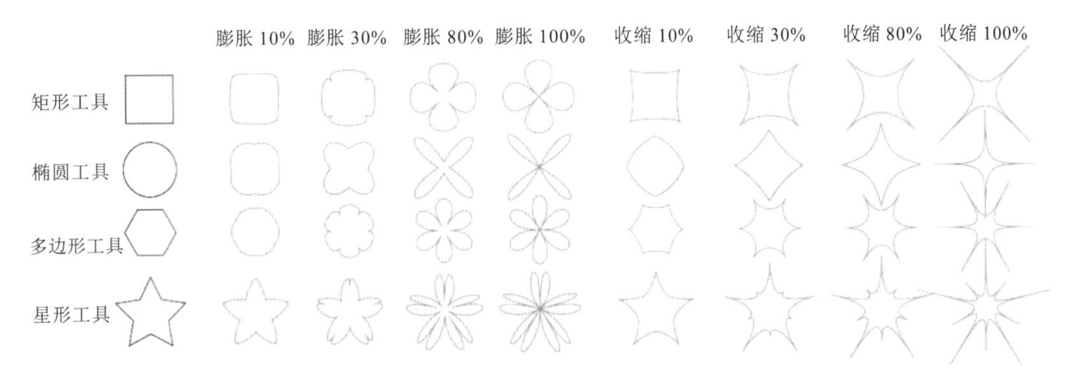

图 2-3　不同的膨胀和收缩效果

绘制对象的常用工具

2.2 绘制对象的常用工具

在 Illustrator 中绘制图标使用的基本工具有填充、描边、钢笔、路径查找器、形状生产器、对齐、锚点、圆角、扩展。

1. 选择工具组

- 选择工具（V）：选择、移动、缩放、旋转；
- 显示 / 隐藏定界框："Ctrl+Shift+B"；
- 直接选择（A）：选择、移动、变形；
- 显示 / 隐藏边缘："Ctrl+H"；
- 套索工具：自由地选择所需要的锚点；
- 魔棒（Y）：靠颜色识别，与 Photoshop 的"魔棒工具"相似。

2. 多个对象编组（取消编组）

- 编组："Ctrl+G"；
- 取消编组："Ctrl+Shift+G"。

3. 扩展与扩展外观

扩展是针对一个或一组（没有应用任何效果的）矢量对象而言的，用来将单一对象分割为若干个对象，这些对象共同组成其外观，如将描边扩展成填充。

扩展外观是针对对象的某种效果而言的，效果可以有很多种，如 3D 效果、变形效果、风格化效果、像素化效果、模糊效果等。只有应用了效果的对象才能应用扩展外观。

2.2.1 填色和描边

Illustrator 绘制的矢量对象分为内部填色与轮廓描边两个部分。填色及描边都可以使用纯色、渐变与图案，还可以设置透明度。 其中描边还可以改颜色，可变虚线，可变实线，可改变端点、折角的形状。

相关常用快捷键有：

- 前后互换："X"；
- 颜色互换："Shift+X"；
- 默认黑白："D"。

2.2.2 直角变圆角

Illustrator 从 CC 2015 版本开始，锚点自带直角变圆角的功能。使用多边形工具组绘制形状后，或使用“选择工具”或“直接选择工具”选中对象时，都会出现小圆点，如图 2-4 所示，拉动小圆点即可改变圆角的角度。默认情况是对所有小圆点一起调节，也可以单击选择某一个点进行调节。这个功能为绘制带来很大便捷，特别是在图标设计中应用广泛。

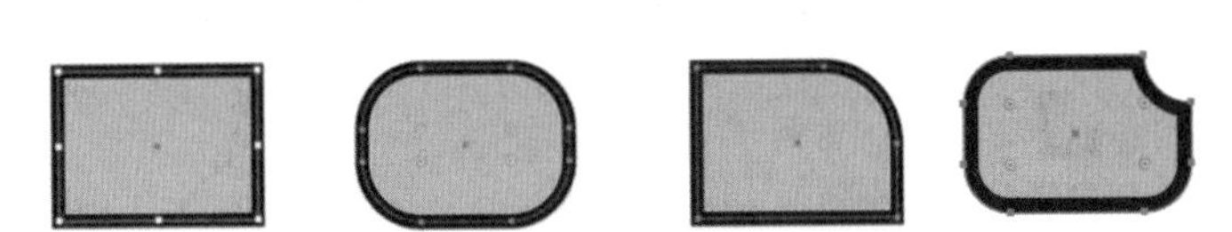

图 2-4 调节直角变圆角的小圆白点

如果当前工具为“直接选择工具”，想要精确地控制圆角数据，可以在工具栏的“边角”处输入圆角半径的数据；设置边角样式，如圆角、反向圆角、倒角等。设置边角样式还可以按住“Alt”键的同时，单击圆形上的小圆点轮流切换，如图 2-5 所示。

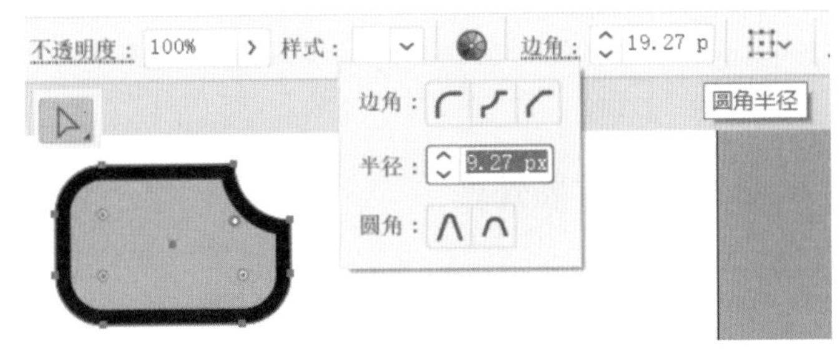

图 2-5 边角设置

圆角设置

2.2.3 路径查找器与形状生成器

“路径查找器”的“形状模式”等同于 Photoshop 的布尔运算。布尔运算是通过绘制规则的形状进行合并、减去、相交、排除，得到新的形状。“路径查找器”下的 4 个形状模式分别是“联集”“减去顶层”“交集”“差集”，6 个功能按钮分别是“分割”“修边”“合并”“裁剪”“轮廓”“减去后方对象”。

相比之下，“形状生成器”比“路径查找器”更好用一些。“形状生成器”可以通过合并或擦除简单形状创造出复杂的形状，并且它对简单复合路径有效，可以直观高亮显示所选对象中可合并为新形状的边缘和选区。使用“形状生成器”，在默认状态下拖曳鼠标经过相邻对象，类似于“路径查找器”中的“联集”形状模式；单击对象中间重叠的部分，类似“路径查找器”中的“分割”功能按钮；使用时按下“Alt”键，可以将“形状生成器”变成“修剪”模式，拖曳鼠标经过的地方将被直接删掉。“路径查找器”面板与“形状生成器”工具如图 2-6 所示。

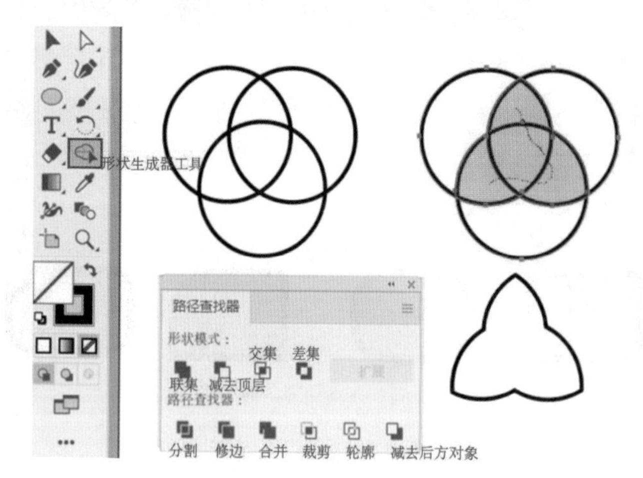

图 2-6 “路径查找器”面板与“形状生成器”工具

★小练习：请尝试绘制三个正圆形，并使用“形状生成器”将它们变为米奇标志。

★小练习：请尝试绘制两个同心圆，并使用“形状生成器”将它们变为一个圆环。

2.2.4 扩展外观

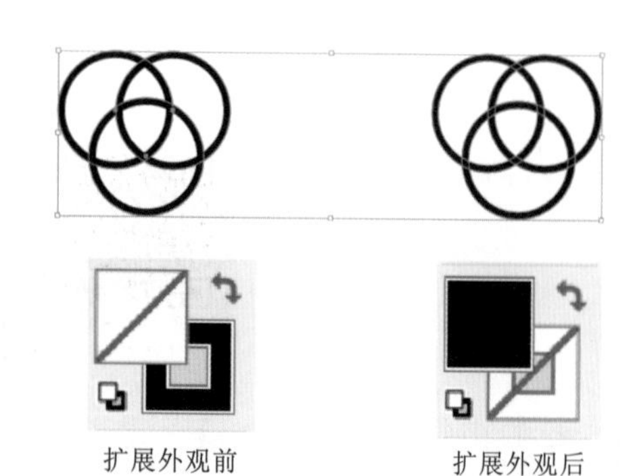

图 2-7 扩展外观前后填色位置的变化

Illustrator 中的“钢笔锚点”和 Photoshop 中的使用方法是一样的。Illustrator 中带有描边属性的对象可以通过扩展外观将描边变成面，但是在绘制线性图标时不要对描边进行扩展，因为放大、缩小不会改变描边的粗细，扩展成面会随着放大、缩小而发生变化。如图 2-7 所示为扩展外观前后填色位置的变化：两个图形看似一样，但左边扩展外观前图形仅有描边，右边扩展外观后则只有填色。

☆ 提示

- “扩展”：表示将复杂物体拆分成最基本的路径，是针对一个或一组（没有应用任何效果的）矢量对象而言的。
- “扩展外观”：表示针对外观属性的扩展，是针对对象的某种效果而言的。

2.2.5 Illustrator 工具箱中的比例缩放工具

双击 Illustrator 工具箱中的“比例缩放工具”，可以打开“比例缩放”对话框。通过如图 2-8 所示设置界面可以发现，不勾选“缩放圆角”和“比例缩放描边和效果”两个选项时进行的缩放会改变图形原来的模样；勾选之后，在缩放的同时保持了原有的圆角参数和描边比例。因此，在绘制图标时建议同时勾选这两个选项。

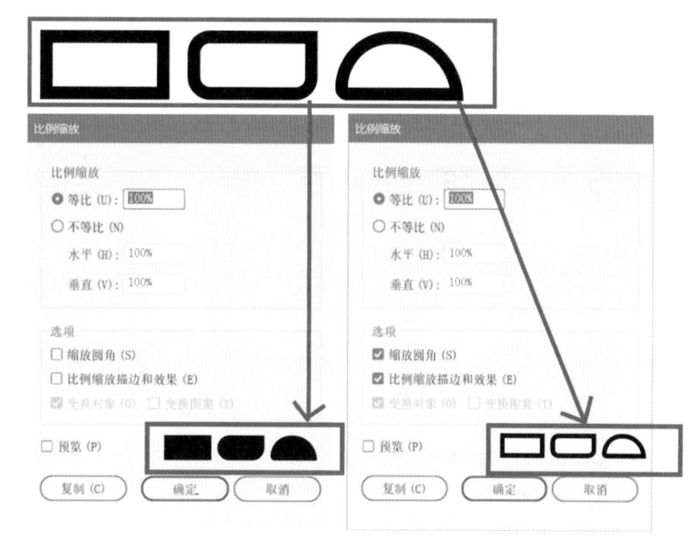

图 2-8 比例缩放的设置

2.2.6 旋转与镜像打造对称图形

在绘制对称图形的时候，我们可以只绘制一半，先使用“镜像”(“旋转”)工具复制，然后通过“对齐”“形状生成器”等工具就可以很好地将两部分闭合在一起。如图 2-9 所示就是利用镜像复制完成从左到右的变化的。

图 2-9 镜像复制

2.3 有趣的符号

2.3.1 丰富的自带符号

Illustrator 中的符号面板中提供很多系统自带的矢量符号图形，可以直接进行绘制。执行菜单命令【窗口】|【符号】，打开“符号”面板。

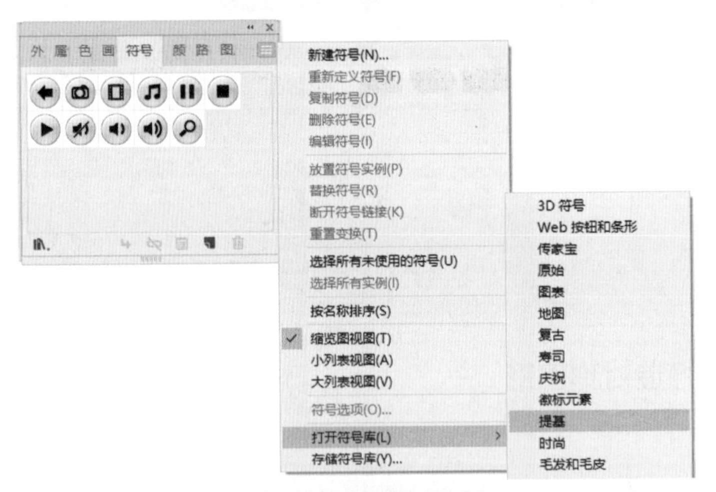

图 2-10 “符号”面板

单击“符号”面板右上角折叠菜单|【打开符号库】，里面有多种自带符号供用户直接选用，如图 2-10 所示。

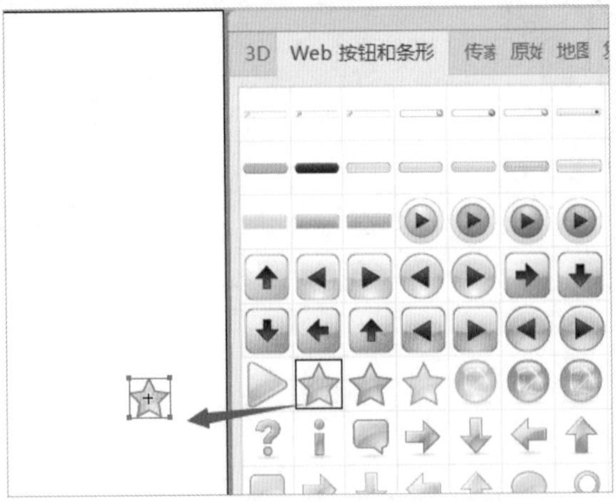

图 2-11 将符号直接拖入画板中

可以选中任意一个符号库中的符号，直接拖入画板中，具体操作如图 2-11 所示。

也可以选中任意一个符号后，使用工具箱中的“符号喷枪工具”，在画面上单击，每单击一下鼠标将会喷出一个符号，长按鼠标左键会持续喷出多个符号，如图 2-12 所示。

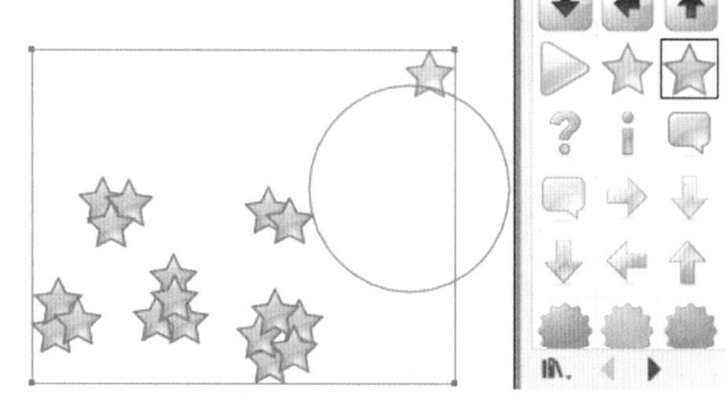

图 2-12 利用符号喷枪喷绘

2.3.2 自定义符号

自定义符号

1. 自定义符号

在 Illustrator 中打开想要定义成符号的图像，然后执行菜单命令【窗口】|【符号】，打开“符号”面板。接着单击图像，将其拖入符号框中。在打开的“符号选项”对话框中可以设置符号的“名称”“导出类型”“符号类型”“套版色”等参数，完成设置后单击“确定”按钮，如图 2-13 所示。单击“符号”面板右上角折叠菜单|【存储符号库】，选择想要存储的位置并单击“保存”按钮，完成自定义符号操作。

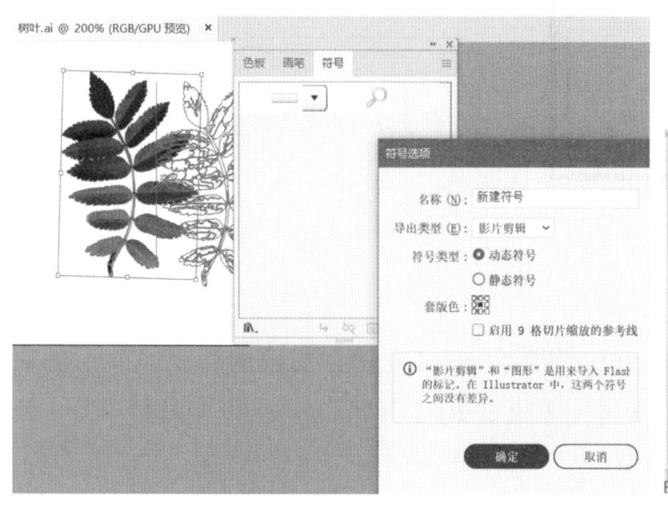

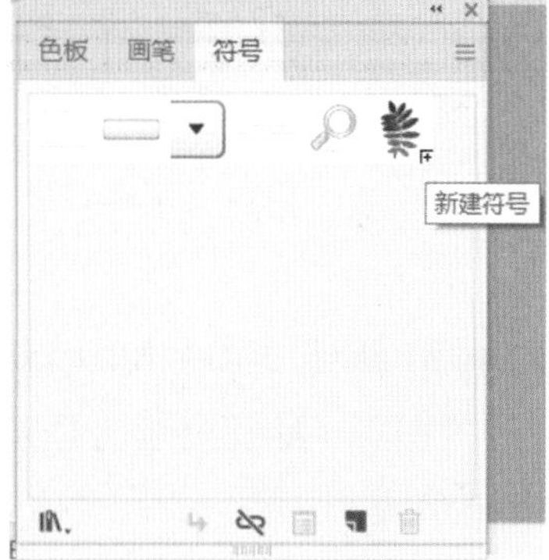

图 2-13 自定义符号

图 2-14　利用自定义符号完成的创作

接下来可以使用刚刚自定义的符号，利用符号组工具随意创作满意的图像，如图 2-14 所示。

*小练习：请尝试为自己定义一个喜欢的符号并存储。

图 2-15　符号喷漆组工具使用实例

2. 符号喷漆组工具使用实例

接下来我们利用现有符号和新建符号，简单设计画面，完成效果如图 2-15 所示。

符号喷漆组工具使用实例

Step01 新建 600 × 800px 文档。使用“矩形工具”绘制两个同心的矩形框，打开“符号”面板挑选合适的符号（【复古】|【吉他】），直接拖进画板中，适当拖曳调整大小。

Step02 打开“符号”面板挑选合适的符号（【庆祝】|【五彩纸屑】），使用“符号喷枪工具”在画面中长按鼠标左键持续喷涂，并调小其控制栏中的透明度。

Step03 绘制自己喜欢的图形，并直接拖进“符号”面板，如图 2-16 所示，新建图形符号。

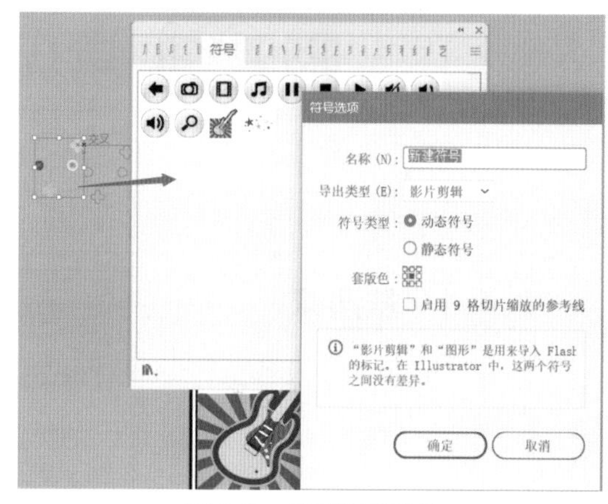

图 2-16　新建图形符号

Step04 保持选中刚刚新建的符号，使用“符号喷枪工具”在画面中喷绘。还可以利用符号喷枪组的其他工具对位置、方向、疏密、颜色等进行适当的调整，如图 2-17 所示，最后得到自己满意的画面。

图 2-17　符号喷枪组工具

☆ 提示

偏移路径

使用方法：【对象】|【路径】|【偏移路径】。偏移路径区别于等比缩放，可以很好地解决等宽缝隙的间距问题，特别是各边不一样长的情况。偏移路径产生的副本与原来形状的间距处处一致，而等比例缩放则不一定。在“偏移路径”对话框中，“位移”数值为正数表示向外扩展，为负数表示向内收缩，“连接”样式也可以有“斜接”“圆角”“斜角”三种，如图 2-18 所示。

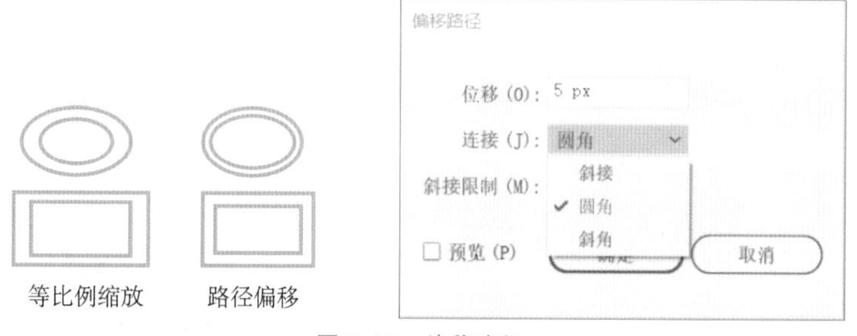

图 2-18　偏移路径

2.4 常见控件的绘制

悬浮球

2.4.1 悬浮球

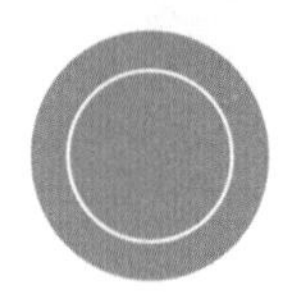
图 2-19 悬浮球

悬浮球的作用是方便用户更快捷地使用某些功能，在 iOS 系统与 Android 系统中都经常见到。悬浮按钮可以在桌面上显示，并且可以随意拖动到屏幕左侧或右侧，可以用来显示我们常用的功能，包括返回主屏幕、查看最近浏览的任务页面、锁屏、一键优化、清理垃圾等。常见的悬浮球样式为半透明的同心圆形，如图 2-19 所示。

1. 绘制方形悬浮球图像

首先选择“圆角矩形工具”，按住“Shift”键，绘制一个圆角矩形，这里可以通过“直接选择工具”调整圆角矩形内部的小圆点，调整其圆角的范围。然后使用“椭圆工具”绘制正圆形时同样按住“Shift”键。将这个正圆形调整为白色，并将其透明度设置为“30%”。按“Ctrl+C”组合键复制该白色小圆形，再次按“Ctrl+F”组合键同位粘贴，这样就在同样的位置上得到一个圆形的副本。按住“Shift”键的同时，缩小该副本，将其缩小到合适的大小。按同样的操作，再复制一个圆形并将其缩小，这样就得到了 3 个半透明的圆形。最后将 3 个圆形和圆角矩形一起选中，单击控制栏顶部的“对齐”按钮将其对齐。

2. 绘制圆形悬浮球图像

使用“椭圆工具”，按住“Shift”键的同时绘制一个灰色圆形。按“Ctrl+C”组合键，再按“Ctrl+F”组合键，将灰色圆形同位粘贴。按下“Alt+Shift”组合键的同时缩小粘贴的原型和副本，将其缩小到合适大小，为其设置填充为无，描边为白色，即完成该悬浮球的绘制。

2.4.2 进度条

1. 渐变进度条

渐变进度条完成效果如图 2-20 所示。

图 2-20 渐变进度条

进度条 1

进度条 2

Step01 选择“圆角矩形工具”，绘制一个圆角矩形，并为其设置填充为无，描边为灰色。

Step02 按住“Alt”键的同时，向下拖动复制该圆角矩形，并将其填充设置为渐变，描边为无。选择“橡皮擦工具”，按住“Alt”键，使用“块状”模式擦除圆角矩形右半部分，使该渐变的圆角矩形右边呈直角切边的状态。使用“移动工具”适当缩小渐变圆角矩形，使其比之前绘制的圆角矩形略小。

Step03 同时选中两个圆角矩形，使用“对齐”面板，将其靠左水平居中对齐。

Step04 为进度条添加数值。选择“椭圆工具”绘制椭圆形。切换到“直接选择工具”，选中椭圆形底部的锚点，并使用方向键将其轻移到合适位置，将控制栏上的锚点方式设置为“尖凸点”，同时可以使用“移动工具”适当对其进行缩放。使用“文字工具”在该水滴形状的内部输入文字。最后选中所有组件，右击，在右键快捷菜单中选择“编组”命令，将整个进度条的元素编在一个组里，方便后期的使用与编辑。

☆ 提示

按住“Alt”键移动图形，即可直接复制一个图形，也就是 Alt+ 鼠标左键 = 复制功能。

2. 发射状进度条

发射状进度条完成效果如图 2-21 所示。

这种进度条的制作主要使用了重复上一次操作。首先使用“圆角矩形工具”绘制一个圆角矩形，并设置其颜色为蓝色。选择工具箱中的“旋转工具”，在出现的界面中，按住“Alt”键移动旋转中心到蓝色圆角矩形的正下方。在弹出的对话框中，设置合适的参数，并单击“复制”按钮，得到第 2 个圆角矩形。接下来按“Ctrl+D”组合键 8 次，得到所有的进度条状态。选中其中两个圆角矩形，将其设置为灰色。最后使用“文字工具”在图形中间输入“80%”。选择所有组件，右击，在右键快捷菜单中选择“编组”命令，完成该进度条的制作。

图 2-21 发射状进度条

3. 环形进度条

环形进度条完成效果如图 2-22 所示。

这个进度条的案例主要使用了形状生成器。首先使用“椭圆工具”在画面上绘制一个正圆形。再复制这个正圆形，按“Alt+Shift”组合键的同时向中心缩小。框选两个正圆形，使其全部被选中。选择工具箱中的“形状生成器”，单击两个正圆形线条中间的环形部分得到圆环。按下“Alt”键的

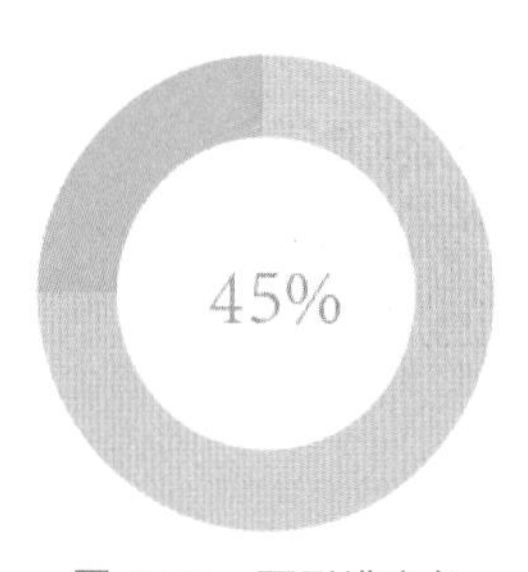

图 2-22 环形进度条

同时单击两个正圆形中间的部分使其镂空，最终得到一个圆环。再次选择“矩形工具”，在该圆环左上角绘制一个正方形，并使该正方形的右下角与圆心重合。框选所有形状，再次使用“形状生成器”，得到环形部分。双击正方形与圆环的相交部分，设置其为绿色。框选所有对象，右击，在右键快捷菜单中选择“编组”命令，完成该进度条的制作。

图 2-23　进度条符号

4. 现成的进度条符号

打开“符号”面板，挑选进度条的符号（Web 按钮或条形），将其直接拖进画板中，适当拖曳调整大小即可，如图 2-23 所示。需要进一步修改时，可以在“符号控制栏”中适当编辑，或单击“断开链接”按钮后自由编辑。“符号控制栏”如图 2-24 所示。

图 2-24　符号控制栏

2.4.3　下拉菜单

下拉列表或下拉菜单的做法与思路差不多，都是类似的元素反复出现，可以理解为设计中的重复构成，也可以理解为软件操作里的复制、粘贴并分布对齐。下拉菜单完成效果如图 2-25 所示。

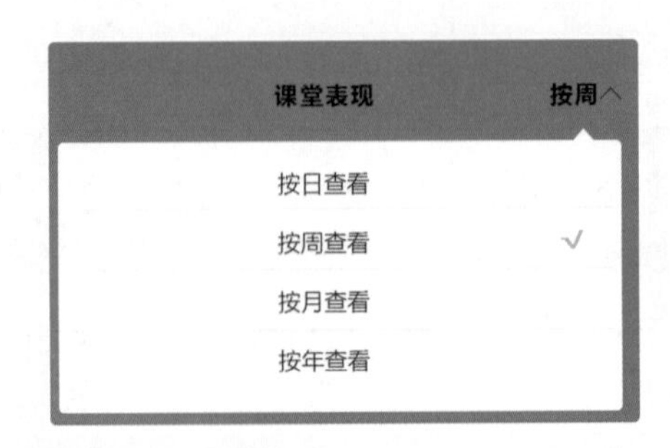

图 2-25　下拉菜单

2.4.4　开关

开关

开关通常有开与关两种状态，为了更好的用户体验，设计时可以使用不同颜色进行区分，同时可以产生良好的交互效果，如图 2-26 所示。

- 开的状态：首先选择“圆角矩形工具”绘制一个蓝色的圆角矩形，再按下“Shift”键使用“椭圆工具”绘制一个比圆角矩形小的正圆形，框选两个对象后利用“对齐”面板垂直居中对齐，最后选中正圆形使用“←”“→”方向键轻移其水平位置到合适的位置。
- 关的状态：框选已完成的开的状态按钮，按住“Alt”键的同时向上拖动复制得到一套副本。保持全选状态，双击工具箱中的“描边”工具，为它们统一设置描边为灰色，描边粗细为“0.25px”。选中圆角矩形，为其设置填色为比描边的灰色更浅的灰色。选中正圆形，使用“←”“→”方向键轻移其水平位置到靠左合适的位置，形成与开的状态相反的状态。

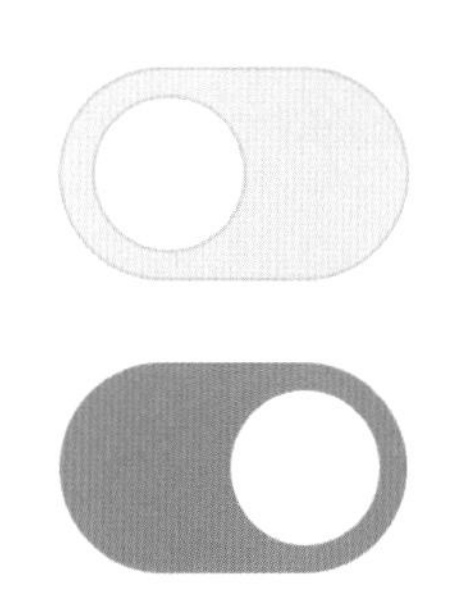
图 2-26　开关

2.4.5　网格模版

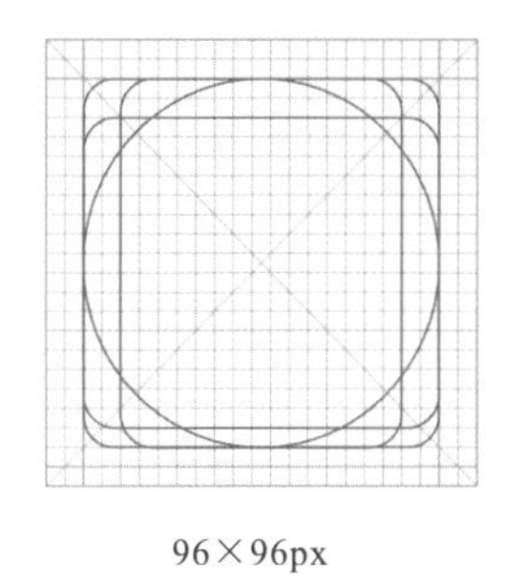
96×96px　　100×100px

图 2-27　网格模版

网格模版完成效果如图 2-27 所示。

1. 绘制方形网格

网格模版 1

网格模版 2

Step01 新建文档。启动 Illustrator，新建一个文档，设置名称为“网格模版”，宽度为“800px”，高度为“600px”，颜色模式为“RGB 颜色，8 位”，背景内容为白色，栅格效果为“屏幕（72ppi）”，预览模式使用默认值，单击“创建”按钮。

Step02 绘制方形网格。打开“图层”面板，新建两个图层，并重命名图层 1 为“96*96”，图层 2 为“100*100”。创建 96×96px 的参考网格。双击工具箱中“矩形网格工具”，在弹出的“矩形网格工具选项”对话框中设置宽度与高度均为“96px”，水平与垂直分割线的数量均为“22”，单击“确定”按钮得到既定网格，如图 2-28 所示。

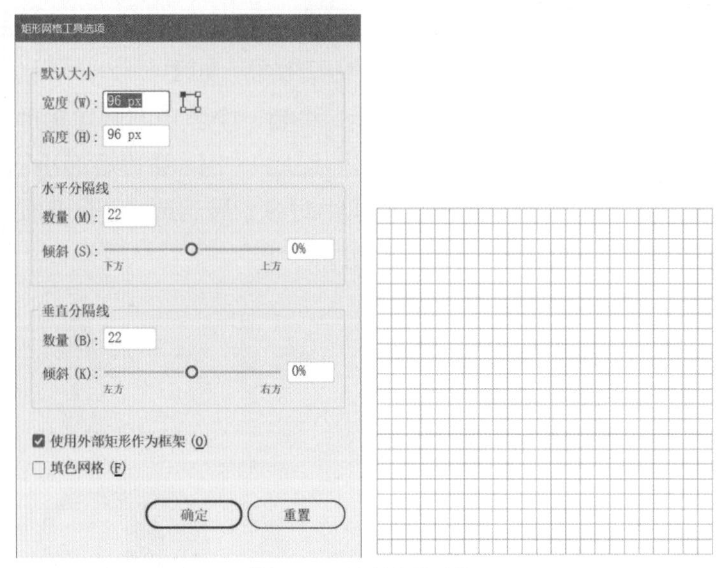

图 2-28　绘制方形网格

Step03 选中该网格，在控制栏上设置【描边】|【对齐描边】为“使描边内侧对齐”，便于尺寸的计算；描边颜色为浅灰色（#CCCCCC）；描边粗细为“0.25px”。

Step04 右击该网格，在右键快捷菜单中选择“取消编组”命令，将网格打散。按住“Shift”键的同时多次单击，同时选中最外边框及从外向内数的第三层横纵线条，设置描边粗细略粗为“0.5px”，如图 2-29 所示。

Step05 选择“直线段工具”，穿过网格中心绘制两条对角线，设置描边颜色为浅灰色（#CCCCCC），描边粗细为“0.25px”。框选所有对象，右击，在右键快捷菜单中选择“编组”命令，再按下“Ctrl+2”组合键，将编组对象锁定，如图 2-30 所示。

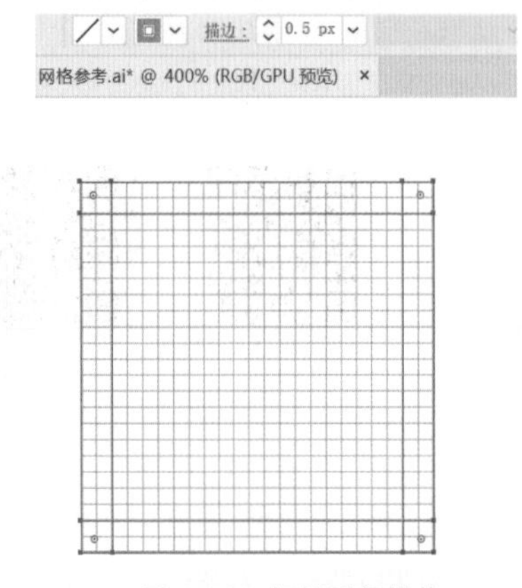

图 2-29　打散局部操作

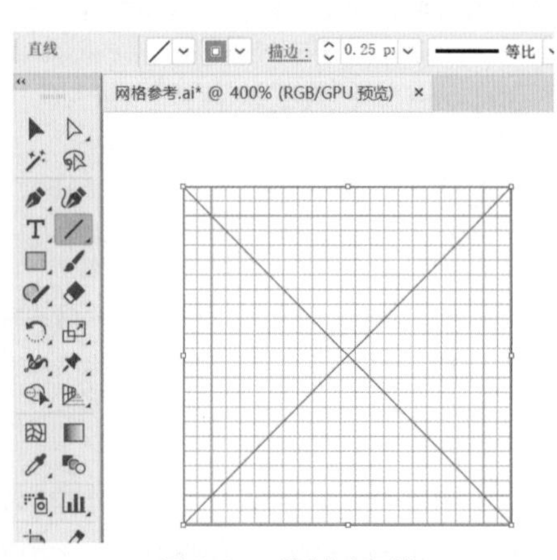

图 2-30　绘制对角线

Step06 参照图 2–31，选择“圆角矩形工具”与“椭圆工具”，依次在网格内绘制 4 个规格的形状。

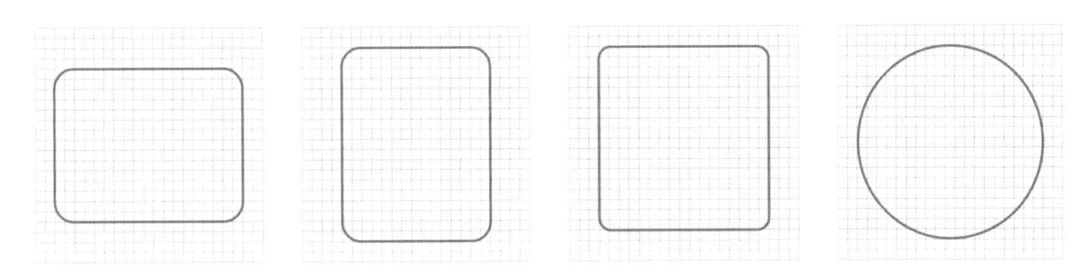

图 2-31　绘制 4 个规格的形状

Step07 选择 4 个形状与绘制好的网格中心对齐，并在底部使用“文字工具”输入尺寸说明，完成效果如图 2–32 所示。

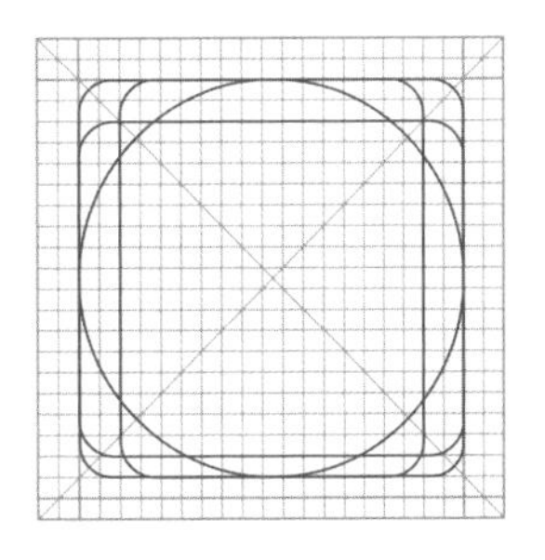

图 2-32　对齐图像

2. 绘制同心圆网格

Step01 选择图层 2“100*100”。先使用“矩形工具”绘制一个 100×100px 的正方形。再双击“极坐标网格工具”，在弹出的“极坐标网格工具选项”对话框中设置宽度、高度均为“100px”，同心圆分割线数量为“3”，径向分割线数量为“4”，其他参数默认，如图 2–33 所示，单击“确定”按钮得到既定网格。

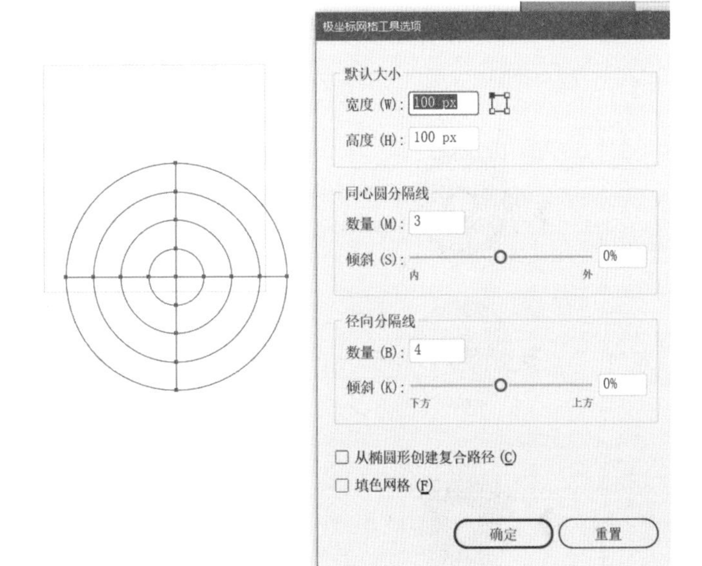

图 2-33　绘制极坐标网格

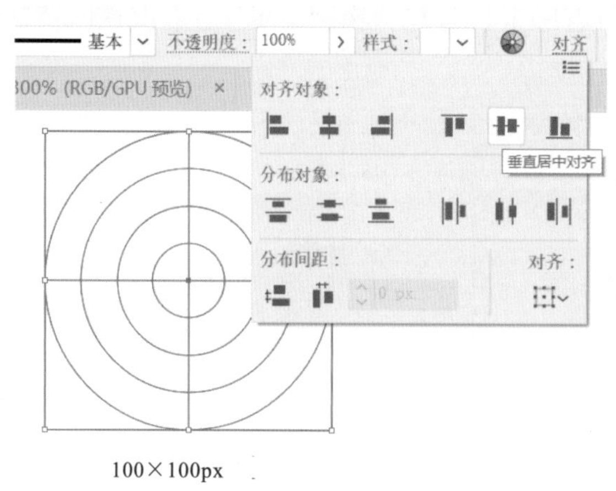

图 2-34　对齐

Step02 同时框选极坐标网格与正方形，使用控制栏上的“对齐”面板，设置垂直居中对齐与水平居中对齐，并在底部使用“文字工具”输入尺寸说明“100×100px”，完成效果如图 2-34 所示。

2.5 有序纹样、玑镂图案

有序图案、纹样常被用于各种装饰，又被称作玑镂花纹。

2.5.1　旋转复制打造玑镂图案

本案例主要利用旋转复制的方法完成制作，相同的图形使用不同的参数都可以产生不一样的规律图形，如图 2-35 所示。

旋转复制打造玑镂图案

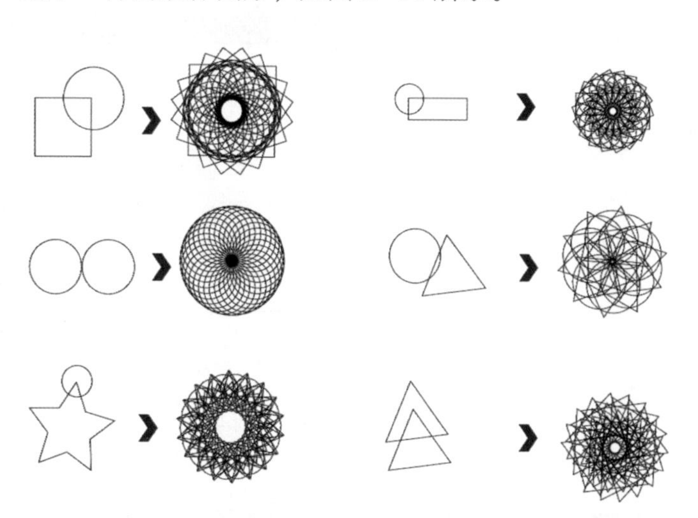

图 2-35　旋转复制打造有序图形

Step01 启动 Illustrator，新建一个文档，设置名称为“有序纹样、玑镂图案”，宽度为“1920px”，高度为“1080px”，分辨率为“72 像素 / 英寸”，颜色模式为“RGB 颜色，8 位”，背景内容为白色，单击“创建”按钮。

Step02 绘制一个或多个对象，并将其全部选中。

Step03 按下“R”键，选择“旋转工具”，按“Alt”键的同时在界面中将青色旋转中心点移动到合适的地方，并在弹出的对话框中设置相关参数，单击“复制”按钮后再单击“确定”按钮。

Step04 多次按下“Ctrl+D”组合键，重复上一次的旋转复制操作，直到得到的图形令人满意为止。

2.5.2 混合工具打造有序图形

混合工具打造有序图形

本案例操作步骤与完成效果如图 2-36 所示。

Step01 绘制两个同心圆，设置填色为无，描边为任意颜色。双击工具箱中的“混合工具”，在弹出的“混合选项”对话框中重新调整参数，如图 2-37 所示。

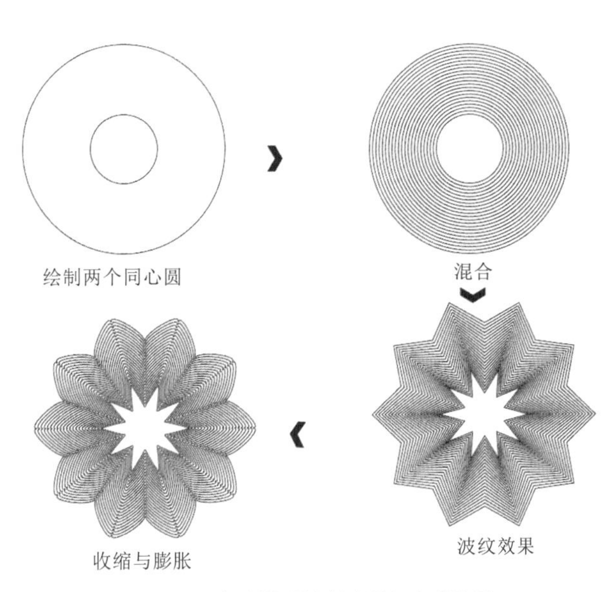

图 2-36　有序图形绘制步骤与完成效果

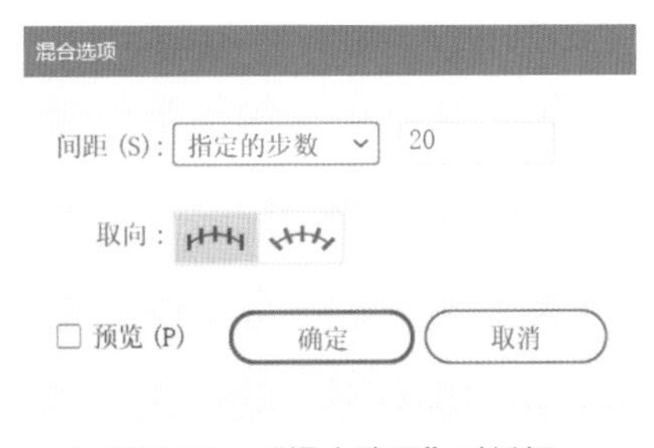

图 2-37　“混合选项”对话框

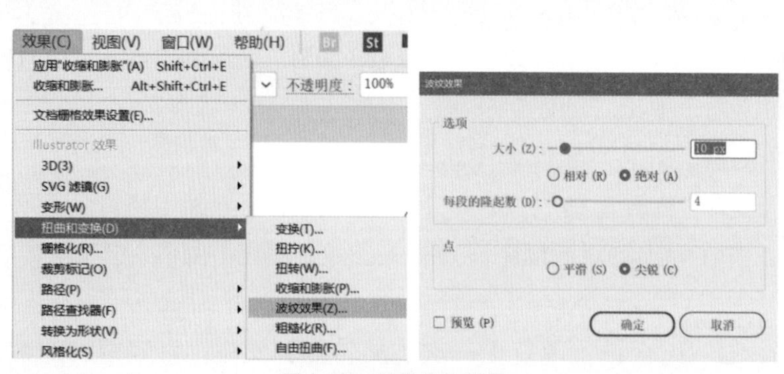

图 2-38　设置波纹扭曲

Step02 框选所有同心圆，执行菜单命令【效果】|【扭曲和变换】|【波纹效果】，一边调整“波纹效果”对话框的参数，一边观察画面变化，直到满意为止，参数设置参考图 2-38。

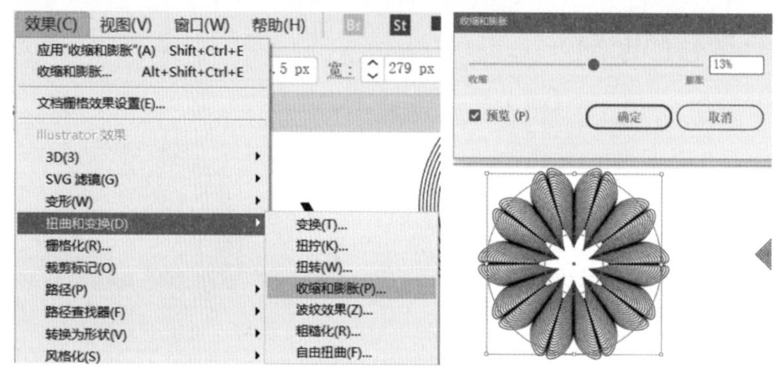

图 2-39　设置膨胀

Step03 在波纹效果的基础上，还可以根据需求和喜好继续打造。执行菜单命令【效果】|【扭曲和变换】|【收缩和膨胀】，参数设置参考图 2-39。

2.5.3　利用定义图案画笔方法打造有序图形

Step01 在画板上绘制一条直线，然后执行菜单命令【效果】|【扭曲和变换】|【波纹效果】，得到一条波浪线。接着执行菜单命令【对象】|【扩展外观】，勾选“预览”复选框，自行调节参数。按下“Alt”键，使用“选择工具”向下拖动复制波浪线，重复多次按下“Ctrl+D”组合键，得到一组波浪线，如图 2-40 所示。

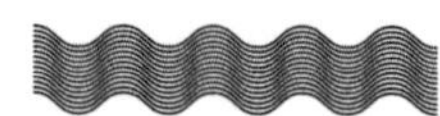

图 2-40　波纹效果

Step02 执行菜单命令【窗口】|【画笔】，或直接按快捷键“F5”，打开“画笔”面板。

Step03 使用“选择工具”，用鼠标拖动框住一组波浪线图案，选中后，图案上就出现一个定界框。按住鼠标左键不放，将图案拖到“画笔”面板中，这时会弹出“新建画笔”对话框，如图 2-41 所示，选择“图案画笔”选项，单击“确定”按钮。

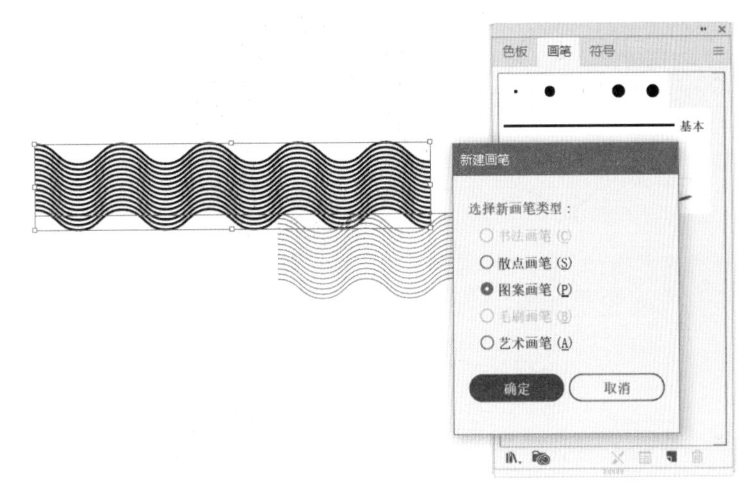

图 2-41　新建图案画笔

Step04 单击“确定”按钮后，会弹出“图案画笔选项”对话框，在这里可以根据需要设置参数，如图 2-42 所示。单击“确定”按钮，可以在“画笔”面板中看到我们定义的图案画笔。

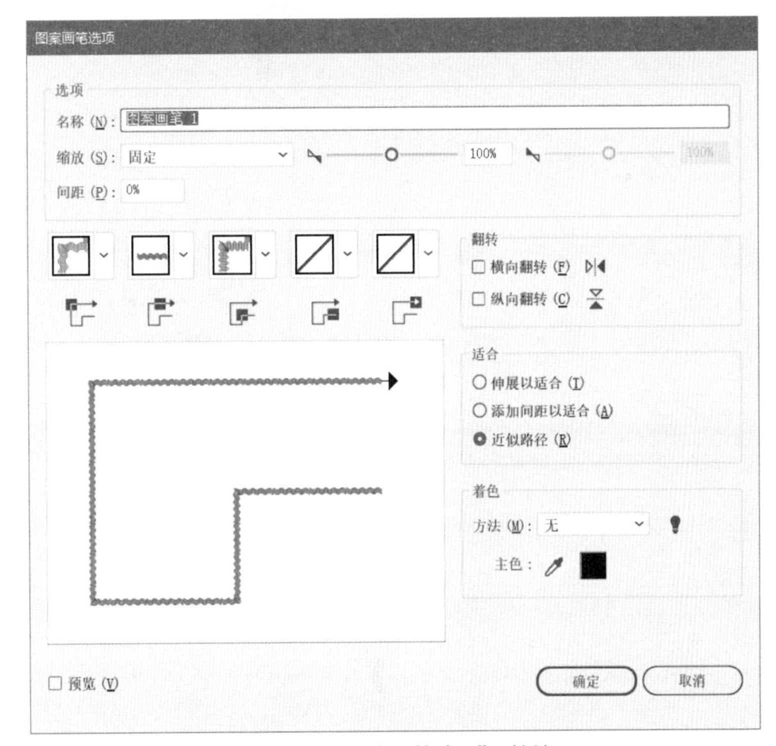

图 2-42　“图案画笔选项”对话框

Step05 随意绘制图形，选择刚才定义的图案画笔进行描边即可，如图 2-43 所示。

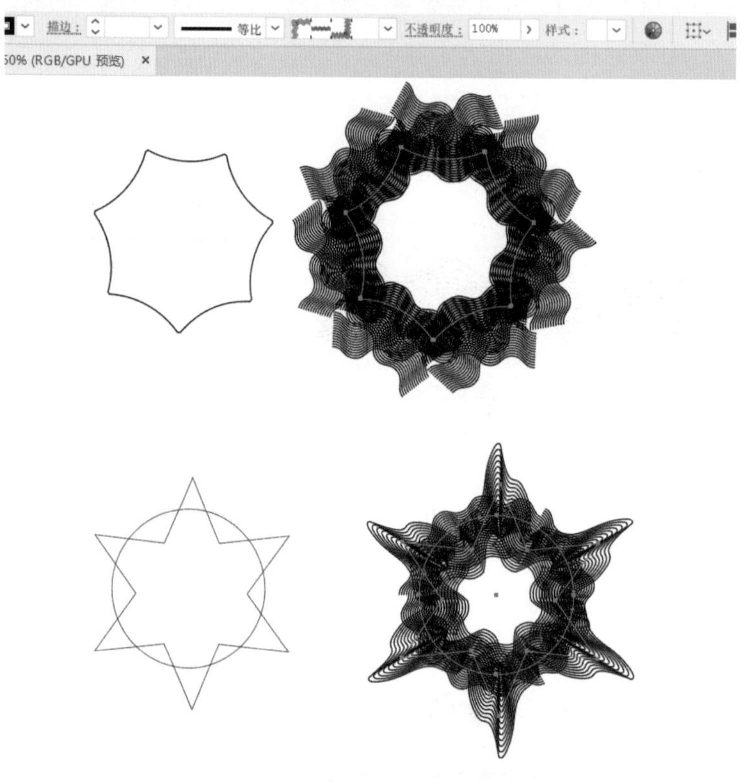

图 2-43　选择图案画笔进行描边

Step06 利用定义图案画笔的方法，可以尝试定义出各式各样的基础图案，再将其运用到图形中去，会产生很多不一样的效果，如图 2-44 所示。

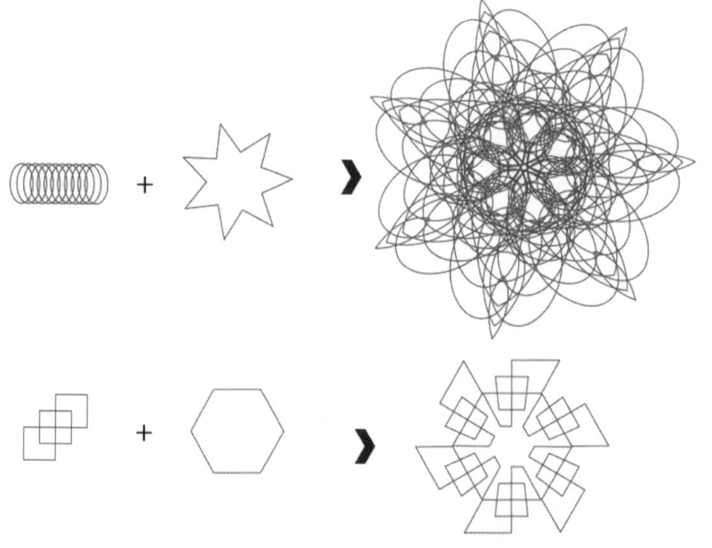

图 2-44　利用定义图案画笔的方法打造图形

2.6 延伸阅读与练习

混合打造
炫彩抽象线条

2.6.1 混合打造炫彩抽象线条

Step01 启动 Illustrator，新建一个文档，设置名称为“混合路径”，宽度为“600px”，高度为“600px”，颜色模式为“RGB 颜色，8 位”，背景内容为白色，栅格效果为“屏幕（72ppi）”，预览模式使用默认值，单击“创建”按钮。

Step02 使用“矩形工具”绘制一个与画板对齐、等大的正方形，设置填色为黑色，并按“Ctrl+2”组合键将黑色矩形锁定。

Step03 使用“钢笔工具”，在画布上随意绘制三根曲线，如图 2-45 所示。

图 2-45　绘制三根曲线

Step04 同时选中三根曲线，按下“Ctrl+Alt+B”组合键，实现混合，如图 2-46 所示。如果觉得混合步数不够，可以再次双击“混合工具”，在弹出的对话框中自行调整。此时可以适当调整混合对象在画板中的显示大小、角度等。当然，如果你对形状不满意，也可以用“直接选择工具”调整锚点和混合轴，寻找自己满意的构图。

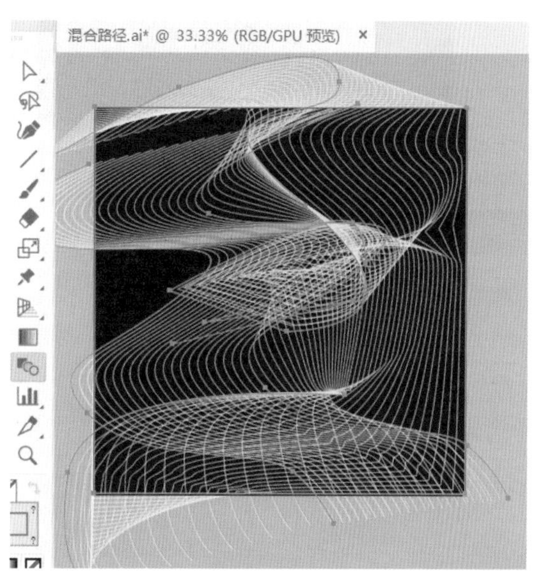

图 2-46　混合

Step05 调整颜色。为了营造合适的效果，还可以为所有混合对象设

图 2-47　添加文字

置渐变的彩色描边效果，适当输入一些大大小小的白色文字装点画面，如图 2-47 所示。

Step06 收拾规整画面。按“Ctrl+Alt+2”组合键，解锁全部对象。使用“矩形工具”在顶层绘制一个与画板等大、对齐的矩形。再全选所有对象并右击，在右键快捷菜单中选择“建立剪切蒙版”命令，将超出画板部分都装在顶层矩形中。最后执行存储、导出等操作。最终完成效果如图 2-48 所示。

图 2-48　不同的两种构图效果

☆ 提示

在制作镶嵌内容时（在某个范围内绘图时），通常会用“剪切蒙版”配合“路径查找器”的方法。但还有一种比较简单的方法:【绘图模式】|【内部绘图】。使用方法:选中对象，在工具箱底部选择【绘图模式】|【内部绘图】，这样绘制的时候就不会超出选中的范围了，如图 2-49 所示。

图 2-49　不同的绘图模式

2.6.2 混合打造发射构成海报

Step01 使用 Illustrator 打开素材文件“地图剪影.png”，单击控制栏中的“图像描摹”右边的下拉按钮，选择“剪影”选项，再单击控制栏中的“扩展”按钮，将描摹对象转换为路径，如图 2-50 所示。

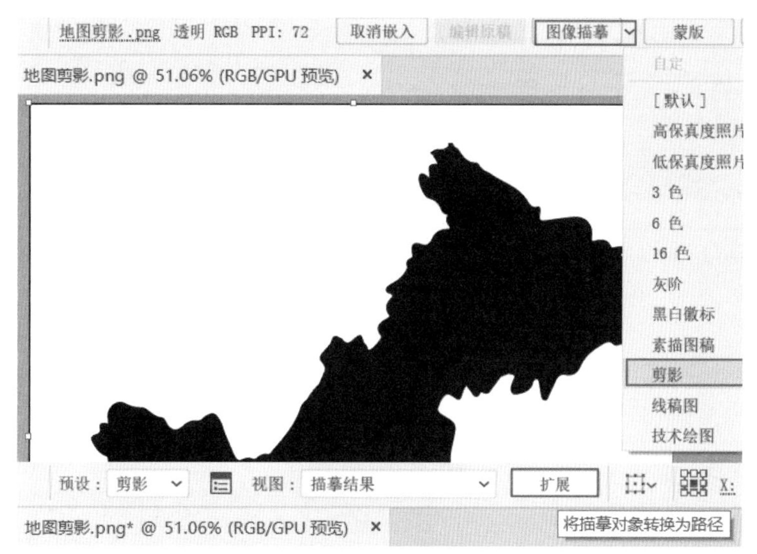

图 2-50 图像描摹

Step02 单击工具箱中的“互换填色和描边”按钮，将地图设置为只有描边没有填色的效果，如图 2-51 所示。

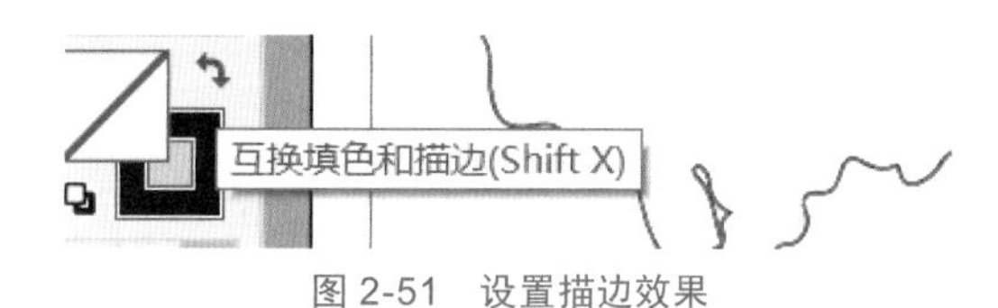

图 2-51 设置描边效果

Step03 适当缩小地图，并使用“矩形工具”绘制一个比画板略大的矩形，如图 2-52 所示。

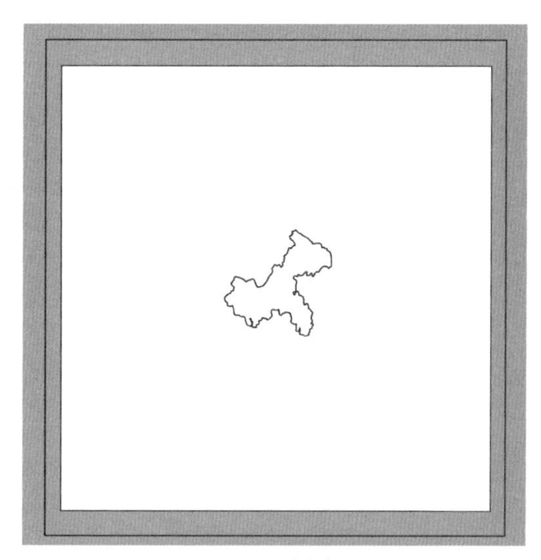

图 2-52 绘制矩形

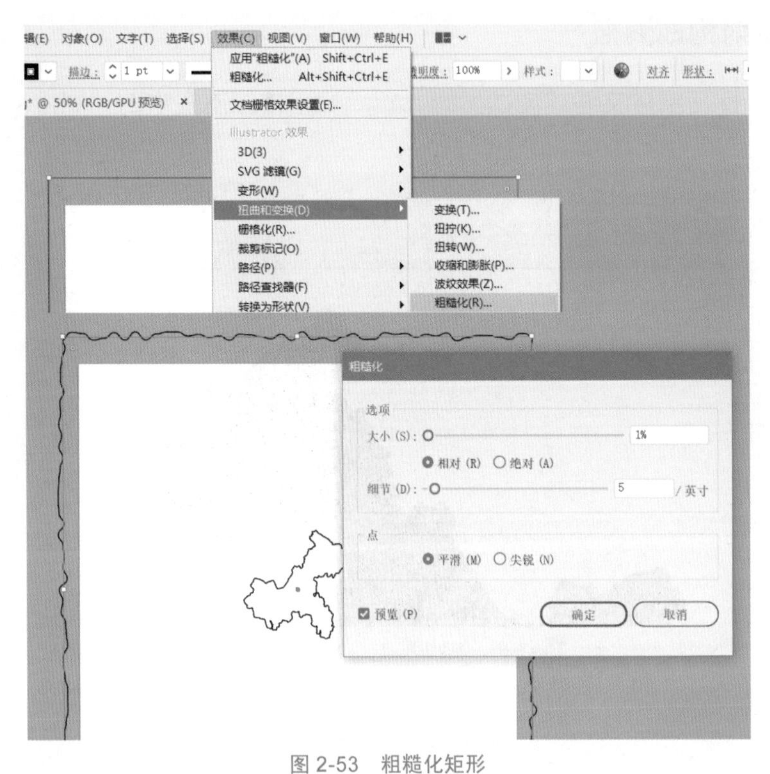

图 2-53 粗糙化矩形

Step 04 保持矩形的选中状态，执行菜单命令【效果】|【扭曲和变换】|【粗糙化】，让矩形适当有一点粗糙扭曲的效果，具体设置如图 2-53 所示。（本步骤是为了使线条变化更丰富，也可以省略。）

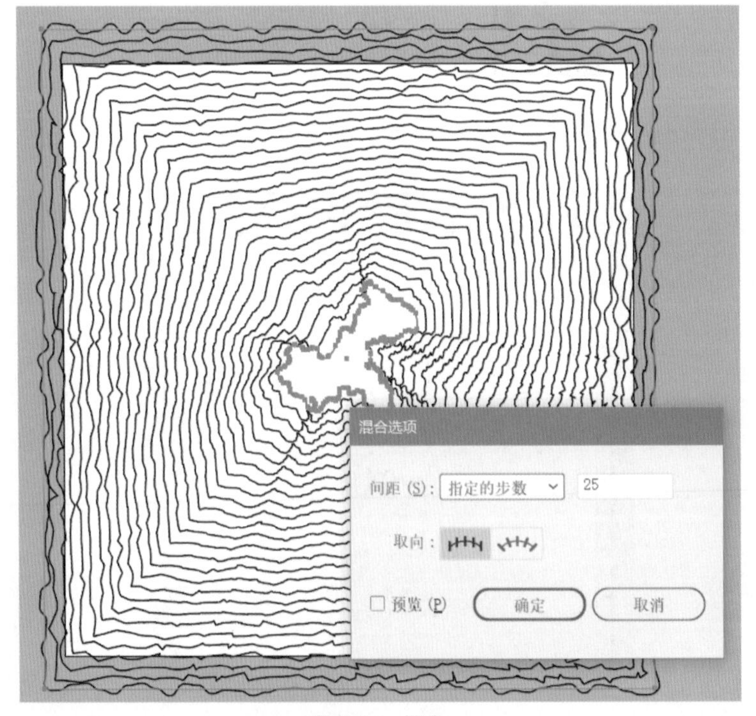

图 2-54 混合

Step 05 同时选中地图与矩形，按“Ctrl+Alt+B”组合键实现混合，如图 2-54 所示。如果觉得混合步数不够，可以再次双击“混合工具”，在弹出的对话框中自行调整。

混合打造近似发射构成海报

Step06 重新设置混合对象的描边颜色为红色，选择“文字工具”输入相关文字。最后使用“矩形工具”在顶层绘制一个与画板等大、对齐的矩形。再全选所有对象并右击，在右键快捷菜单中选择“建立剪切蒙版”命令，收拾规整画面，最后执行存储、导出等操作。最终完成效果如图 2-55 所示。

图 2-55 完成发射混合效果

2.6.3 玑镂图案

玑镂（Guilloche）一词是从法语 Guillochis 演变而来的，其本意是用机器创造的、精确的、规则的、含有直线和环形图案的雕刻工艺。

玑镂有点像用尺子比着进行刻花，正如用万花尺绘制出来的各种有趣的魔性图案。最流行的玑镂图案如花篮波纹、大麦粒、平头钉、砖垛、Z 字花纹和丝绸波纹等，这些图案最开始被用于钟表的雕刻装饰图案上，只有训练有素的工匠使用玫瑰引擎和直刻机才能雕出纯正的玑镂花纹，后来被用于各种装饰。例如，纸币上的防伪花纹就是一种特殊的玑镂图案，如图 2-56 所示，将这些图案运用于设计中往往非常出彩。

图 2-56 玑镂图案

2.7 同步练习

自主选题，利用“混合工具”创作一组（至少 3 幅）发射构成海报。

第二部分

综合提高篇

第 3 章

背景、壁纸综合篇

3.1 有序背景

3.1.1 马赛克背景

Step01 启动 Illustrator，新建一个文档，设置名称为“马赛克方块背景”，宽度为“600px”，高度为“600px”，颜色模式为“RGB 颜色，8 位”，背景内容为白色，栅格效果为“屏幕（72ppi）”，预览模式使用默认值，单击“创建”按钮。

Step02 使用“矩形工具”绘制一个与画板对齐、等大的正方形，选择自己喜欢的渐变颜色进行填色。这里我们使用紫色到蓝色的 45° 渐变，如图 3-1 所示。

Step03 执行菜单命令【对象】|【栅格化】，将图形栅格化为72ppi的位图。（Step02和Step03步骤也可以直接导入一张色彩满意的位图。）

Step04 执行菜单命令【对象】|【创建对象马赛克】。设置拼贴间距为“8px”，数量为“10”，并勾选“删除栅格”复选框，单击“确定”按钮，即可得到排列有序的方块背景，如图3-2所示。

图3-1 渐变

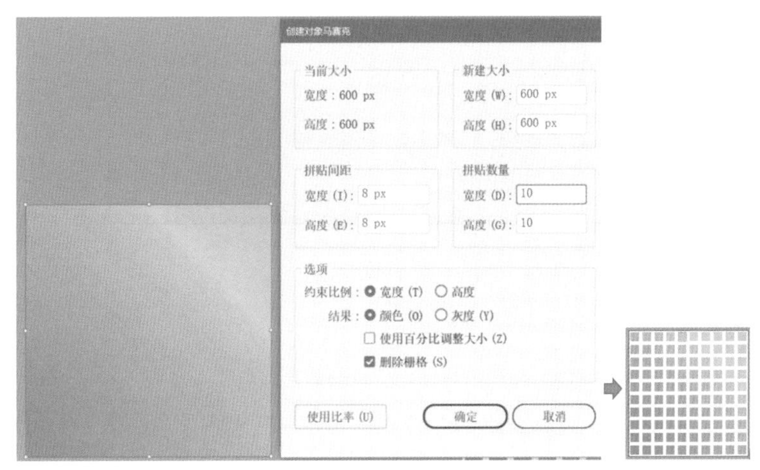

图3-2 创建对象马赛克

在此基础上，我们还可以利用颜色、效果做出更多的变体形态。

Step05 选择“画板工具”，按下“Alt”键的同时拖动已绘制好的画板，复制得到一个一样的画板。执行菜单命令【效果】|【风格化】|【圆角】，适当设置参数即可得到不一样的画面效果，如图3-3所示。

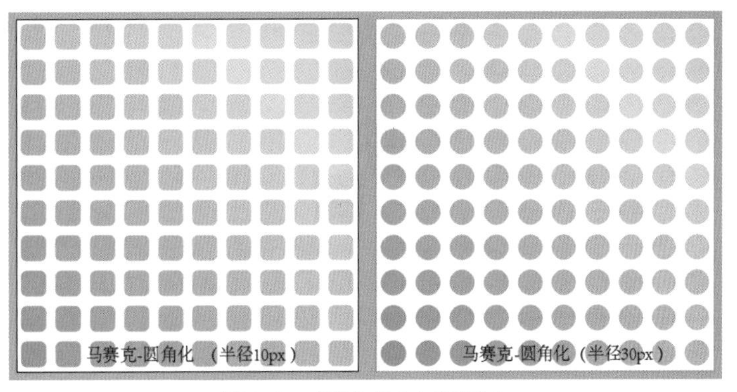

图3-3 【风格化】|【圆角】

马赛克背景

3.1.2 重复背景

Step01 启动Illustrator，新建一个文档，采用iPhone8的尺寸：宽度为“750px”，高度为“1334px”，设置名称为“方块重复壁纸”，颜色模式为“RGB颜色，8位”，背景内容为白色，栅格效果为“屏幕（72ppi）”，预览模式使用默认值，单击“创建”按钮，如图3-4所示。

图3-4 新建文档

Step02 使用“矩形网格工具”绘制一个两行两列的高和宽都为“100px”的网格，如图3-5所示，并记住它的尺寸大小。

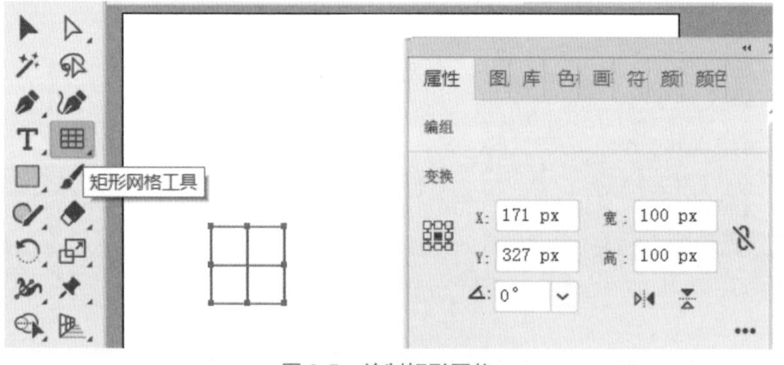

图3-5 绘制矩形网格

Step03 使用“形状生成器”，在每个方块上都单击一下，让四个小方块成为独立的对象，并使用黑色、白色交替填充，如图3-6所示。

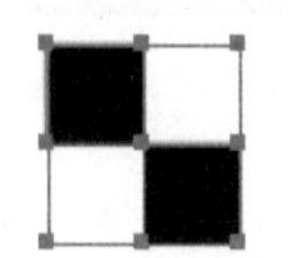

图3-6 填色效果

Step04 将四个方块拖到画板左上角，执行菜单命令【效果】|【扭曲和变换】|【变换】。本案例中我们设置副本数量为“6”，水平移动“100px”（与整个四个矩形网格宽度一致，这样可以使产生的图案无缝拼接）。其他参数默认，单击“确定”按钮，如图 3-7 所示。这样就完成了横向的重复拼贴。

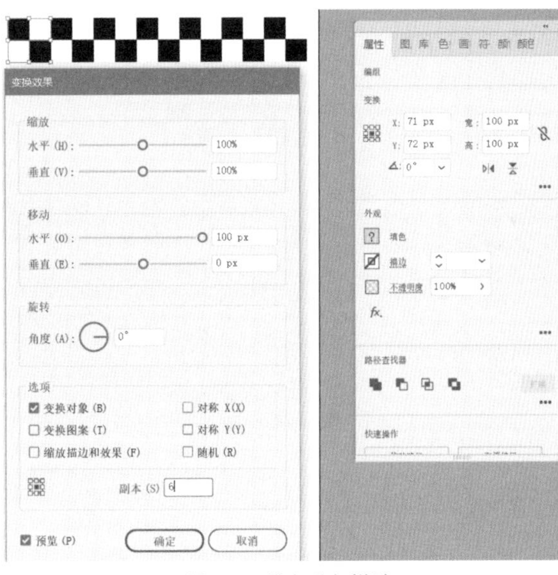

图 3-7　横向重复拼贴

Step05 再次执行菜单命令【效果】|【扭曲和变换】|【变换】，此时会弹出如图 3-8 所示的警告窗口，单击“应用新效果”按钮即可。

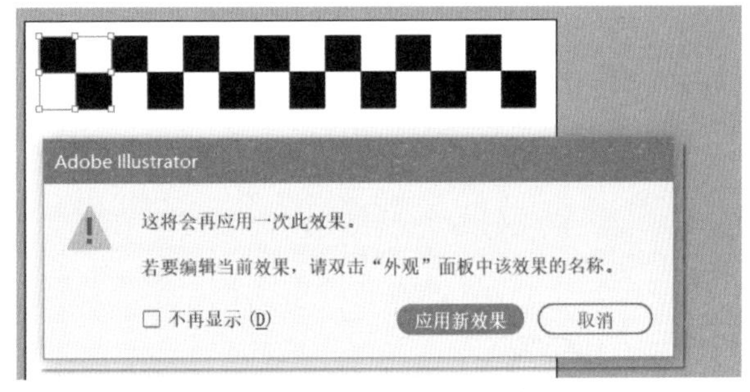

图 3-8　警告窗口

Step06 在“变换效果”对话框中，设置垂直移动“100px”，副本数量为“12”，单击“确定”按钮，完成纵向的重复拼贴。这样就简单地打造出了一个重复的方块图形，如图 3-9 所示。

方块重复壁纸的变换 1（重复背景）

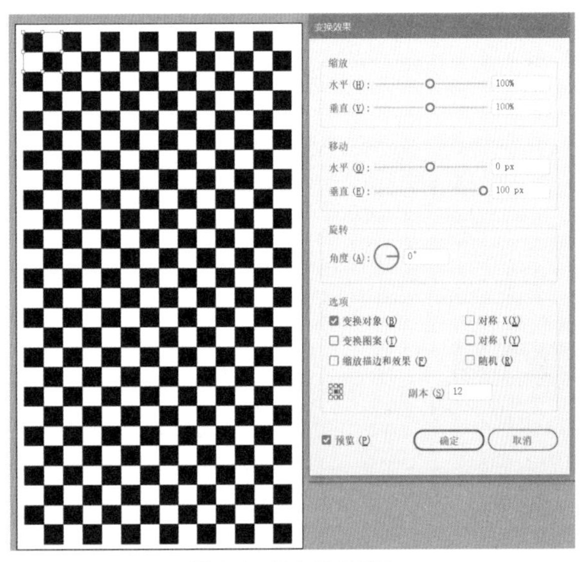

图 3-9　纵向重复拼贴

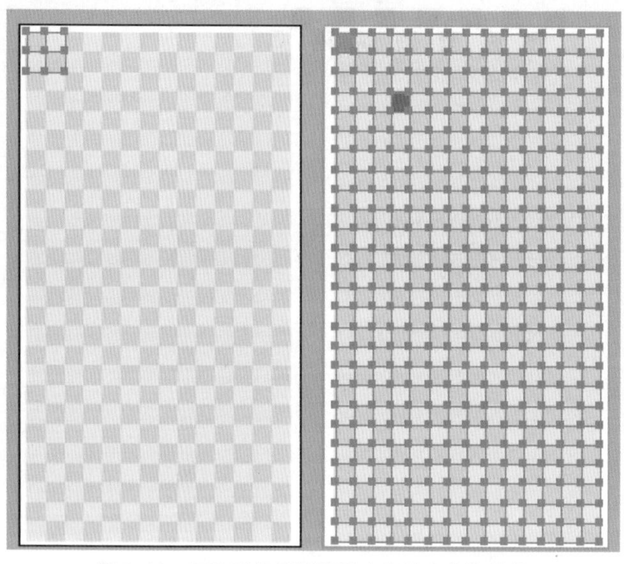

图 3-10　更改原始图形即可改变整个变换效果

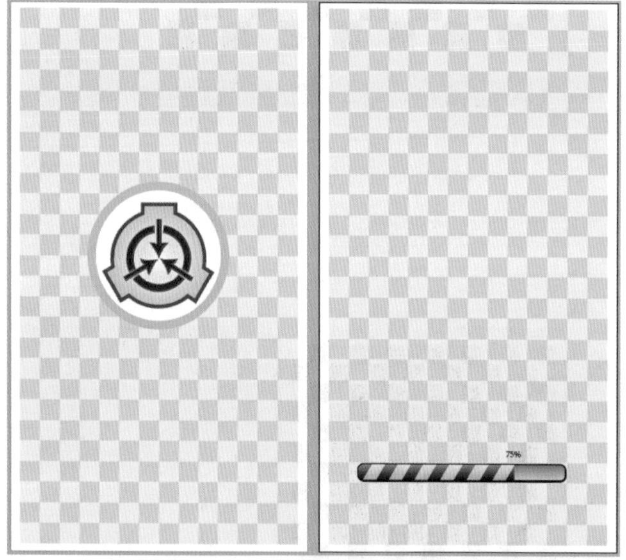

图 3-11　重复背景的运用

Step07 利用变换得到的重复图形，通过更改原始基本图形外观，达到改变整个画面变换效果的目的，如图 3-10 所示。

Step08 图 3-10 左半部分是通过改变左上角四个小方块的颜色，而统一改变整版颜色的，选中状态的路径线条也仅限于左上角变换前的原始图形上；而该图右半部分则是执行了菜单命令【对象】|【扩展外观】后的效果，所有小方块都是可以独立的对象，因此选中状态的路径线条布满整个画板，通过取消编组可以单独选中或修改。利用这类重复背景可以打造各类海报、壁纸、界面的背景。

方块重复壁纸的变换 2

☆ 提示

本案例中的重复对象还可以利用再次转换（快捷键为“Ctrl+D”）的方法完成，只是量较大的时候还是在利用菜单命令【效果】|【扭曲和变换】|【变换】来设置操作更便捷。

3.1.3 发射背景

发射背景

方法一：旋转再制

Step01 启动 Illustrator，新建一个文档，设置名称为“发射背景”，宽度为“600px”，高度为“600px”，颜色模式为“RGB 颜色，8 位”，背景内容为白色，栅格效果为“屏幕（72ppi）”，预览模式使用默认值，单击“创建”按钮。

Step02 选择“画板工具”，按下 Alt 键的同时拖动系统自带的“01- 画板 1”，复制得到“02- 画板 1 副本”。

Step03 在“01- 画板 1”中，选择“矩形工具”绘制一个宽度为“30px”的长条形，颜色自定。双击“旋转工具”，在弹出的对话框中设置合适的参数后单击“复制”按钮，如图 3-12 所示，即可旋转复制得到一个副本。按“再制”的快捷键“Ctrl+D”4 次，得到一个完整的发射图形，如图 3-13 所示。（旋转角度的大小决定了发射图形的密集程度。）框选所有对象，右击，在右键快捷菜单中选择“编组”命令。

图 3-12　旋转复制

图 3-13　再制

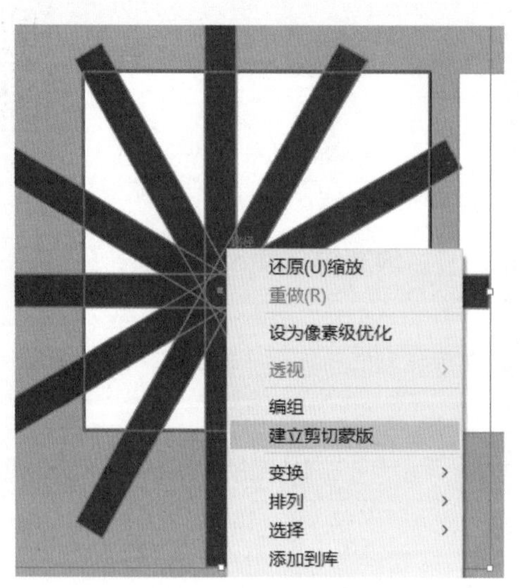

图 3-14　建立剪切蒙版

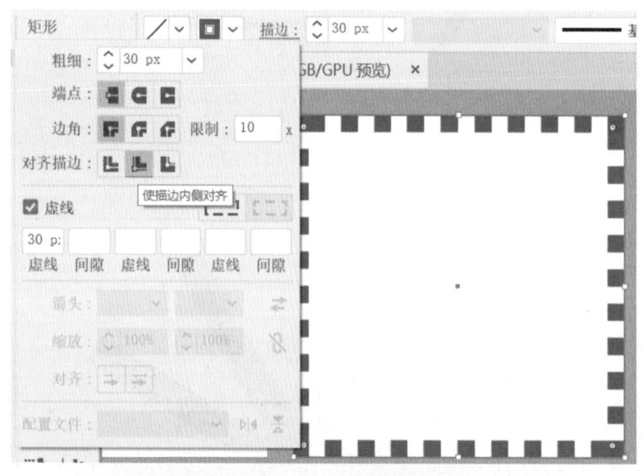

图 3-15　设置虚线描边

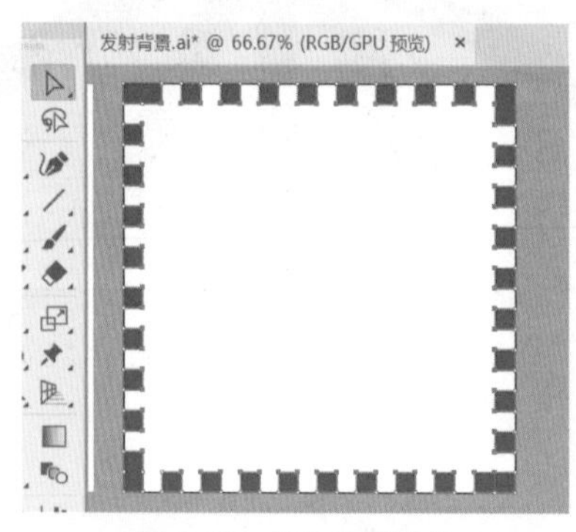

图 3-16　框选内层锚点

Step04 适当放大整个图形。使用“矩形工具”绘制一个与画板对齐、等大的正方形，不填色，只描边，便于观察和进行后续操作。选中所有对象，右击，在右键快捷菜单中选择“建立剪切蒙版”命令，如图 3-14 所示，将超出画板的发射线隐藏起来，完成基本的发射构成图形。

方法二：平均路径

Step01 选择画板“02-画板 1 副本”。

Step02 使用“矩形工具”绘制一个与画板对齐、等大的正方形，不填色，只描边，描边尽量粗一些，便于后续操作。参考图 3-15，单击控制栏上带虚线的“描边”按钮，在弹出的“描边”面板中，一边观察，一边设置适当的参数，一定把对齐描边设置为“使描边内侧对齐”，勾选“虚线”复选框。

Step03 执行菜单命令【对象】|【扩展】，将上一步打造的描边效果扩展为对象。

Step04 使用“直接选择工具”框选所有虚线方块内层锚点，如图 3-16 所示。

Step05 执行菜单命令【对象】|【路径】|【平均】，选择“两者兼有”选项，就得到一个发射构成图形。在此基础上可以随意修改颜色等外观，以满足自己的设计需求，如图 3-17 所示。

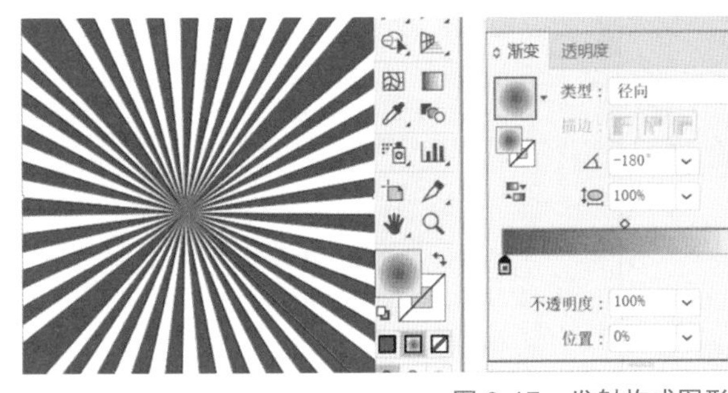

图 3-17 发射构成图形

3.1.4 近似背景——菊花

Step01 启动 Illustrator，新建一个文档，选择移动设备空白文档，预设 iPhone6/6s 的尺寸，宽度为“750px”，高度为“1334px”，设置名称为“重复近似构成”，其他默认，单击“创建”按钮。

Step02 选择“多边形工具”，按住“Shift”键，绘制一个正 20 边形，如图 3-18 所示。大小随意，后期可调。

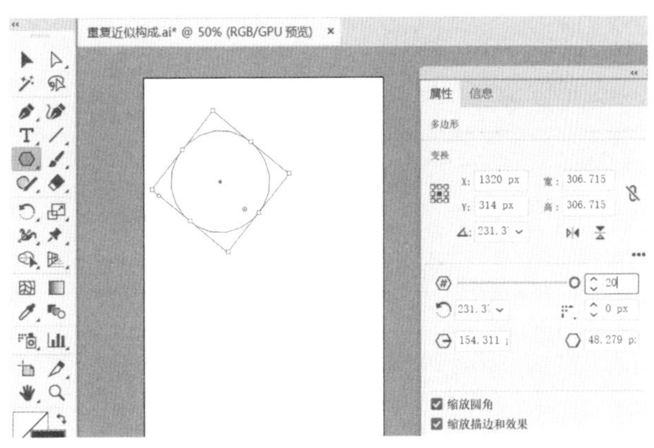

图 3-18 正 20 边形

Step03 执行菜单命令【效果】|【扭曲和变换】|【收缩和膨胀】，一边观察画面变化，一边适当调节参数，直到满意为止。本案例中我们设置膨胀为“80%”，如图 3-19 所示，得到一朵小花形状。

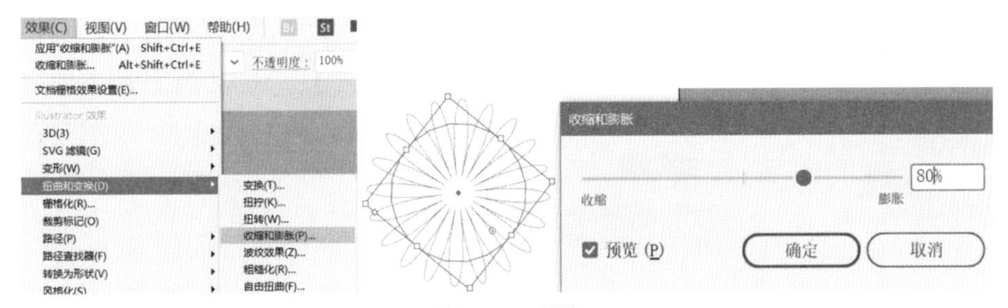

图 3-19 膨胀

图 3-20　复制调整副本

Step04 按住“Alt”键的同时多次拖动复制，得到多个副本，将每个副本适当缩小、旋转，如图 3-20 所示。

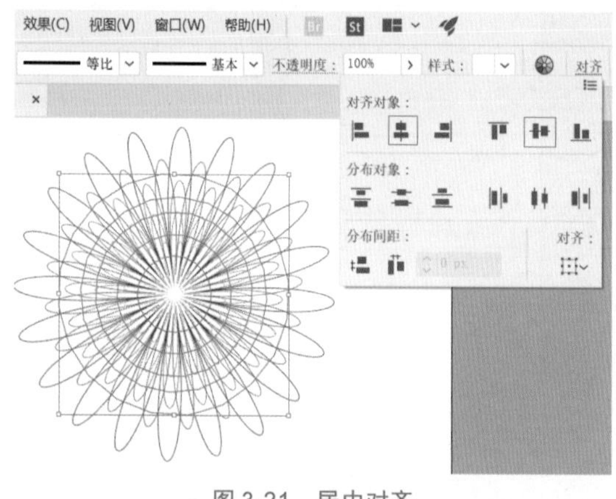

图 3-21　居中对齐

Step05 框选所有花朵，在顶部控制栏中设置水平、垂直居中对齐，得到多层有序花朵，如图 3-21 所示。

图 3-22　设置投影

Step06 为了更好地观察，将整个花朵填色设置为黄色（#FFFF00），执行菜单命令【效果】|【风格化】|【投影】，设置投影颜色为橙红色（#FF6600），如图 3-22 所示。

Step07 选中整个花朵，设置描边为无。按“Ctrl+G”组合键将所有对象进行编组，得到一朵完成的花朵，如图 3-23 所示。

Step08 复制花朵得到一个副本，对副本执行菜单命令【效果】|【扭曲和变换】|【扭转】，设置扭转角度为“30° ”，单击“确定”按钮，得到另一朵花瓣略有扭转效果的花朵，如图 3-24 所示。

图 3-23　编组花朵

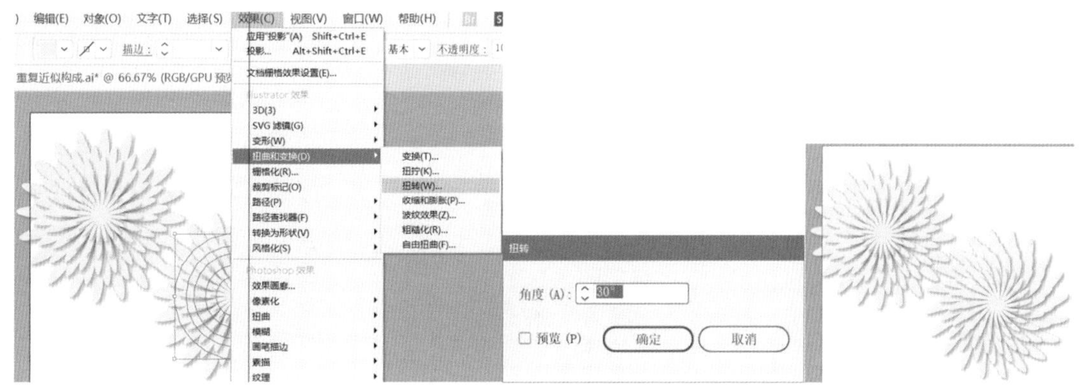

图 3-24　扭转花瓣

Step09 以两朵花为基础，通过多次拖动复制，随意摆放，填满整个画板，将一些花朵适当缩放、旋转，使其产生相似又略有不同的感觉。该步骤随机性较大，根据喜好完成即可。至此，一个近似的重复背景就打造好了，如图 3-25 所示。

近似背景 1

图 3-25　复制并填满画板

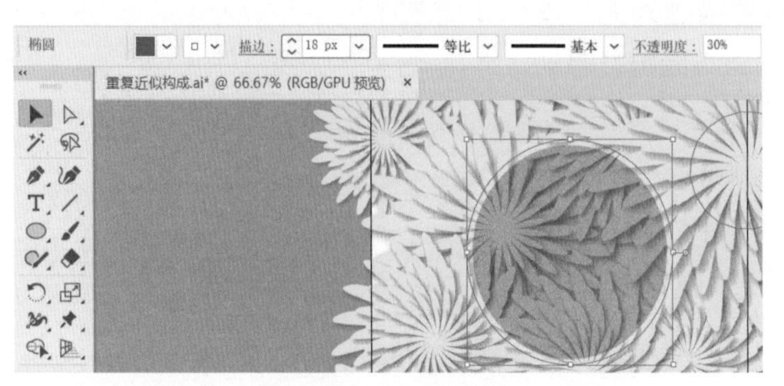

图 3-26　设置填充效果

Step 10 选择“椭圆工具”，在画面中央绘制正圆形，设置填色为红色（#FF0033），描边为“18px”白色，透明度为“30%”，如图 3-26 所示。

图 3-27　扩展

Step 11 通过观察，发现填色效果比较满意，但描边效果不明显，所以需要将填色与描边分离。执行菜单命令【对象】|【扩展】，扩展填充、描边为独立对象，如图 3-27 所示。

图 3-28　取消编组

Step 12 选中正圆形，右击，在右键快捷菜单中选择“取消编组”命令，并单独选中描边部分，如图 3-28 所示。

Step13 重新设置白色区域的不透明度为“90%”，如图 3-29 所示。

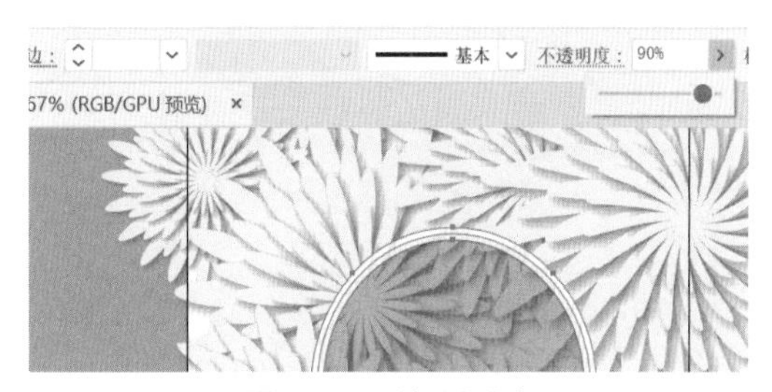

图 3-29　重设透明度

Step14 为了营造层次感，可以适当复制几朵花朵，在花朵上右击，在右键快捷菜单中选择【排列】|【置于顶层】命令，与圆形形成遮挡效果，如图 3-30 所示。

图 3-30　遮挡白环

Step15 在圆形上方，输入文字“重阳安康”，设置为白色方正小篆体，并适当调整其位置与大小。

Step16 选择“矩形工具”，在顶层绘制与画板等大的矩形，颜色随意。

Step17 框选所有对象，右击，在右键快捷菜单中选择“建立剪切蒙版”命令，将超过矩形的对象全部装进矩形范围，完成整个项目，如图 3-31 所示。

图 3-31　建立剪切蒙版

近似背景 2

图 3-32　壁纸完成效果

Step18 执行菜单命令【文件】|【导出】|【导出为】，在弹出的对话框中选择格式为“JPEG”，并勾选“使用画板”复选框，即可得到一张精美的壁纸，如图 3-32 所示。

3.2 无序背景

3.2.1　低多边形风格

“低多边形（Low-Poly）”一词最早产生于计算机游戏的三维实时渲染，指在计算机三维图形中具有相对较少的多边形面。其中三维图形是计算机通过运算多边形或曲线，在各种媒体如电影、电视、印刷中快速创建模拟三维物体或场景的视觉效果。而构成三维图形的基本单位就是“多边形（Polygon）”。

现在低多边形风格已经成为一种独特的艺术视觉风格，被广泛运用到了界面设计、动画、插画、产品设计等各个领域。腾讯的 QQ 6.0 版本的登录界面和部分 UI 背景正是运用了这种由多边形组成的画面，如图 3-33 所示。三宅一生推出的 Issey Miyake 几何手提包如图 3-34 所示，整体看来也像是从三维图形软件中拎出来的低多边形模型。

低多边形风格正好也符合当下简约的扁平化设计诉求。它摒弃了很多装饰性的细节，有效地排除了多余的信息干扰。低多边形风格设计作品中的基本型都是棱角分明的多边形，尤其以三角形最多。

图 3-33　QQ 登录界面

图 3-34　三宅一生 Issey Miyake 几何手提包

网络上有简单易操作的低多边形（Low Poly）在线制作工具，网址为 http://www.shejidaren.com/examples/tools/low-poly/。下面我们结合低多边形（Low Poly）在线制作工具与 Illustrator，快速打造低多边形背景。低多边形制作工具界面如图 3-35 所示。

Step01 挑选一张自己喜欢的图片。

Step02 在浏览器中输入网址，打开低多边形（Low Poly）制作工具，跟随屏幕提示，简单几步即可创作一幅艺术作品。

图 3-35　低多边形制作工具界面

值得注意的是：一、通过鼠标单击来制作低多边形时，建议调整透明度，这样就可以看到底图，方便描摹。二、工具只会输出有多边形的区域，格式为 SVG，再用 Illustrator 打开即可编辑或转换为其他格式。

Step03 右击图片上方的“右击这里另存为”链接，将生成的低多边形文件存储为 SVG 格式，如图 3-36 所示。

输出 SVG：右击 这里 另存为...　　清除所有顶点　　添加25个顶点：随机

图 3-36　存储为 SVG 格式

Step04 在 Illustrator 中打开上述 SVG 格式文件，进行适当编辑，并存储为更适合的格式或导出成 JPEG 图片，即可用于更多的设计了。如图 3-37 和图 3-38 所示就展示了照片经过低多边形制作工具与 Illustrator 编辑后得到的低多边图标与背景。

图 3-37　低多边草莓

低多边形风格 - 低多边草莓

低多边形风格 - 低多边西瓜

图 3-38　低多边风景

低多边形风格 - 低多边风景

3.2.2　扁平化风格

扁平化风格是指摒弃高光、阴影等能造成透视感的效果，通过抽象、简化、符号化的设计元素来表现。扁平化风格的界面极简抽象，多用矩形色块、大字体，光滑，现代感十足，其交互核心在于功能本身，所以去掉了冗余的界面和交互。

1. 扁平化设计的优点

（1）简约而不简单，搭配一流的网格、色彩设计，让看久了拟物化设计的用户感觉焕然一新。

（2）突出内容主题，减弱各种渐变、阴影、高光等拟真视觉效果对用户视线的干扰，让用户更加专注于内容本身，简单易用。

（3）设计更容易，优秀的扁平化设计只需保证良好的架构、网格和排版布局，以及色彩的运用和高度一致性。

2. 扁平化设计五大原则

（1）拒绝特效：使用二维元素，不加修饰（阴影、斜面、凸起等）。

（2）关注色彩：色彩鲜艳、明亮。

（3）使用简单元素：常用矩形、圆形、正方形、正角、直角、圆弧。

（4）注重排版：字体大小匹配，按钮更注重增强易用性和交互性。

（5）简化设计方案：避免不必要的元素出现在设计中，使用简单的颜色和字体就足够了，如果一定还要添加些什么，尽量选择简单的图案，有效地组织方案中的元素，以简单且合理的方式排列。

3. 扁平化设计四大技巧

（1）简单的设计元素。扁平化完全属于二次元世界，运用一个简单的形状加没有景深的平面来实现。这个概念最核心之处就是放弃一切装饰效果，如阴影、透视、纹理、渐变等能做出 3D 效果的元素一概不用，所有元素的边界都干净利落，没有任何羽化、渐变或阴影。尤其在手机上，因为屏幕大小的限制，使得这一风格在用户体验上更有优势，更少的按钮和选项使得界面干净整齐，使用起来格外简单。

（2）关注色彩。在扁平化设计中，配色貌似是最重要的一环，通常采用比其他风格更明亮、更炫丽的颜色。同时，扁平化设计中的配色还意味着更多的色调，比如，其他设计最多只包含两三种主要色调，但是扁平化设计中平均会使用六到八种色调。有一些颜色很受欢迎，如复古色、橙色、紫色、绿色、蓝色等。

（3）简化的交互设计。设计师要尽量简化自己的设计方案，避免不必要的元素出现在设计中。简单的颜色和字体就足够了，如果还想添加点什么，也应尽量选择简单的图案。扁平化设计尤其对一些做零售的电商网站帮助巨大，它能把商品有效地组织起来，以简单但合理的方式排列。

（4）伪扁平化设计。不要以为扁平化只是把立体的设计效果压扁，事实上，扁平化设计更是功能上的简化与重组。比如，有些天气方面的应用使用温度计的形式仅作装饰，温度计指针并不会随温度数据变化。相比于拟物化而言，扁平化风格的一个优势就在于它可以更加简单、直接地将信息和事物的工作方式展示出来。比如，扁平化的手机系统图标“日历”，将功能与图形简单组合，并能实时展示当前日期。

4. 扁平化风格的夏日清凉手机壁纸实例

Step01 启动 Illustrator，新建文档，在移动设备预置选项中挑选一个 1125×2436px 的大小，如图 3-39 所示。

图 3-39　新建文档

Step02 单击“矩形工具”，将鼠标移到画板左上角的点时会出现“交叉”两个字，单击一下，把“矩形工具”第二个点拉到画板右下角的点时又会出现“交叉”两个字，单击一下就建立好了一个与画板等大的矩形，设置描边为无，填色为浅蓝色（#ABEFFF）。按“Ctrl+2”组合键将其锁定作为背景色块，不准移动。

Step03 绘制白云。首先使用“椭圆工具”绘制多个堆砌在一起的正圆形；再使用“橡皮擦工具”配合“Alt”键使用“块状”模式进行擦除，得到白云形状并将多个对象联集；最后使用“直接选择工具”适当调整尖锐的圆角即可，如图 3-40 所示。

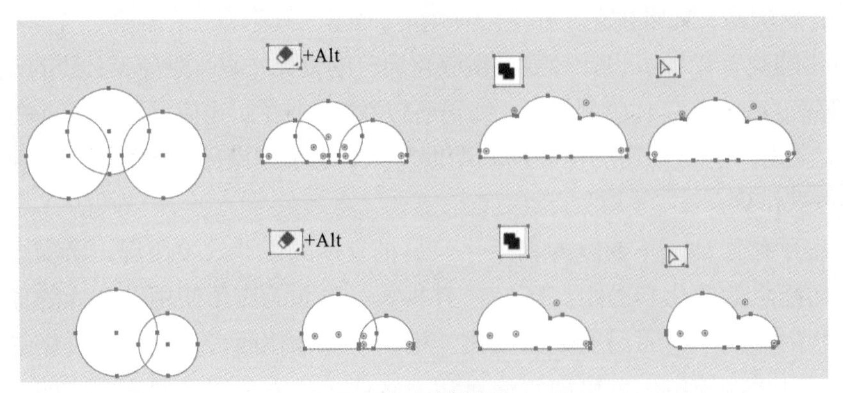

图 3-40　绘制云朵

Step 04 绘制甜筒。先使用“多边形工具”绘制两个三角形，再用“直接选择工具”调整最上面的顶点为圆角，适当填充喜欢的颜色，不描边，如图 3-41 所示。

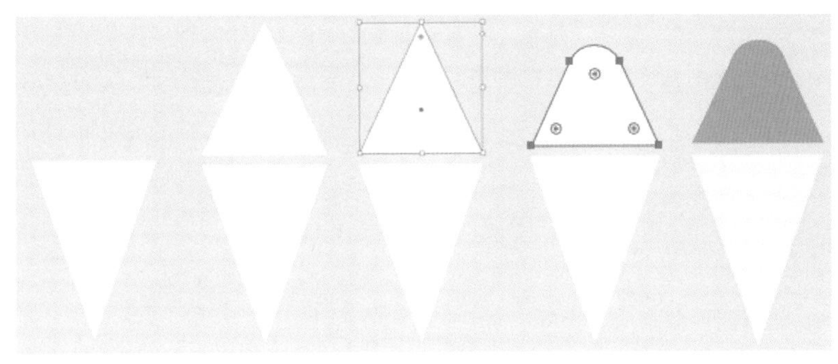
图 3-41　绘制甜筒外形

绘制装饰斜线。先绘制一根白色线条；然后按住“Alt”键移动复制，多次按下“Ctrl+D”组合键，得到一组平行斜线；最后全选所有平行斜线并按“Ctrl+G”组合键编组，如图 3-42 所示。

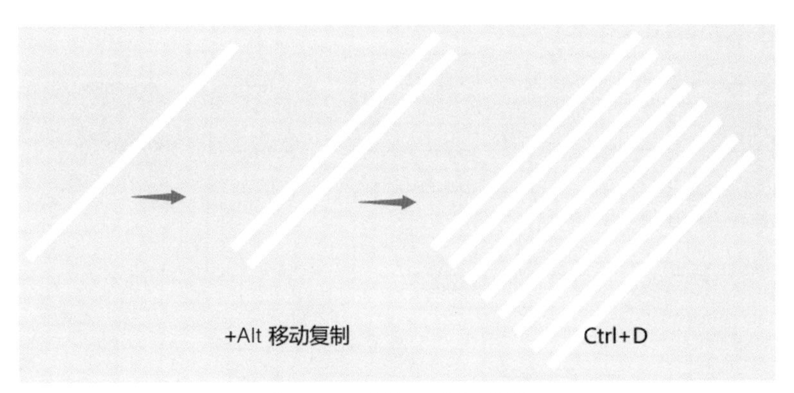

图 3-42　绘制一组平行斜线

将斜线移动到甜筒上方，选择甜筒下半截的黄色三角形，依次按下“Ctrl+C”与“Ctrl+F”组合键，同位粘贴。选中同位粘贴的三角形，右击，在右键快捷菜单中选择【排列】|【置于顶层】命令。框选黄色三角形与斜线，右击，在右键快捷菜单中选择“建立剪切蒙版”命令，得到完整的甜筒，如图 3-43 所示。

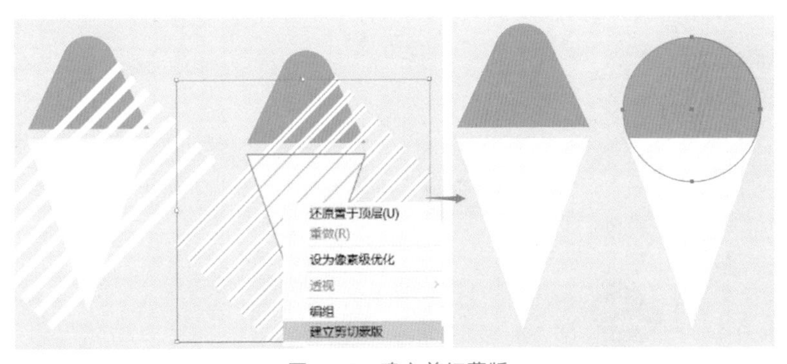

图 3-43　建立剪切蒙版

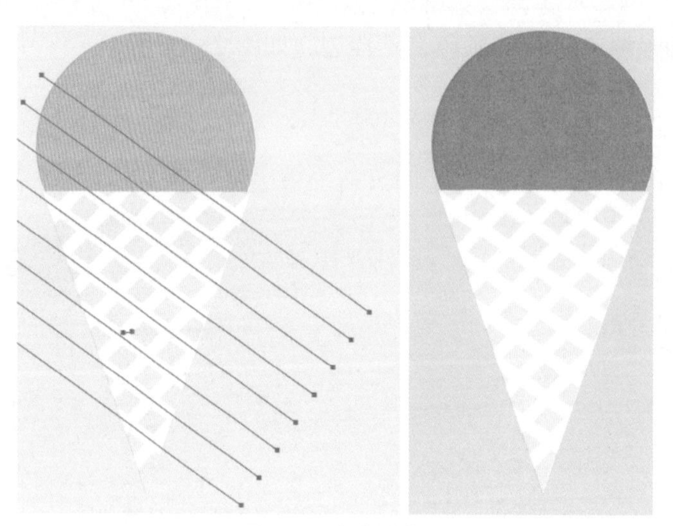

图 3-44　复制甜筒

复制甜筒，将顶部形状替换为一个正圆形，双击底部白色斜线，进入剪切蒙版内部，复制并旋转白色的平行斜线，得到另一只完整的甜筒，如图3-44所示。

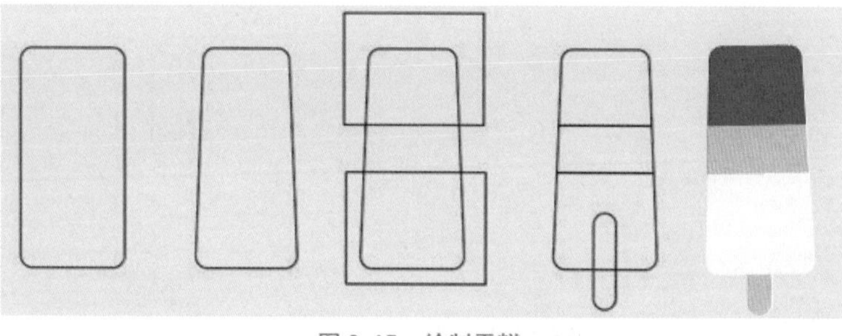

图 3-45　绘制雪糕

Step05 绘制雪糕。先绘制一个圆角矩形，再利用“形状生成器”调整顶部，将顶部缩小作为雪糕糕体。借助两个矩形，并使用“形状生成器”将雪糕分为三部分。绘制木柄后，依次填充颜色，如图3-45所示。

Step06 为了烘托气氛，还可以使用斑点画笔直接在绘制好的物体上画一些表情或装饰，如图 3-46 所示。该步骤也可以省略。

图 3-46　添加装饰

Step07 适当复制、调整绘制好的物体后，框选所有物体，直接拖进“色板”窗口，即可新建所选为填充效果，如图3-47所示。这时可以删掉画板上绘制好的所有物体了。

图 3-47 新建色板

Step08 再建立一个与画板等大的矩形，单击“色板”窗口中刚才定义的图案填充内部，即可得到一张扁平的壁纸，如图3-48所示。

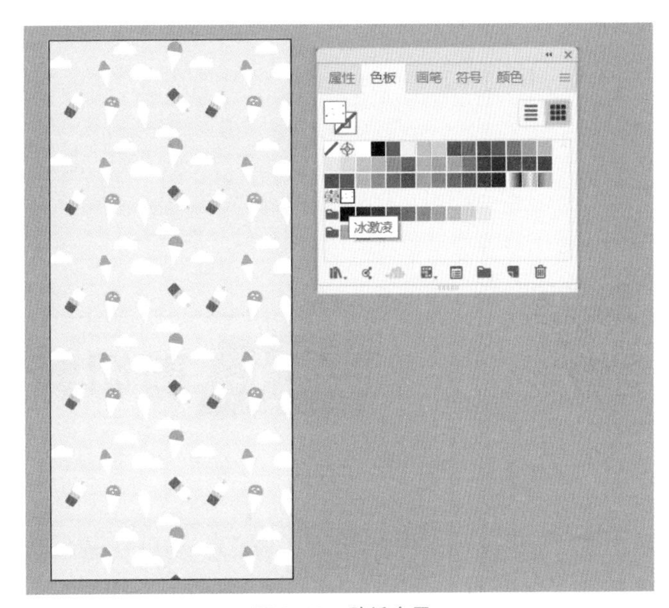

图 3-48 壁纸应用

3.3 同步练习

参考本章案例的方法与效果，根据自己的手机尺寸，设计制作三款手机壁纸，并运用到手机中去。

第4章

典型文字处理综合篇

剪切蒙版文字

4.1 剪切蒙版文字

在 Illustrator 中将文字（图形）与剪切蒙版功能配合，可以设计出很多漂亮的背景填充文字效果。

Step 01 启动 Illustrator，新建一个文档，设置名称为“剪切蒙版文字”，宽度为“600px”，高度为“600px”，颜色模式为“RGB 颜色，8 位”，背景内容为白色，栅格效果为“屏幕（72ppi）”，预览模式使用默认值，单击“创建”按钮。

Step 02 使用“文字工具”在画板中输入相关文字，并适当设置其大小、字体等参数。本案例我们输入“清凉一夏”，具体参数如图 4-1 所示，字体选择比较粗的，完成效果更加明显。所有参数和样式仅供参考，读者完全可以选择自己喜欢的。

图 4-1　输入文字

Step03 执行菜单命令【文件】|【置入】，置入一张适合文案的素材图片“冰花”，在图片上右击，在右键快捷菜单中选择【排列】|【置于底层】命令（确保图片置于文字下层），并单击控制栏上的“嵌入”按钮，将素材嵌入，如图 4-2 所示。

图 4-2　嵌入素材

Step04 适当调整文字与图片的位置，同时选中二者，右击，在右键快捷菜单中选择“建立剪切蒙版”命令，如图 4-3 所示，即完成关键步骤的打造，如图 4-4 所示。如果剪切的字中没有包含自己想要的图案，这时候可以右击剪切字，在右键快捷菜单中选择“释放剪切蒙版”命令，重新调整位置后再次建立剪切蒙版，直到得到想要的效果。在此基础上，你一定可以创作出更丰富的作品。

★小技巧：文字的样式在使用剪切蒙版后也能随时修改（只要不为文字创建轮廓）。

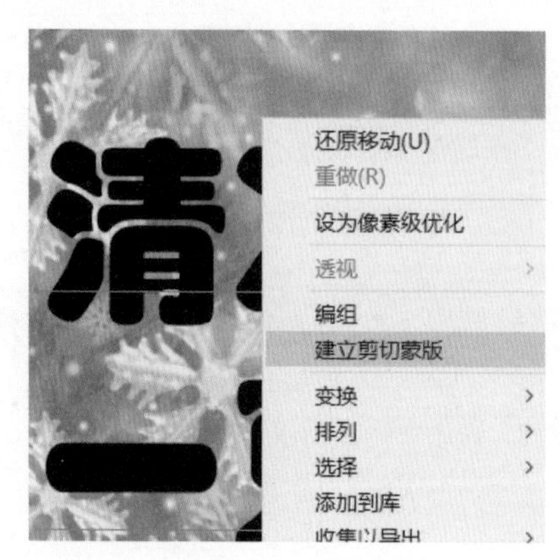

图 4-3　建立剪切蒙版

图 4-4　剪切蒙版效果

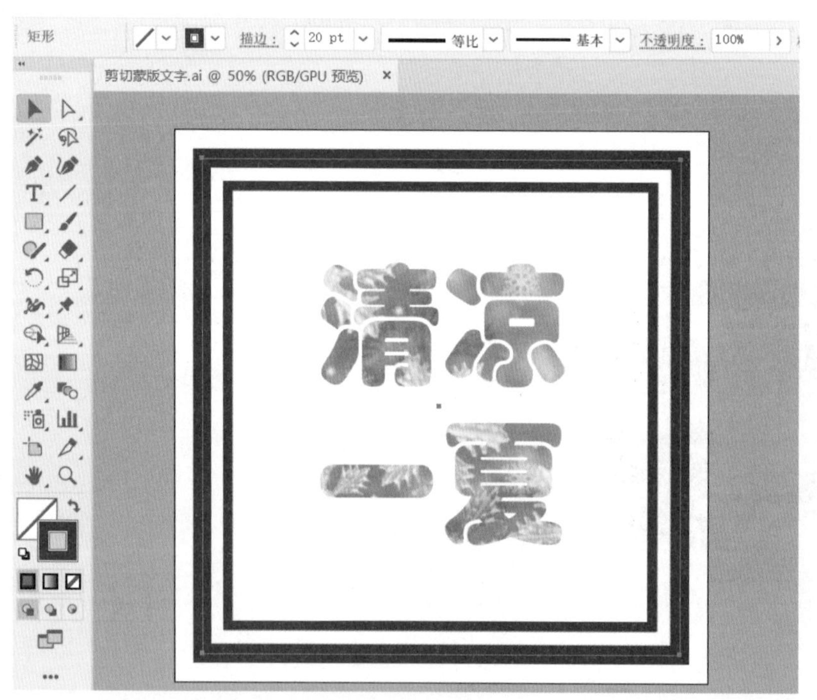

图 4-5　绘制装饰框

Step05 为了营造更好的画面效果，我们选择“矩形工具”简单地为文字绘制两个边框并进行适当装饰，如图 4-5 所示。

Step06 调整好后，按“Ctrl+S”组合键保存文件，并执行菜单命令【文件】|【导出】|【导出为】，选择保存类型“JPEG”，勾选“使用画板”复选框，根据提示与需求导出为图片即可。

遮挡文字 1

4.2 遮挡文字

遮挡文字 2

Step01 打开素材“花卉”，使用“文字工具”在上面输入白色文字（尽量选择粗体，方便后续遮挡效果的营造），如图4-6所示。

图 4-6 输入文字

Step02 右击文字，在右键快捷菜单中选择“创建轮廓”命令，将文字转化为图形对象，如图 4-7 所示。

图 4-7 创建文字轮廓

Step03 再次右击文字，在右键快捷菜单中选择“取消编组”命令，将每个字母打散为单个对象，如图 4-8 所示。

图 4-8 取消编组

图 4-9 置于顶层

图 4-10 完成效果

Step04 对画面中所有对象排列的上下顺序进行调整。右击目标对象，在右键快捷菜单中选择排列的顺序，如图 4-9 所示。期间为了更好地选择指定对象，可以交替配合使用锁定对象（快捷键为“Ctrl+2”）与全部解锁（快捷键为“Ctrl+Alt+2”）。

完成效果如图 4-10 所示。

4.3 穿插文字

穿插文字

Step01 启动 Illustrator，新建一个文档，设置名称为“穿插文字”，宽度为“600px”，高度为“600px”，颜色模式为“RGB 颜色，8 位”，背景内容为白色，栅格效果为“屏幕（72ppi）”，预览模式使用默认值，单击“创建”按钮。

Step02 使用“文字工具”在画板中输入相关文字，并适当设置其大小、字体等参数。本案例我们输入“900　100”，具体参数如图 4-11 所示，字体选择比较粗的，完成效果更加明显。所有参数和样式仅供参考，读者完全可以选择自己喜欢的。

图 4-11　设置文字

Step03 使用“矩形工具”在画板中绘制两个红色矩形，模拟加号的模样，如图 4-12 所示。

图 4-12　绘制“加号”

Step04 右击文字，在右键快捷菜单中选择“创建轮廓”命令，将文字转化为图形，如图 4-13 所示。

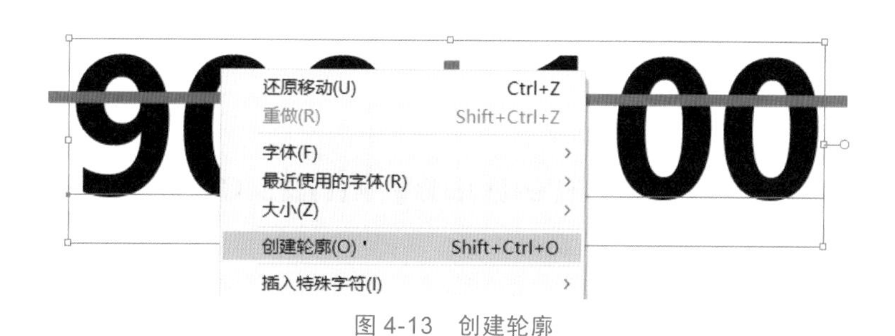

图 4-13　创建轮廓

Step05 框选所有对象，使用“形状生成器”修剪图形，使“+”与“数字”图形产生相互穿插的效果，如图 4-14 所示。

图 4-14　修剪图形及完成效果

4.4 双色文字

Step01 新建文档“双色文字”，设置画板宽度为“400px”，高度为“150px”，其余参数默认，单击“创建”按钮。

Step02 输入文字。使用“文字工具”在画板中输入两行文字，选择较粗字体，这里统一设置为微软雅黑（Blod），如图 4-15 所示。

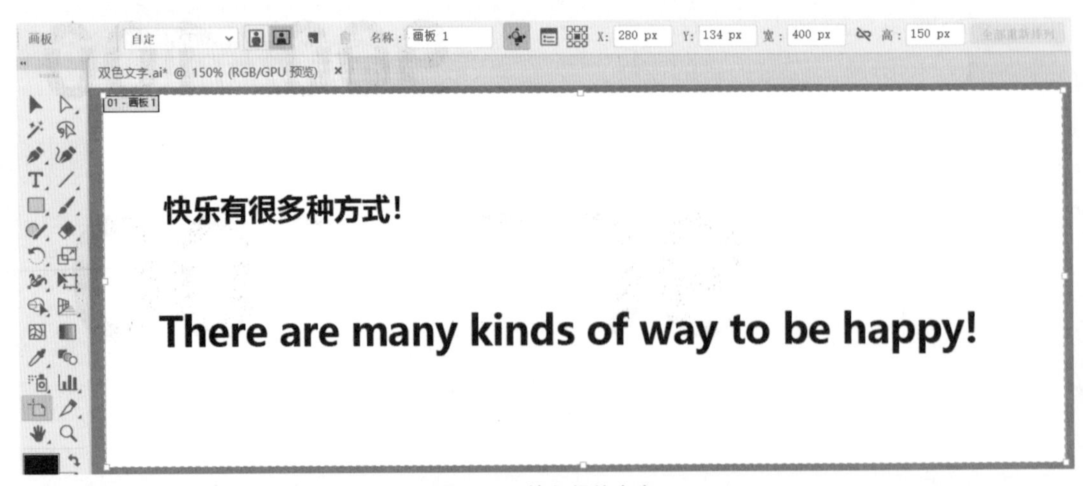

图 4-15　输入粗体文字

Step03 绘制山脉。

（1）使用“钢笔工具”在画板下半部分绘制一个封闭路径作为山脉图形，如图 4-16 所示。

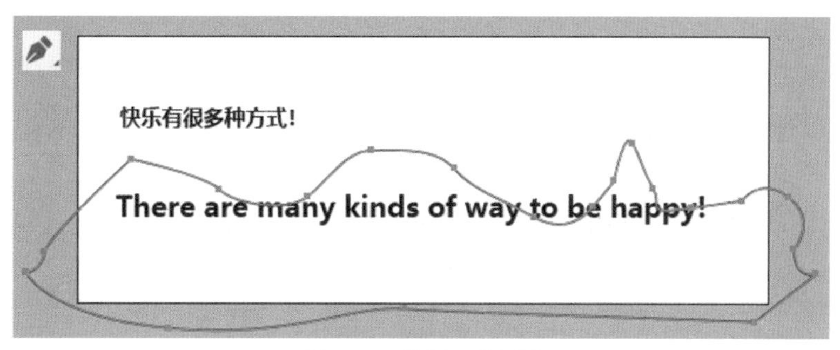

图 4-16 绘制山脉区域

（2）使用“平滑工具”，在选中的路径上涂抹，使涂抹之处更加平滑，完成后如图 4-17 所示。

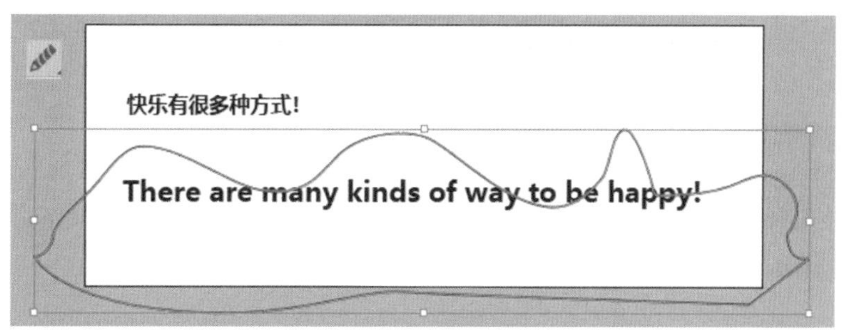

图 4-17 平滑路径线

（3）预先配置好三种色相接近、明度有差异的颜色（暂称为浅色、中间色、深色），并以矩形块的方式放置在画板旁边待用。先使用中间色填充整个山脉。

（4）使用“网格工具”，在山脉区域内部多处单击，会自动出现网格线，并在部分交叉点处使用吸管，去吸取预先配好的浅色与深色，操作参考图 4-18。

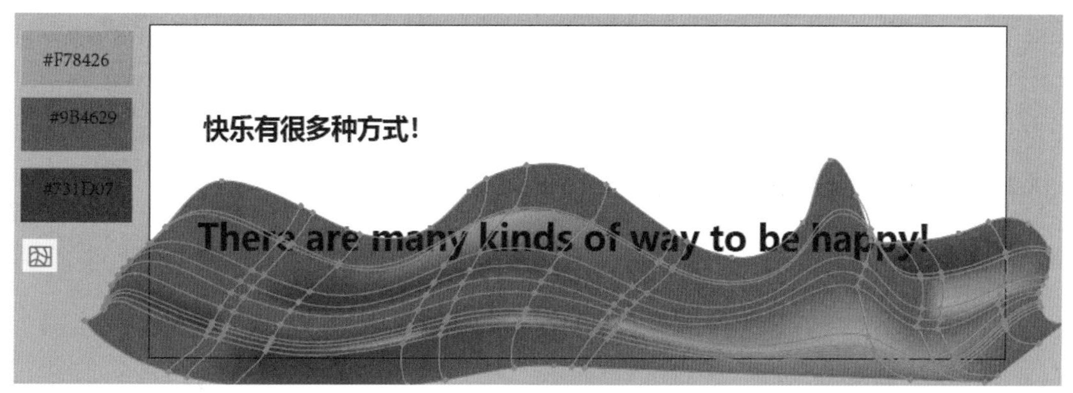

图 4-18 网格调色

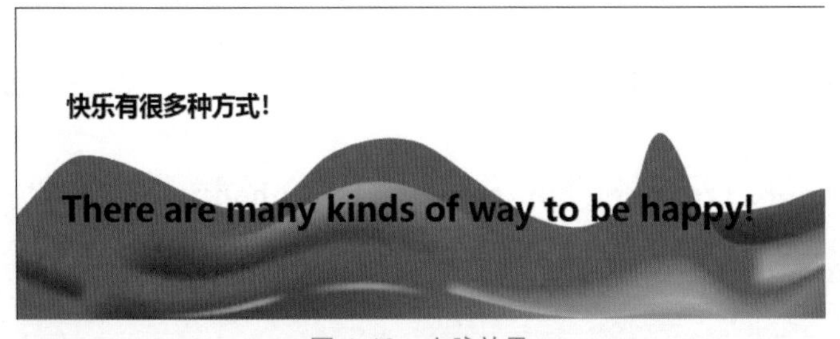

图 4-19　山脉效果

（5）设置好颜色后，按“Ctrl+2”组合键将山脉锁定起来，效果如图 4-19 所示。

Step 04 设置文字颜色。

（1）调整两行文字的位置，将中文文字放置在山脉左边并置于顶层，设置文字填色为浅米黄色（#E8E5CF）。与山脉背景形成明显对比，如图 4-20 所示。

图 4-20　对象位置关系

（2）使用“修饰文字工具”，选中“乐”字，重新设置其填色为浅黄（#FFFF00）。使用同样的方法更改第 4、6、8 个文字，完成中文文字的设置，如图 4-21 所示。

图 4-21　调整文字颜色

（3）选中英文文字，使用“移动工具”对其旋转 180°，并适度放大。右击文字，在右键快捷菜单中选择“创建轮廓”命令，将英文文字转换为图形，如图 4-22 所示。

图 4-22　为英文创建轮廓

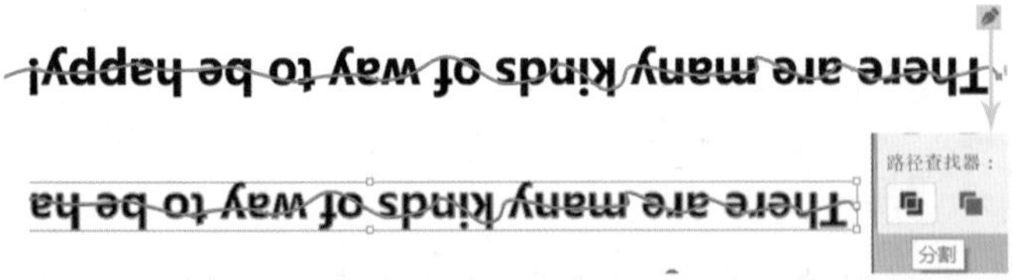

（4）先使用“钢笔工具”穿越英文文字在顶层绘制一根曲线，再同时框选曲线与英文，打开“路径查找器”，单击“分割”按钮，使用曲线分割下方英文，如图 4-23 所示。

图 4-23　曲线分割

（5）重新设置被分隔开的英文上半部分的填色为深红色（#731D07），完成双色英文文字制作，放大细节如图 4-24 所示。

图 4-24　双色英文文字

（6）复制双色英文文字，并更改副本中的深红色为明度更高的棕色（#D16607），完成所有制作，最终效果如图 4-25 所示。

图 4-25　最终效果

4.5 3D 立体文字

3D 立体文字

Step 01 制作文字原型。

（1）新建文档“立体文字”，使用“文字工具”在画板中输入适当文字，设置填色为浅绿色（避免使用黑色，以免使用默认的 3D 效果后看不到层次），尽量选择较粗字体，如图 4-26 所示。

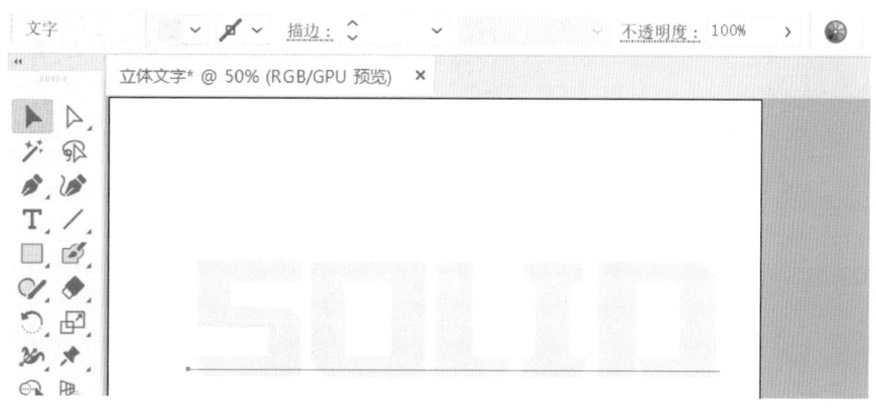

图 4-26　输入浅绿色粗体字

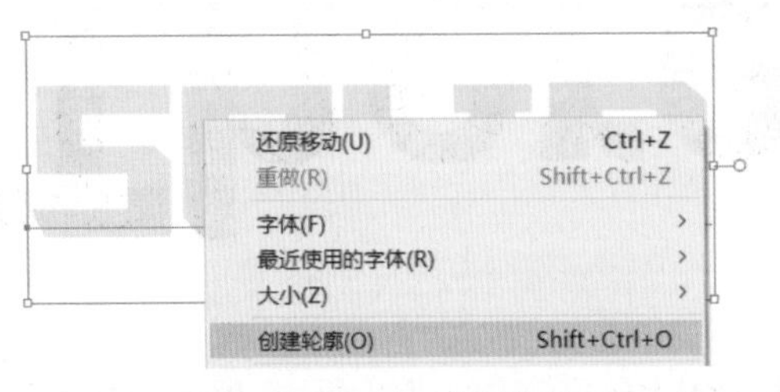

图 4-27　为文字创建轮廓

（2）右击文字，在右键快捷菜单中选择“创建轮廓”命令，如图 4-27 所示。

Step 02 添加 3D 效果。

（1）从符号库中添加系统自带的点状图案矢量包。

（2）执行菜单命令【效果】|【3D】|【凸出和斜角】，在弹出的“凸出和斜角”对话框中选择位置为“等角 - 上方”，并单击底部“贴图”按钮。在“符号”下拉列表中找到“点状图案矢量包 04”，对每个字母的顶面进行贴图，如图 4-28 所示。贴图完毕后单击“确定”按钮得到如图 4-29 所示的效果。

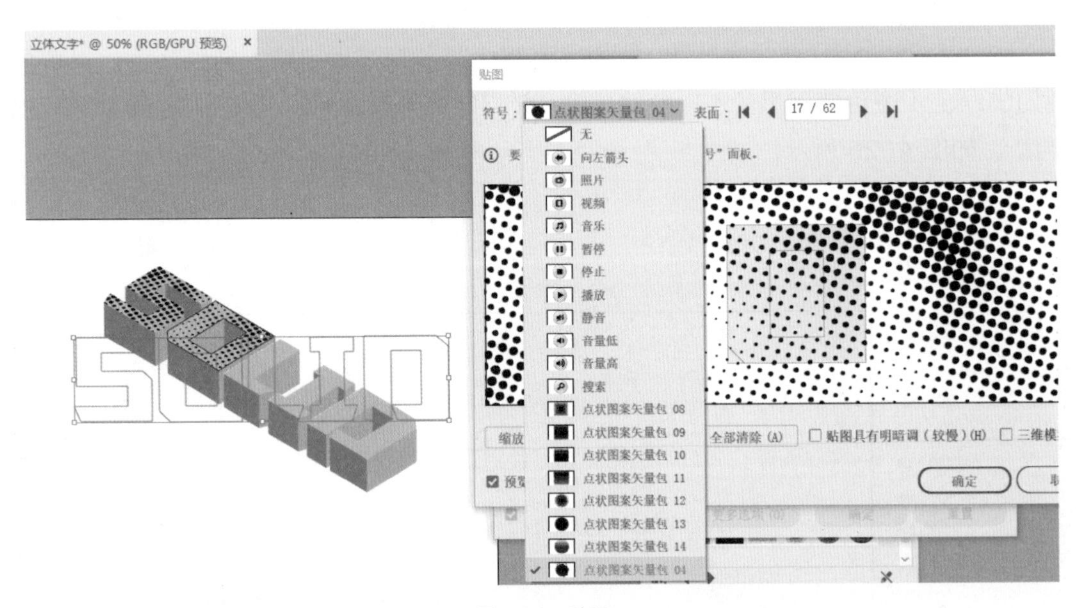

图 4-28　贴图

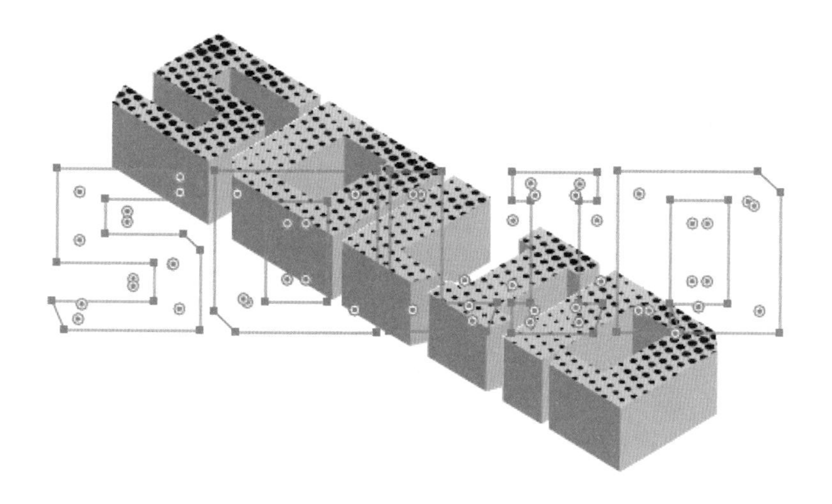

图 4-29　完成贴图效果

Step03 修改颜色。

（1）执行菜单命令【对象】|【扩展外观】，如图 4-30 所示，将 3D 效果扩展成对象，便于后期修改。

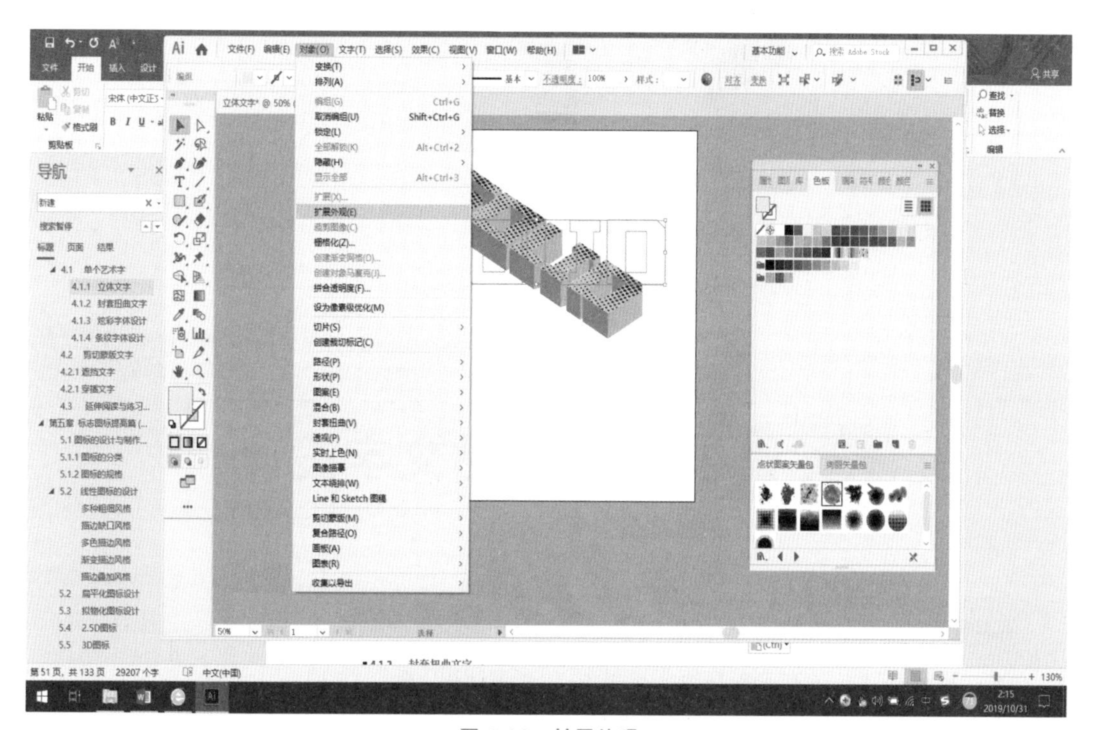

图 4-30　扩展外观

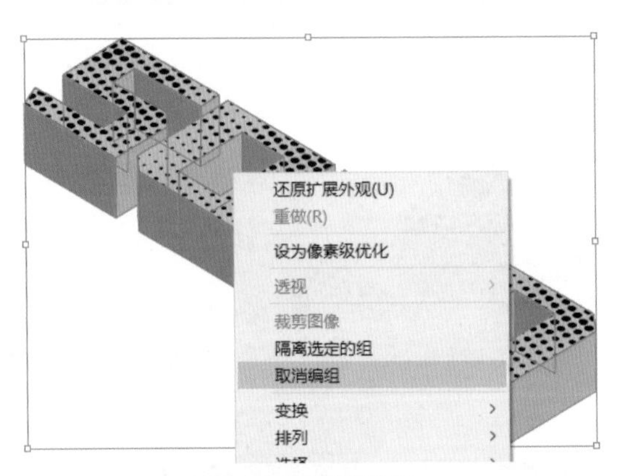

图 4-31　取消编组

（2）右击图形，在右键快捷菜单中选择“取消编组”命令，将多个对象打散，如图 4-31 所示。

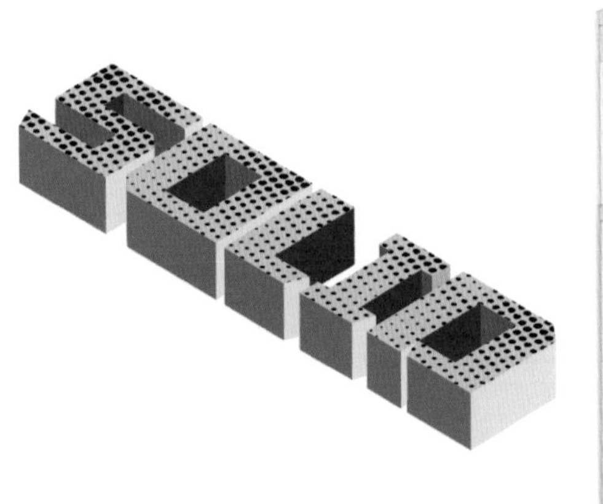

图 4-32　更改颜色

（3）打开“色板”面板（【窗口】|【色板】），选择合适的颜色分别更改文字的局部，得到自己满意的效果，如图 4-32 所示。

4.6 立方体拼贴文字设计

Step01 绘制基本形立方体。

（1）新建文档“立方体文字”，使用“多边形工具”绘制一个正六边形，设置填色为无，描边“4px”。垂直向上移动复制该多边形，使上面多边形底下的顶点与原六边形的中心重合，再使用“直线工具”绘制垂直线穿过两个六边形。为了更直观地查看，这里将三个对象的描边设置成了不同颜色，粗细保存一致，都采用“4px”，填色为无，如图 4-33 所示。

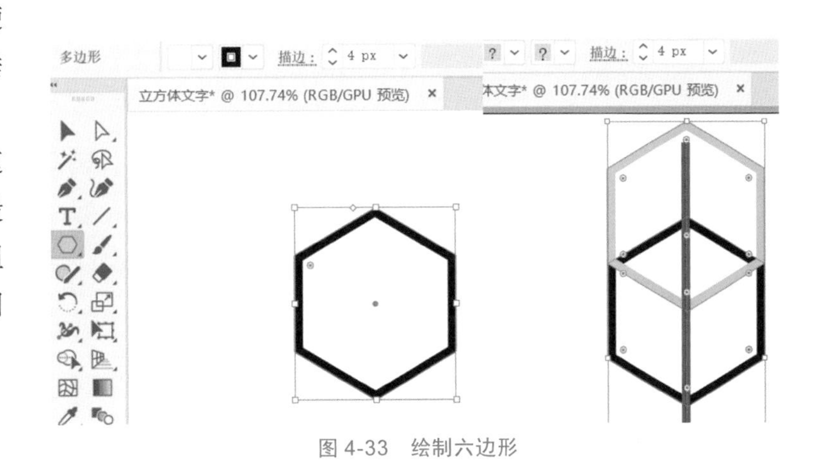

图 4-33　绘制六边形

（2）框选三个对象，使用“形状生成器”将其修剪成立方体的模样，如图 4-34 所示。

图 4-34　修形

（3）重新设置整个图形填色为无，描边为黑色。通过观察发现内部的三个线段比外围的粗一倍，如图 4-35 所示，为了统一性，我们需要将整个立方体的所有线段都绘制成一样的粗细。

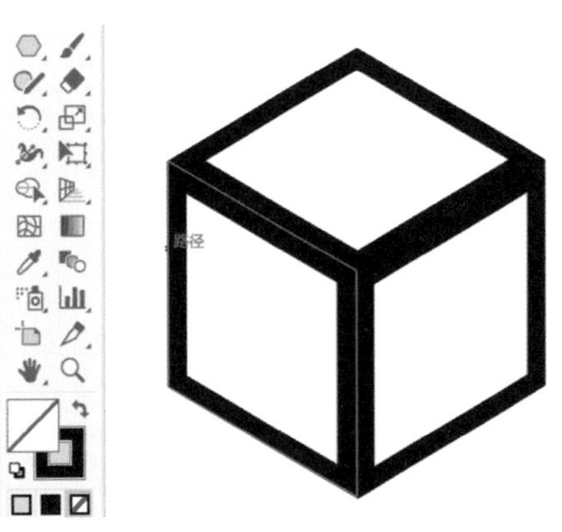

图 4-35　统一描边

（4）按住“Alt”键拖动复制得到一个副本，并使用“路径查找器”面板中的“联集”功能，将图形再次焊接成初始的六边形，并设置整个六边形的描边宽度为之前的两倍，即“8px”，如图 4-36 所示。

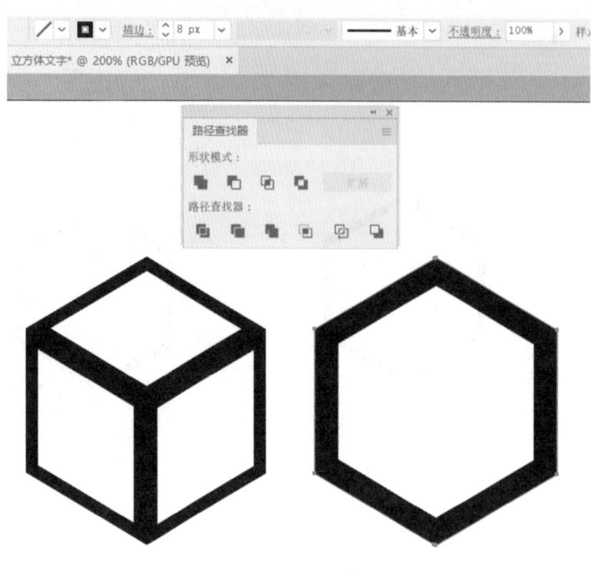

图 4-36　联集

（5）使用蓝色与红色分别填充左边图形各色块，然后框选左边图形，右击，在右键快捷菜单中选择“编组”命令。此时观察，如果觉得描边太粗可以适当调整，调整的时候注意右边图形描边比左边大一倍即可，如图 4-37 所示。

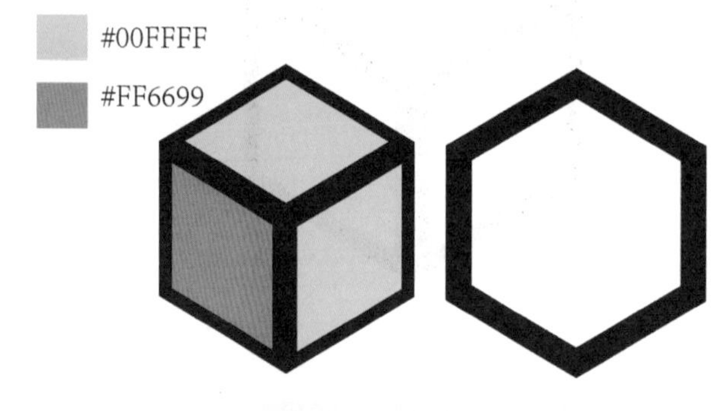

图 4-37　调整描边

（6）先选中右边六边形，右击，在右键快捷菜单中选择【排列】|【置于顶层】命令，再同时选中左、右图形，依次单击控制栏中“水平居中对齐”与“垂直居中对齐”按钮，使两个图形重合，全部选中后右击，在右键快捷菜单中选择“编组”命令，得到轮廓线一致的图形。

至此完成基本元素的打造，可以将其存储为“立方体”作为小素材以后待用，如图 4-38 所示。

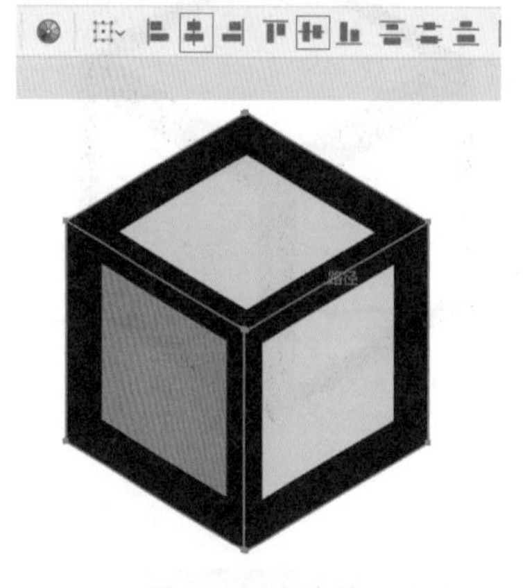

图 4-38　立方体

Step02 利用立方体拼贴文字。接下来我们可以利用这个立方体进行文字的拼接。复制得到足够多的副本，再依次对齐拼接，完成效果如图 4-39 所示。

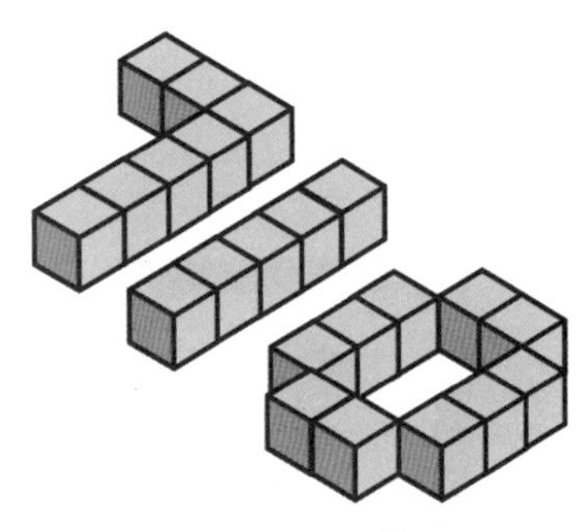

图 4-39 最终效果

4.7 立方体多面文字设计

立方体多面文字

Step01 创建并保存一组符号。

（1）启动 Illustrator，新建一个文档，设置名称为“立方体多面文字”，宽度为“800px”，高度为“600px”，其余参数默认。

（2）选择“矩形工具”，创建两个大小不一的无描边的正方形：一个 50×50px，颜色设置为浅粉红色（#FFCCCC）；一个 40×40px，颜色设置为比刚才的浅粉红色略深的红色（#FFCCCC）。（颜色设定随意，用不同颜色仅仅为了更好地区分对象。）选中 40×40px 的矩形，使用“直接选择工具”拉出圆角，也可以在控制栏中设置边角为“5px”。

（3）同时选中两个矩形，使用“形状生成器”配合“Alt”键修剪掉内部圆角矩形，得到一个外方内圆的框形，并更改填色为黑色，操作过程及完成效果如图 4-40 所示。

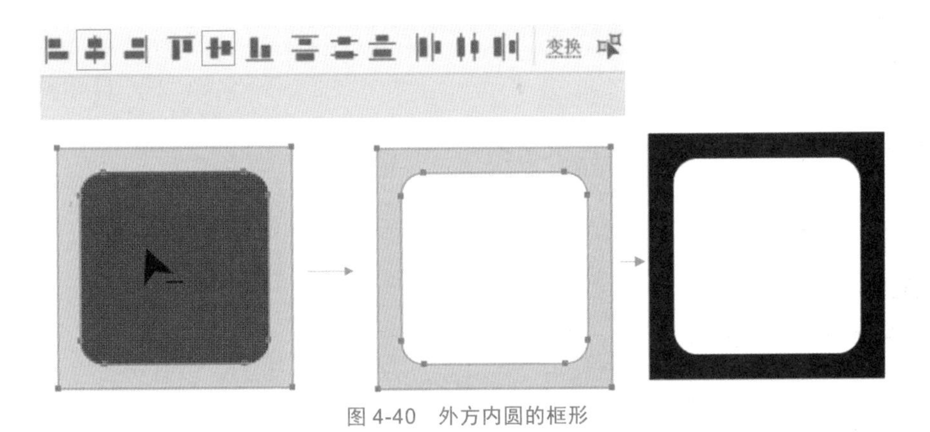

图 4-40 外方内圆的框形

图 4-41　输入文字 1

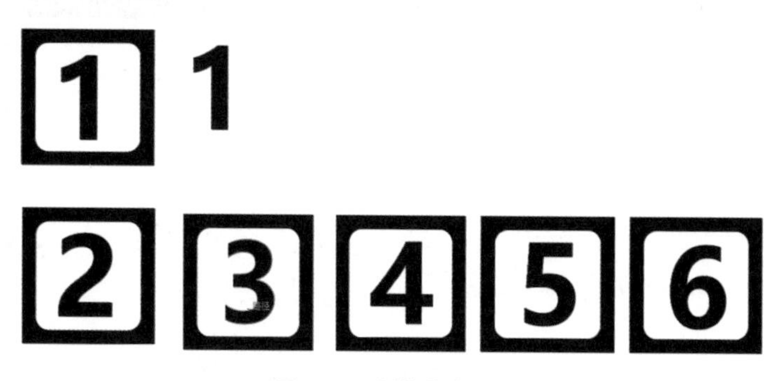
图 4-42　制作其他数字

图 4-43　转换符号

（4）选择“文字工具”，添加文字“1”，选择“微软雅黑”字体，粗体“Bold”，“40px”，颜色设置为黑色。首先确保该文字仍然被选中，复制副本放置在黑框中央，右击该文字副本，在右键快捷菜单中选择“创建轮廓”命令。然后同时选中黑框及其内部，执行菜单命令【对象】|【复合路径】|【建立】(快捷键为“Ctrl+8”)，如图 4-41 所示。

（5）接下来采用复制并修改的方式，依次制作剩下的数字 2、3、4、5、6 的复合路径，如图 4-42 所示。

（6）选择“1”复合路径，直接将其拖进“符号”面板中，在弹出的“符号选项”对话框中输入名称“1”，其他参数默认，然后单击“确定”按钮，即将所选形状转换为了符号，如图 4-43 所示。

（7）使用相同的方法将其他的数字复合路径也都保存为符号。在“符号”面板中出现了所有定义符号后，如图4-44所示，就可以将之前绘制的所有图形从画板中删除了。

图4-44 “符号”面板

Step02 创建3D立方体。

（1）选择“矩形工具”，创建一个50×50px的矩形，填色为浅灰色（#CCCCCC）（颜色尽量选择浅色，通常不使用黑色）。

（2）选中灰色方块，执行菜单命令【效果】|【3D】|【凸出和斜角】。在弹出的“3D凸出和斜角选项”对话框中单击“更多选项”按钮，勾选“绘制隐藏面”与“预览”复选框，并适当调整参数（图4-45中数值仅供参考，实际制作时，通常边观察预览效果，边调整）。

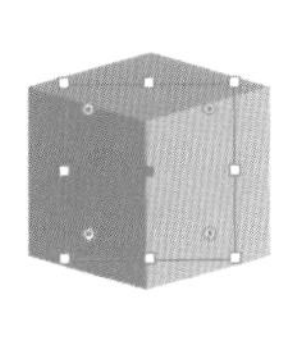

图4-45 “3D凸出和斜角选项”对话框

（3）然后单击“贴图”按钮。弹出“贴图”对话框，选择“符号”下拉菜单中的数字符号，使用“表面”右侧的这些箭头按钮从表面1切换到表面6，分别添加对应的符号，然后单击“确定”按钮，如图4-46所示。

图4-46　贴图

（4）由于立方体的角度不同，所展现的面各不相同，为了实现更多的效果，可以重复上面3步操作，做出更多角度的效果，如图4-47所示。

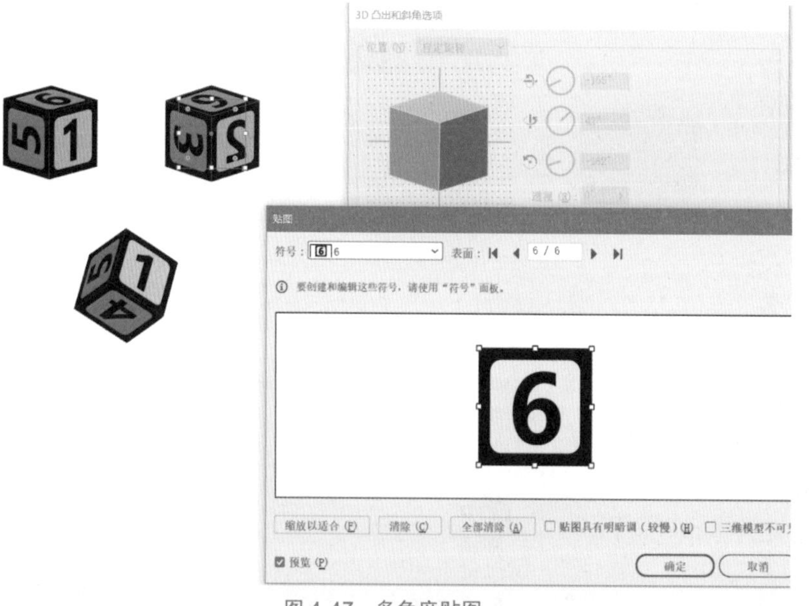

图4-47　多角度贴图

（5）按住“Alt”键拖动复制得到更多的副本，如图4-48所示。

图4-48　复制

（6）如图 4-49 所示，还可以在“外观”面板中单击“3D 凸出和斜角（映射）”按钮，在弹出的对话框中进行设置，将现有符号替换为所需的其他符号，轻松调整应用的 3D 拉伸和斜角效果的属性。

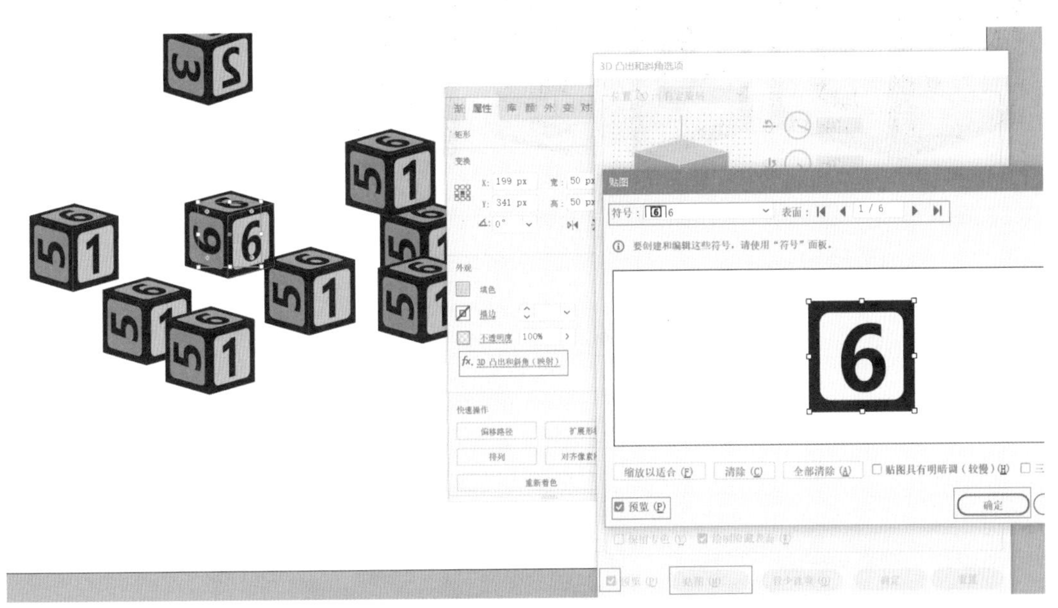

图 4-49　“外观”面板进入映射属性修改

（7）通过一系列的复制、修改、排列等操作，调整位置关系，得到满意的构图画面，如图 4-50 所示。

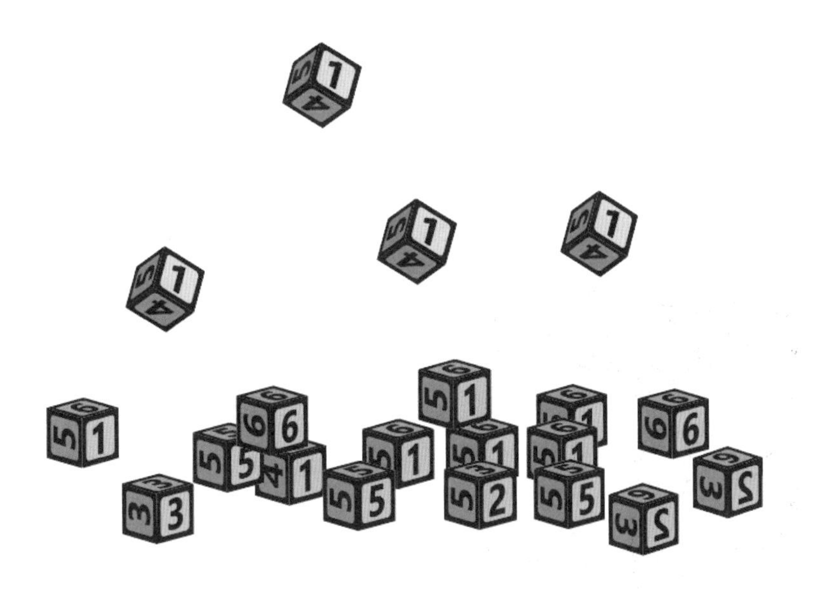

图 4-50　调整位置关系

图 4-51　扩展外观

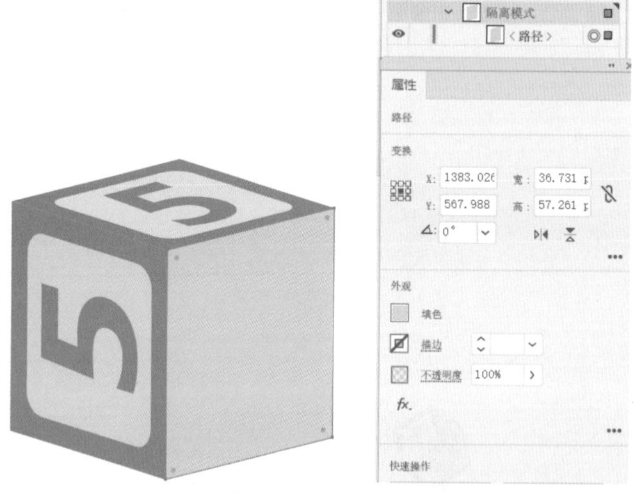

图 4-52　调整颜色

图 4-53　单个立方体完成效果

Step03 调整颜色。

（1）选择其中一个立方体，执行菜单命令【对象】|【扩展外观】。确保形状组合被选中，连续右击两次，在右键快捷菜单中选择“取消编组”命令（或按两次“Shift+ Ctrl+G”组合键）。这样就保证了立方体的每个面都分别由底色与上面的贴图构成了。将每个部分拖移分解，你会更清楚地认识到，立方体被独立成了多个对象，而且构成立方体后壁被隐藏的几个面的形状也存在，可以自行选择将其删掉，如图 4-51 所示。

（2）双击需要更改的单个对象，在“隔离模式”下为其重新设置填色，如图 4-52 所示。

（3）通过更改三个面的底色，我们得到这样一个效果，仔细观察发现贴图的边缘交接处效果不佳，所以可以继续为三个“贴图”的对象进行修改，方法同上，得到如图 4-53 所示效果。

（4）为每个对象设置喜欢的填色效果，填色可以是纯色、渐变色，甚至是图案，最终得到满意的效果，如图 4-54 所示。

图 4-54　立方体多面文字最终效果

4.8 混合路径文字设计

Step01 先使用“钢笔工具”或“画笔工具”绘制出所需路径，如图 4-55 所示。

图 4-55　绘制路径

Step02 绘制两个彩色渐变的正圆形，同时选中后，按下“Ctrl+Alt+B”组合键混合。如果结果不是那么满意，可以再次双击工具箱中的“混合工具”，在“混合选项”对话框中重新设置混合步数。

复制一个混合对象，执行菜单命令【混合】|【反向混合轴】，可以得到反向的配色效果，如图 4-56 所示。

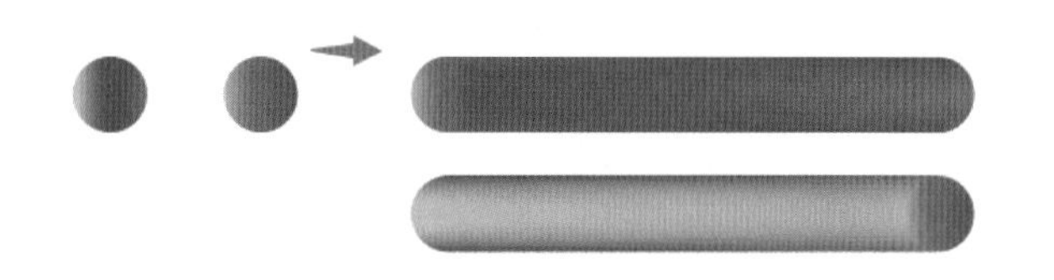

图 4-56　混合

Step03 同时选中混合对象与需要替换的文字路径，执行菜单命令【对象】|【混合】|【替换混合轴】，如图 4-57 所示，即可完成替换。需要注意的是，每次只能替换一条路径，不能多条路径同时进行。

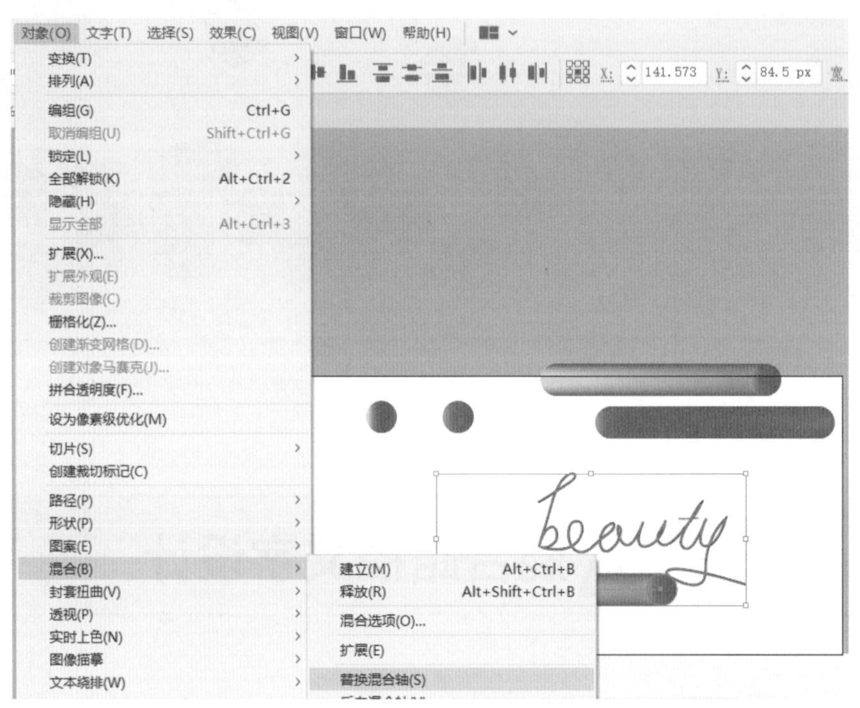

图 4-57　替换混合轴

Step04 最后适当添加背景，完成混合字的打造，如图 4-58 所示。

图 4-58　完成效果

4.9 封套扭曲文字设计

Step01 新建画板，尺寸随意。

Step02 先选择一种喜欢的字体，输入一段文字，如图 4-59 所示。

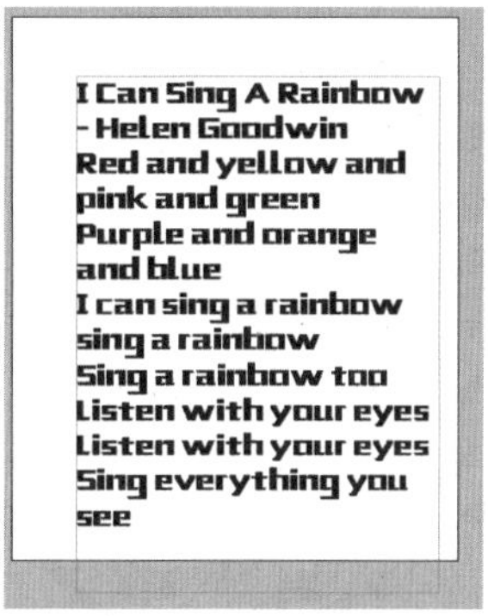

I Can Sing A Rainbow
- Helen Goodwin
Red and yellow and
pink and green
Purple and orange
and blue
I can sing a rainbow
sing a rainbow
Sing a rainbow too
Listen with your eyes
Listen with your eyes
Sing everything you
see

图 4-59　输入文字

Step03 执行菜单命令【对象】|【封套扭曲】，工具中分别有用变形、网格和顶层对象三种方式建立，如图 4-60 所示。

图 4-60　用网格建立封套扭曲

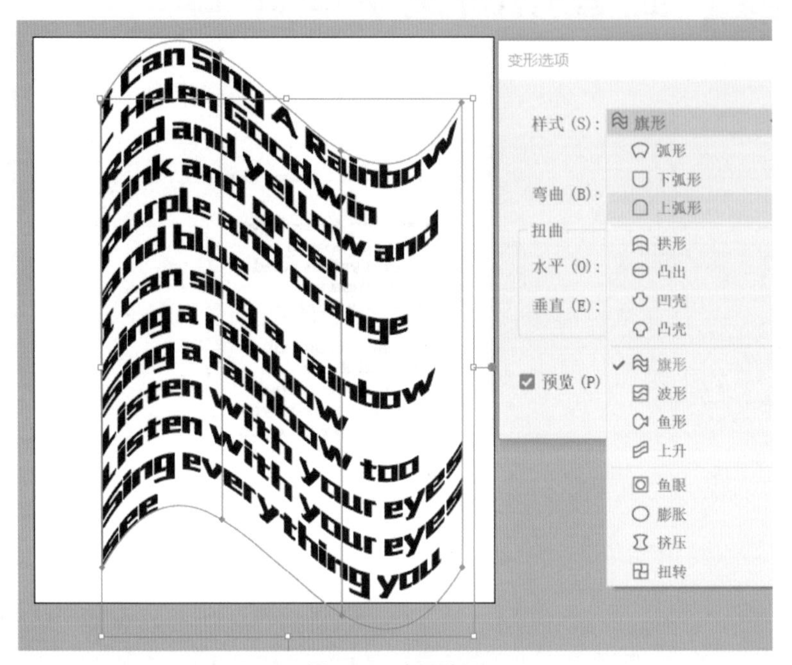

图 4-61　变形选项

Step04 选择“用变形建立”命令，会有很多预设的样式，可以通过调节参数来进行扭曲变形，如图 4-61 和图 4-62 所示就是利用系统预设变形完成的制作。

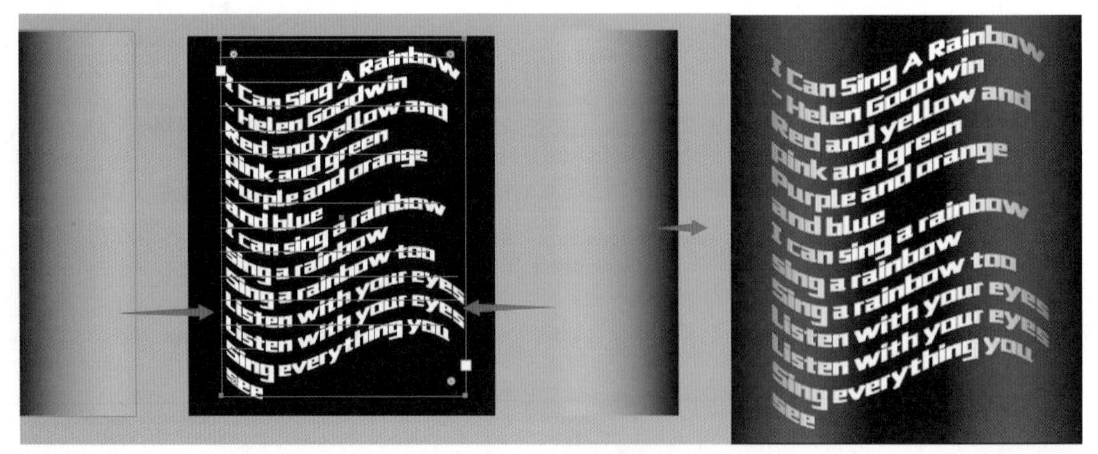

图 4-62　变形效果

Step05 接下来选择“用网格建立”命令，这个比较常用，可以首先设置网格的行数和列数，然后再用“直接选择工具”选择网格中的锚点进行调节变形，如图 4−63 所示。

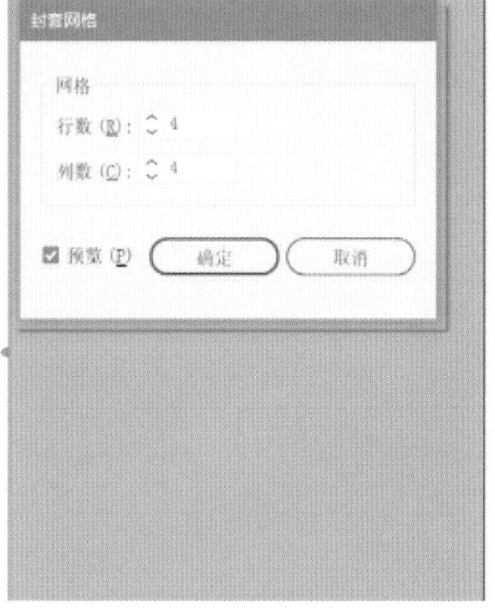

图 4-63　用网格建立封套扭曲

Step06 最后一个是“用顶层对象建立”命令，例如，先在此处画一个五角星。注意，图层顺序是五角星在上，文字在下，文字对五角星建立封套扭曲。然后按“Ctrl+Alt+C”组合键，用顶层对象建立，文字就会依附顶层对象的形状进行扭曲，如图 4−64 所示。

图 4-64　用顶层对象建立封套扭曲

条纹字体设计

4.10 条纹字体设计

图 4-65　新建文档

Step01 新建文档，参数设置如图 4-65 所示，将文档命名为“条纹图案画笔文字”。

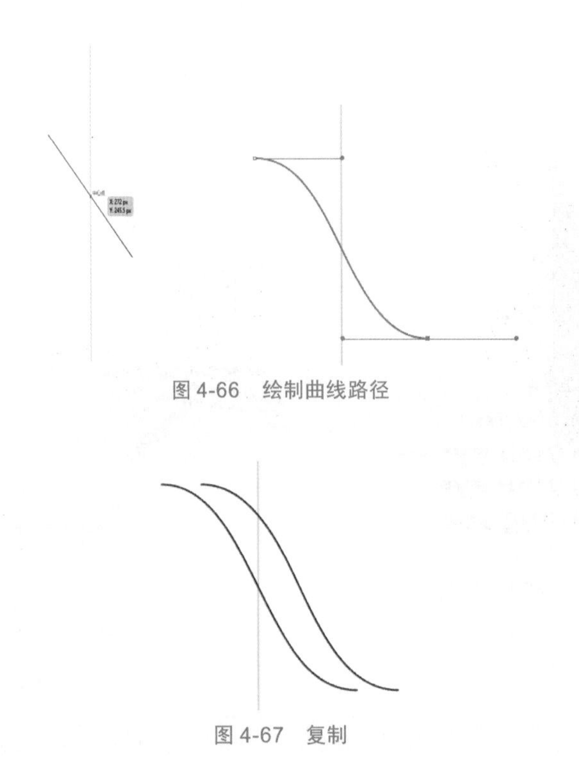

图 4-66　绘制曲线路径

Step02 拉出一条参考线，绘制一条直线，将中心穿过参考线。使用“锚点工具”拖动直线的两个端点，使其调节线的反向延长线刚好与参考线相交，形成曲线，如图 4-66 所示。

图 4-67　复制

Step03 水平移动复制，得到一条曲线的副本，如图 4-67 所示。

Step04 选中两条曲线，执行两次菜单命令【对象】|【路径】|【连接】，得到一个封闭的图形，并且此图形是中心对称的，可以无缝首尾相连，如图 4-68 所示。使用红色填充该图形，如图 4-69 所示。

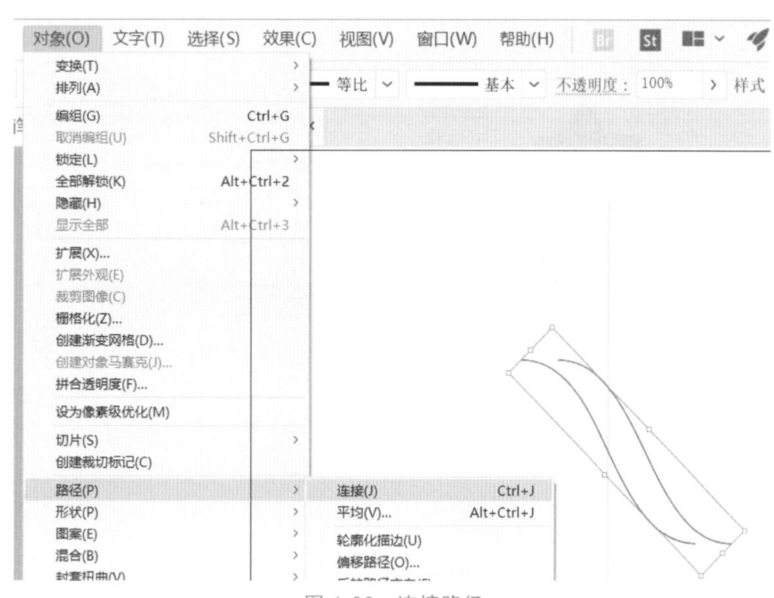

图 4-68　连接路径

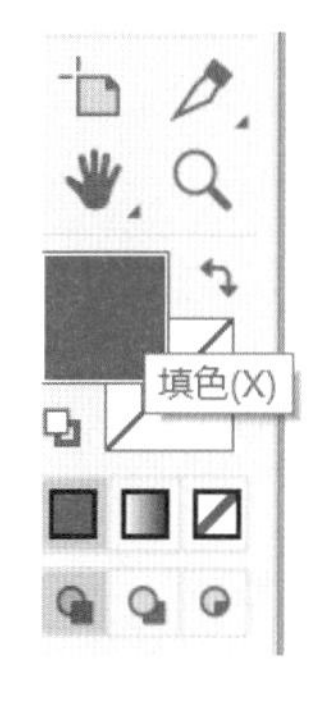

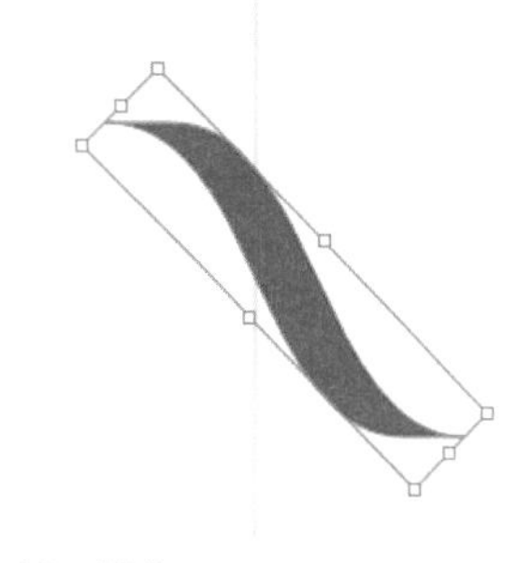

图 4-69　填色

Step05 按住“Alt”键拖动该图形复制三次，得到四个图形。框选四个图形，分布对齐使其中间的间距相等，如图 4-70 所示。

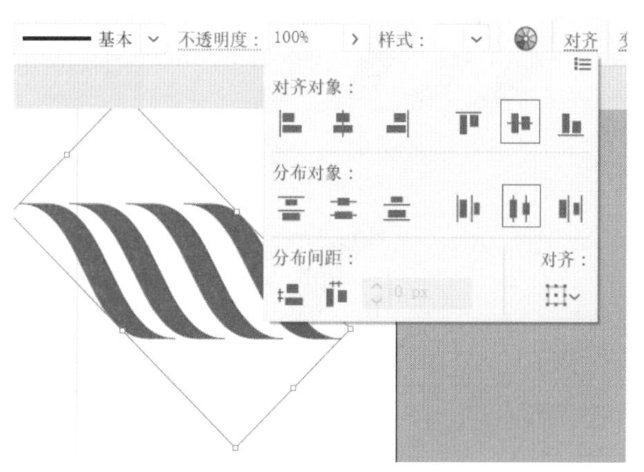

图 4-70　分布对齐

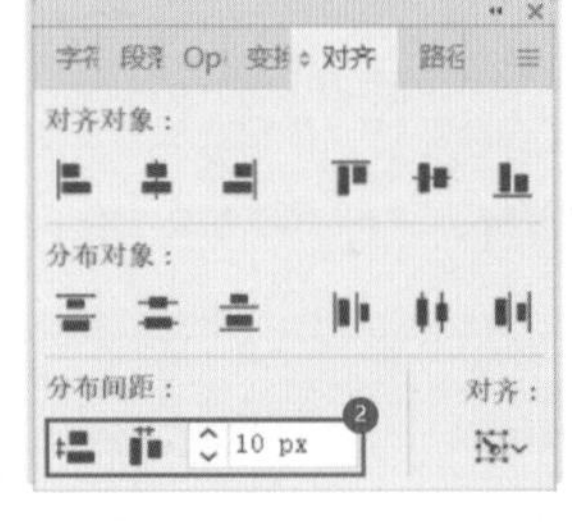

图 4-71　参考分布调节

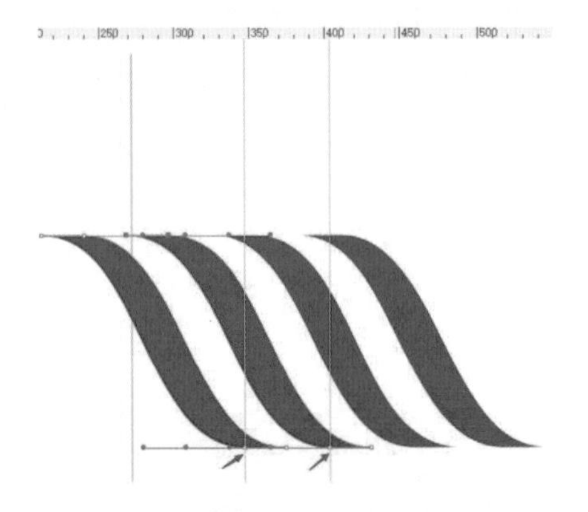

图 4-72　绘制辅助线

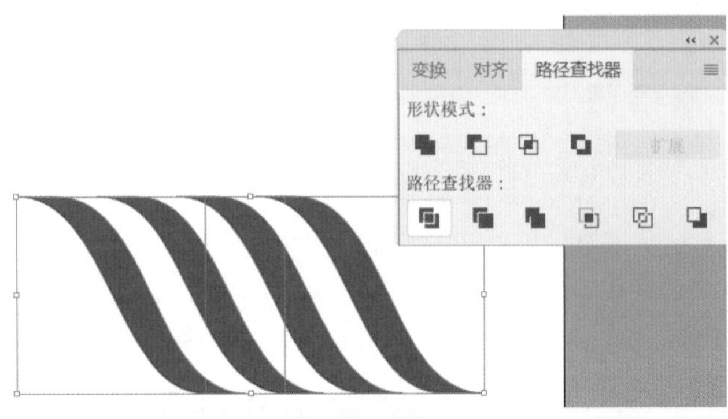

图 4-73　分割

图 4-74　删掉多余部分

★小技巧：选中需要调整“分布间距”的多个对象，再单击选中其中一个作为参照对象，如图 4-71 中的①所示，调整相互的间距如图 4-71 中的②所示，然后单击相应方向的分布按钮即可。

Step06 绘制两条垂直线，分别穿过第一个与第二个图形底部的第一个锚点，如图 4-72 所示，箭头所指的两个地方。这一点很重要，这样可以保证两条垂直线中间部分图案可以无缝拼接。

Step07 打开“路径查找器”，单击“分割”按钮，使用两条垂直线将红色条纹图案分割为三个部分，如图 4-73 所示。

Step08 取消编组后，删除两条垂直线以外的部分，保留中间部分，如图 4-74 所示。

Step09 适当缩小保留的部分，将其拖入“画笔”面板，选择“图案画笔”单选按钮，单击“确定”按钮，在“图案画笔选项”对话框中根据需要进行适当设置，如图 4-75 所示，完成图案画笔的创建。

图 4-75　新建画笔

Step10 使用基本形状或钢笔等“路径工具”随意绘制数字路径，如图 4-76 所示。

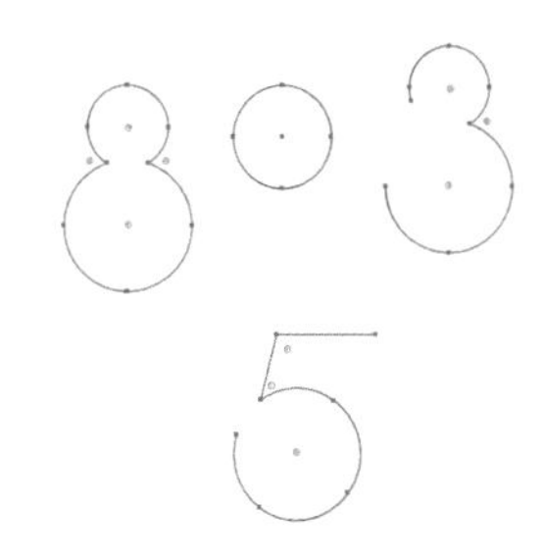

图 4-76　绘制路径

Step11 在控制栏中设置所有路径的描边为刚刚创建的图案画笔，即可看到效果，如图 4-77 所示。

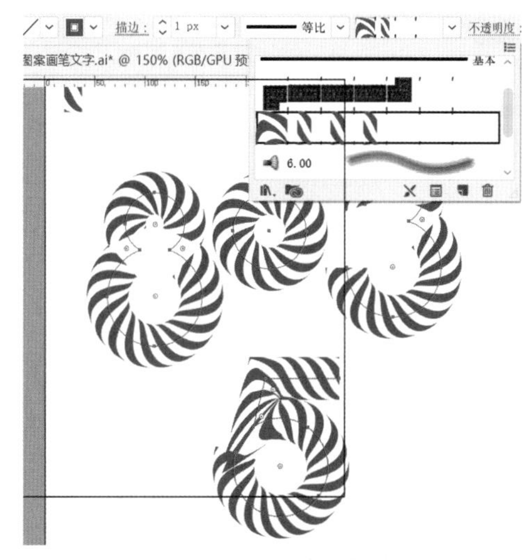

图 4-77　使用图案画笔描边

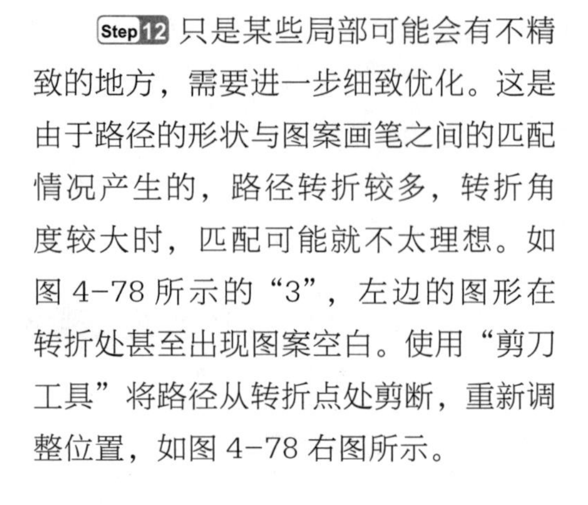

图 4-78　调整路径

Step12 只是某些局部可能会有不精致的地方，需要进一步细致优化。这是由于路径的形状与图案画笔之间的匹配情况产生的，路径转折较多，转折角度较大时，匹配可能就不太理想。如图 4-78 所示的“3”，左边的图形在转折处甚至出现图案空白。使用“剪刀工具”将路径从转折点处剪断，重新调整位置，如图 4-78 右图所示。

Step13 执行菜单命令【对象】|【扩展外观】，使所有对象独立，如图 4-79 所示。

图 4-79　扩展外观

Step14 使用“形状生成器”对需要保留与删除的部分进行处理，得到满意的效果，如图 4-80 所示。

图 4-80　修形

4.11 延伸阅读与练习

1. 段落文字中如何单独对某个字进行旋转、变形

在 Illustrator 中，输入一段文字，如果想单独对某个字进行各种操作，如旋转、拉大、缩小、复制、粘贴、删除、填充上不同的颜色等，就需要用到“修饰文字工具”。

Step01 在画板上输入文字“单独对某个字进行操作”，接下来，我们要对这些字逐个进行修饰。按下“Shift+T”组合键调出“修饰文字工具”，此时鼠标变成了黑箭头加一个定界框的 T，如图 4-81 所示。

图 4-81 修饰文字工具

Step02 在要修饰的文字上单击，选中该文字，则显示出定界框，定界框上方还带有一个小圆圈，如图 4-82 所示。

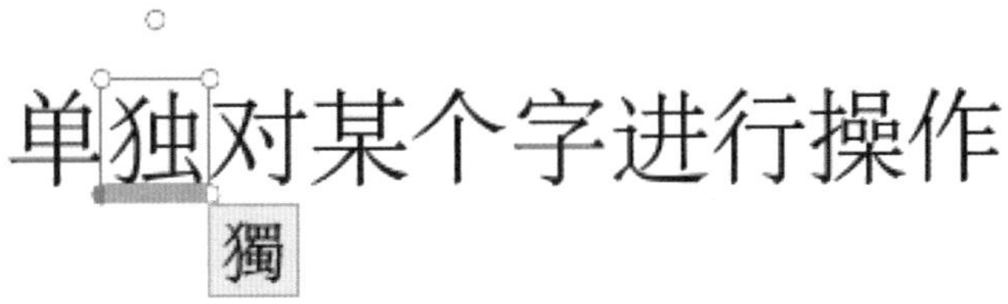

图 4-82 定界框

Step03 下面就可以对“独”字进行各种操作了。比如，把鼠标放在定界框上方的小圆圈处，鼠标呈双向箭头，按住鼠标拖动就可以旋转文字，如图 4-83 所示。

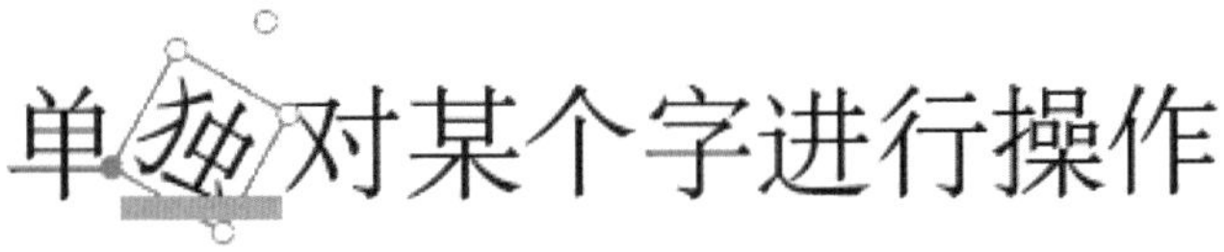

图 4-83 旋转

Step04 保持“独”字在选中的状态下，可以为“独”字单独设置另一种字体、另一种颜色（如蓝色），并把文字放大些，如图 4-84 所示。

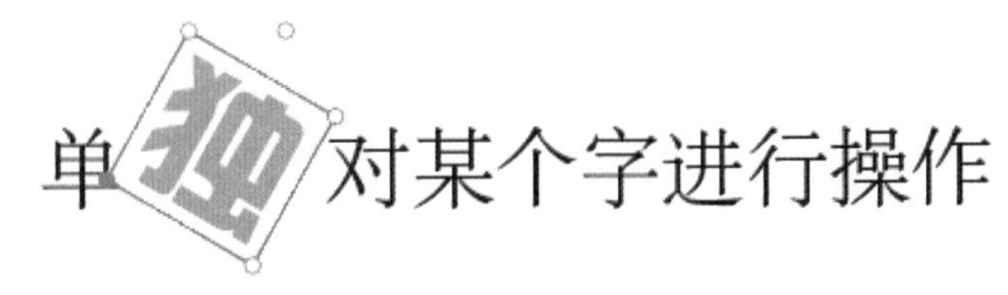

图 4-84 更换字体、颜色并放大

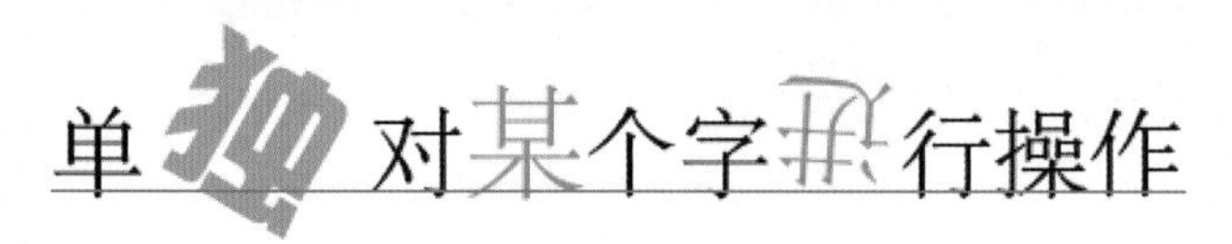

图 4-85 文字修饰效果

Step05 还可以删除选中的文字，也可以复制、粘贴。按同样方法，对文字进行一一修饰，设计出自己喜欢的文字效果，如图 4-85 所示。

图 4-86 输入文字

2. 把一行文字拆成单个字并且编辑

Step01 打开 Illustrator，进入编辑页面，选择左侧工具栏中的“文字工具”，输入自己想要的文字，如图 4-86 所示。

图 4-87 调出字符

Step02 执行菜单命令【打开】|【文字】|【字符】，如图 4-87 所示。

图 4-88 “字符”面板

Step03 弹出“字符”面板，单击将其展开，如图 4-88 所示。

Step04 在“字符旋转”处输入“0.01”并按回车键，如图 4-89 所示。

字符
段落
Op
变换
对齐
路径
Adobe 宋体 Std L
12 pt
(14.4
100%
100%
自动
-2
0%
自动
自动
0 pt
0.01°
字符旋转
英语：美国
锐化

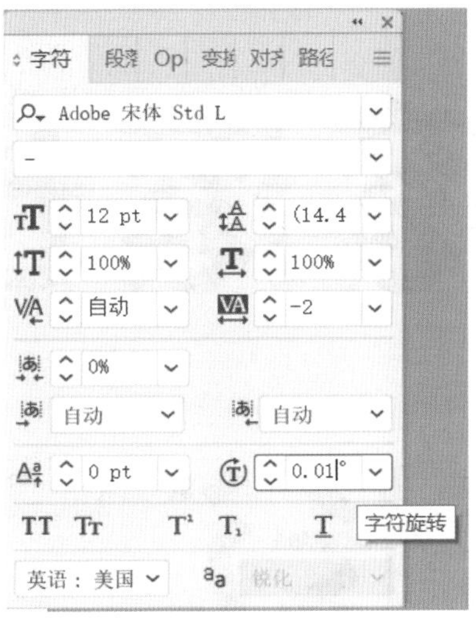

图 4-89　“字符”面板设置

Step05 执行菜单命令【对象】|【拼合透明度】，如图 4-90 所示。

栅格化(Z)...
创建渐变网格(D)...
拼合透明度(F)...
切片(S)
创建裁切标记(C)
路径(P)

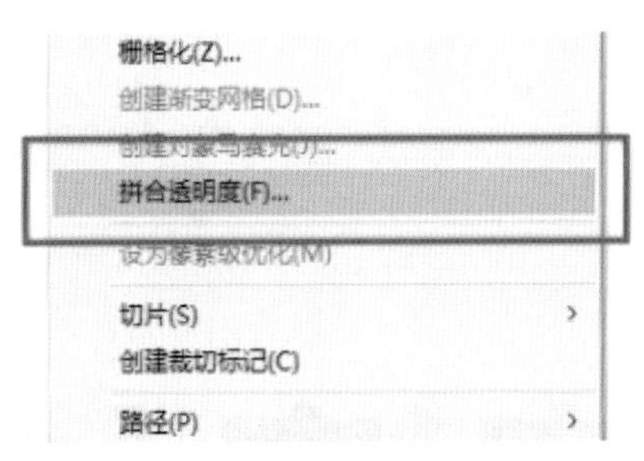

图 4-90　拼合透明度

Step06 在弹出的“拼合透明度”对话框中，按照如图 4-91 所示数值进行设置，其他保持默认。

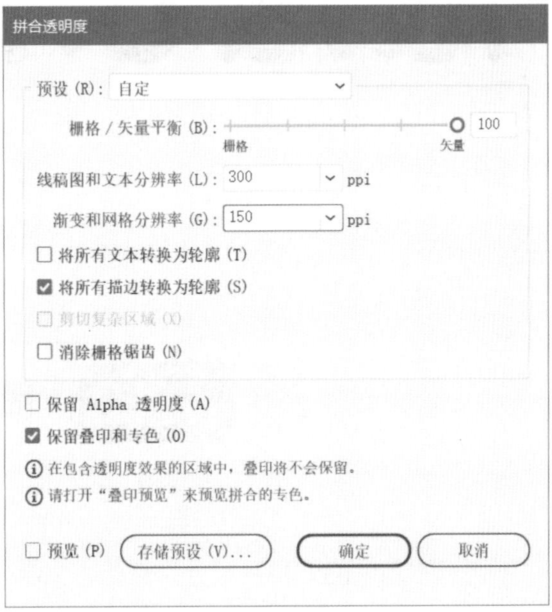

拼合透明度
预设 (R)：自定
栅格 / 矢量平衡 (B)：
栅格
矢量
100
线稿图和文本分辨率 (L)：300 ppi
渐变和网格分辨率 (G)：150 ppi
将所有文本转换为轮廓 (T)
将所有描边转换为轮廓 (S)
剪切复杂区域 (X)
消除栅格锯齿 (N)
保留 Alpha 透明度 (A)
保留叠印和专色 (O)
在包含透明度效果的区域中，叠印将不会保留。
请打开“叠印预览”来预览拼合的专色。
预览 (P)
存储预设 (V)...
确定
取消

图 4-91　“拼合透明度”对话框

会看到文字多了这些小点，如图4-92所示。

图 4-92　文字上的小点

Step07 右击文字，在右键快捷菜单中选择“取消编组”命令，如图4-93所示。现在文字就是单个可编辑状态了，如图4-94所示。

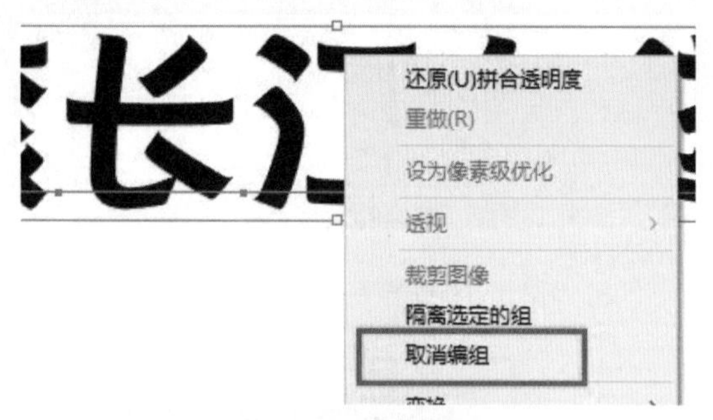

图 4-93　取消编组

图 4-94　单个可编辑状态的文字

4.12 同步练习

自选本章中的五种效果，打造艺术文字。

第5章

图标提高篇

5.1 图标的设计与制作概述

在 Illustrator 中绘制图标（也称 Icon）使用的基本工具有填充、描边、钢笔、路径查找器、形状生产器、对齐、锚点圆角和扩展。

设计 Icon 需要注意以下三点。

1. 做到表意清楚

- 展示型 Icon 表意要简洁，设计时适当选择主要的元素进行简单的图形衍生。
- 功能型 Icon 最好使用用户熟悉的元素，以减少用户的学习成本。功能相同的 Icon 要选择相同的元素。

2. 如何做到规范统一

- 视觉大小的一致性：我们在设计 Icon 时，会遇到一种情况，同样尺寸、不同形状的图形会出现视觉大小不一致的问题，因此在设计 Icon 之前，要提前规定好 Icon 的最大尺寸，当出现上述情况时，可以进行适当调整，使得视觉大小达到统一。

- 统一细节与规律：设计时要注意线条粗细统一、圆角统一、像素对齐、断点的规律统一等。
- 饱满度：这里推荐一种衡量饱满度的方法——正负形衡量法，在图标所占区域的矩形框中，看图标的正形的面积是否还可以增加。

3. 如何才能凸显品牌

凸显品牌有很多途径，如吸取品牌色，运用吉祥物（如美团外卖 App 的 Logo 中的袋鼠形象），运用品牌 Logo（如网易云音乐“发现”栏目的 Icon），提取品牌元素（如站酷 App“我的”栏目的 Icon）等。

5.1.1 图标的分类

图标的分类相对比较复杂，没有一个统一的标准，有剪影图标、扁平化图标、2.5D 图标、拟物化图标、3D 图标、卡通图标、写实图标等。在这里我们从设计图标的绘制方式的角度，按照图标的风格进行分类，可分为扁平化图标与拟物写实化图标。扁平化图标又分为剪影图标（单色图标）与填色图标（多色图标），填色图标基本都是基于线性图标、面性图标、线面结合图标的衍生设计，具体细分如图 5-1 所示。

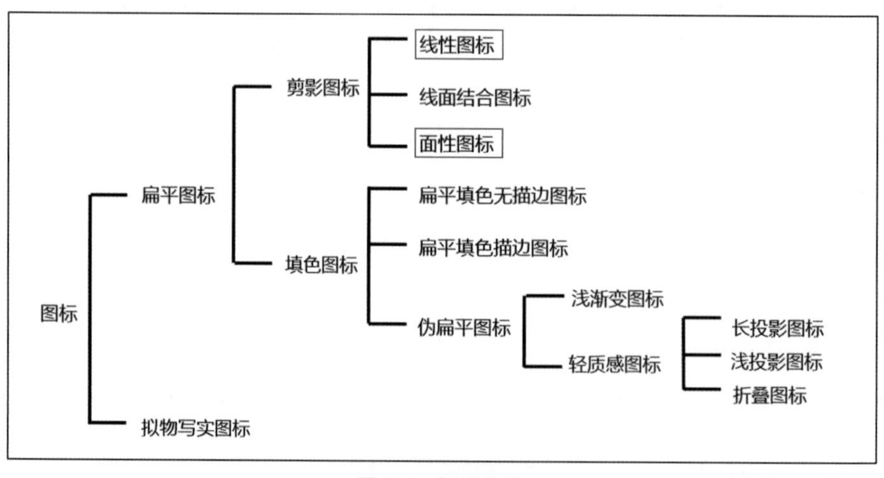

图 5-1 图标分类

在 Illustrator 中，对象有两个属性，即填色与描边，制作线性图标与面性图标时可以简单、直接地进行操作。如图 5-2 所示的 4 个图标，线性图标仅仅设置了描边效果，填色为无；面性图标仅仅设置了填色效果，描边为无。如图 5-3 所示的图标则是利用了颜色的反转形成了面性和线性。所以只要设计制作好了基本的剪影图标，就迈出了很大一步，线性、面性图标能够简单、快速地转换。如图 5-4 和图 5-5 所示正是用同一套图标形状做出的不同的表现风格。

图 5-2　线性与面性图标的转换

图 5-3　线面结合图标与线性图标

图 5-4　同一套图标形状的不同表现风格（1）

图 5-5 同一套图标形状的不同表现风格（2）

5.1.2 图标的规格

应用程序的图标应当是一个带 Alpha 通道、透明的 32 位 PNG 图片。iOS 与 Android 是目前市场占有率最高的两大操作系统，设计上来说，这两个系统有些东西越来越通用了，但由于 Android 系列有众多设备，一个应用程序的图标往往需要设计几种不同大小，如：

- ldpi (Low Density Screen，120DPI)，其图标大小为 36×36px；
- mdpi (Medium Density Screen，160DPI)，其图标大小为 48×48px；
- hdpi (High Density Screen，240DPI)，其图标大小为 72×72px；
- xhdpi (Extra-High Density Screen，320DPI)，其图标大小为 96×96px。

建议在设计过程中，在四周空出几个像素点使得设计的图标与其他图标在视觉上一致，例如：

- 设计 96×96px 图标时，可以将画图区域大小设为 88×88px，四周留出 4 个像素用于填充（无底色）；
- 设计 72×72px 图标时，可以将画图区域大小设为 68×68px，四周留出 2 个像素用于填充（无底色）；
- 设计 48×48px 图标时，可以将画图区域大小设为 46×46px， 四周留出 1 个像素用于填充（无底色）。
- 设计 36×36px 图标时，可以将画图区域大小设为 34×34px， 四周留出 1 个像素用于填充（无底色）。

如图 5-6 和图 5-7 所示分别为 Android 与 iOS 图标的网格示意图，可以将其运用到实际绘制工作中。

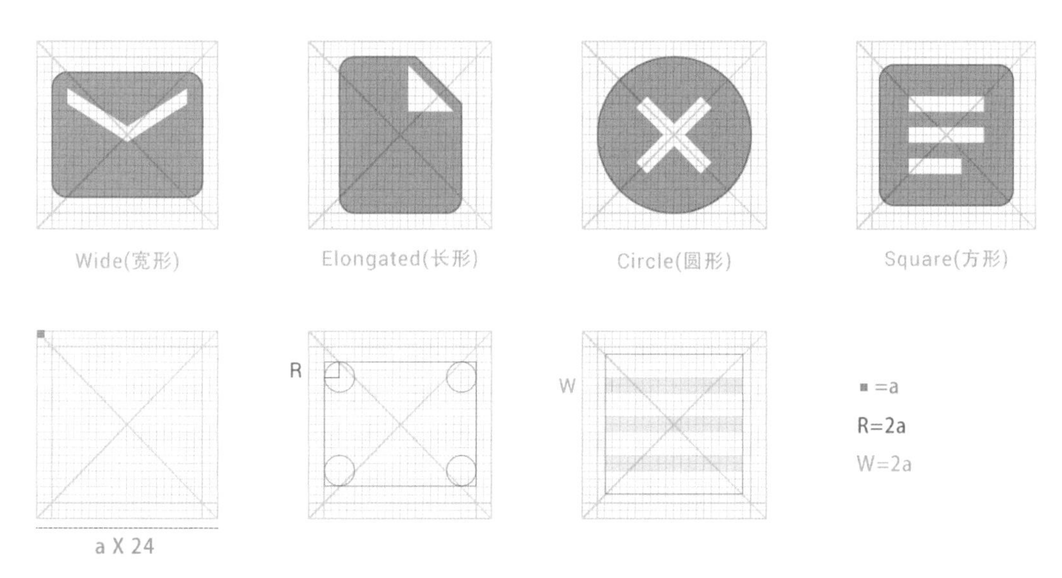

图 5-6　Android 图标网格示意图

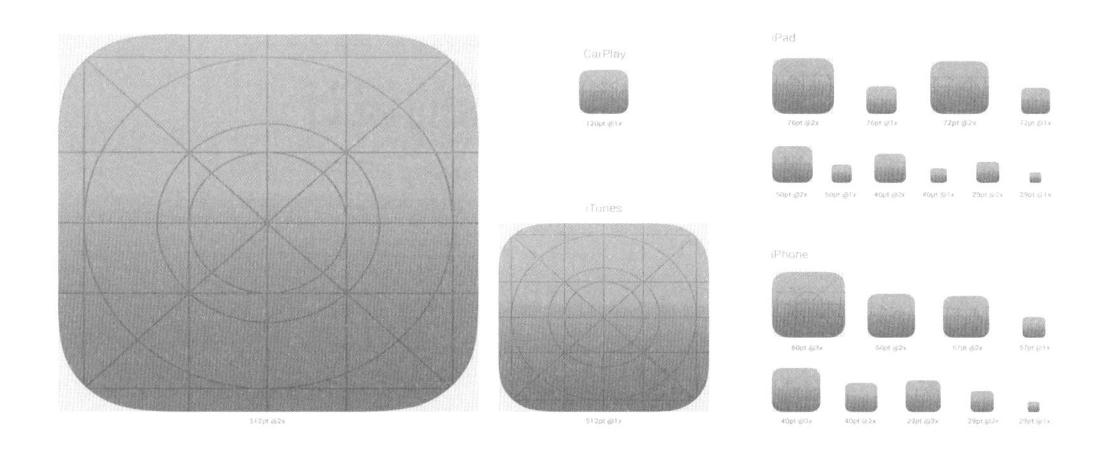

图 5-7　iOS 图标网格示意图

虽然图标有很多的尺寸，但对于设计与制作影响不大，在 Illustrator 中可以利用菜单命令【文件】|【导出】|【导出为多种屏幕所用格式】导出不同格式，如图 5-8 所示，在“格式”区域有专门针对 iOS 与 Android 系统的不同选项。

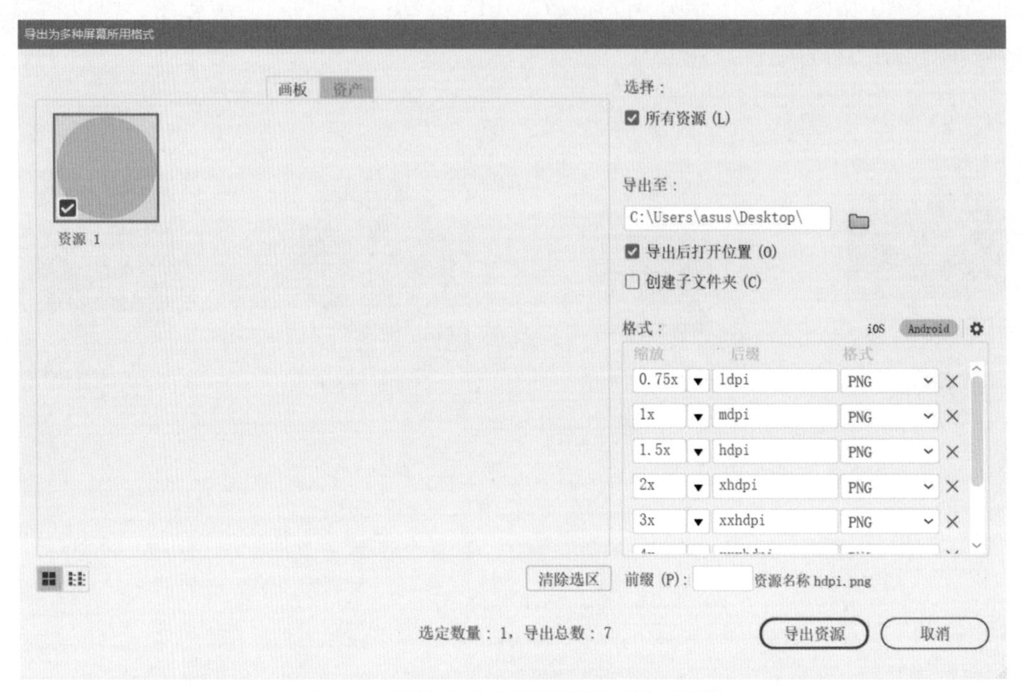

图 5-8　“导出为多种屏幕所用格式”对话框

5.2 线性图标的设计

5.2.1　设计思路

线条有粗细、曲直、虚实之分，辅以颜色将产生更丰富的变化，不同的线条可以表达不同的情感。总体来说，线性图标的设计就是在线条上做文章。

在 Illustrator 中我们主要通过路径绘制来打造线性图标，设置填色为无，设置描边的粗细与颜色等。

5.2.2　学习目标

熟悉线性图标设计的基本流程和简单规范，熟悉并灵活使用 Illustrator 图形处理工具进行各种图形的绘制与制作。

5.2.3　制作步骤详解

线性图标

Step01 绘制草图。根据需要在草稿纸上绘制草图，便于快速地形成思路，如图 5-9 所示。

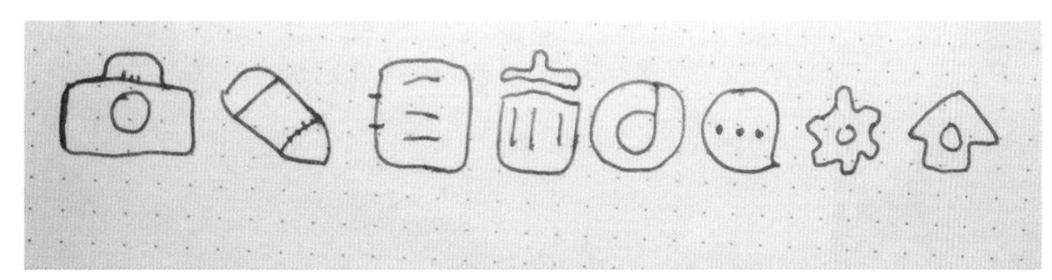
图 5-9　绘制草图

Step02 新建文档。

（1）启动 Illustrator，新建一个文档，设置名称为“线性图标”，宽度为“600px”，高度为“800px”，颜色模式为“RGB 颜色，8 位”，背景内容为白色，栅格效果为屏幕（72ppi），预览模式使用默认值，单击“创建”按钮，如图 5-10 所示。

图 5-10　新建文档

（2）执行菜单命令【编辑】|【首选项】|【单位】，将单位都设为“像素”。 执行菜单命令【编辑】|【首选项】|【参考线与网格】，设置网格线间隔为“1px”，次分隔线为“1”，如图 5-11 所示。

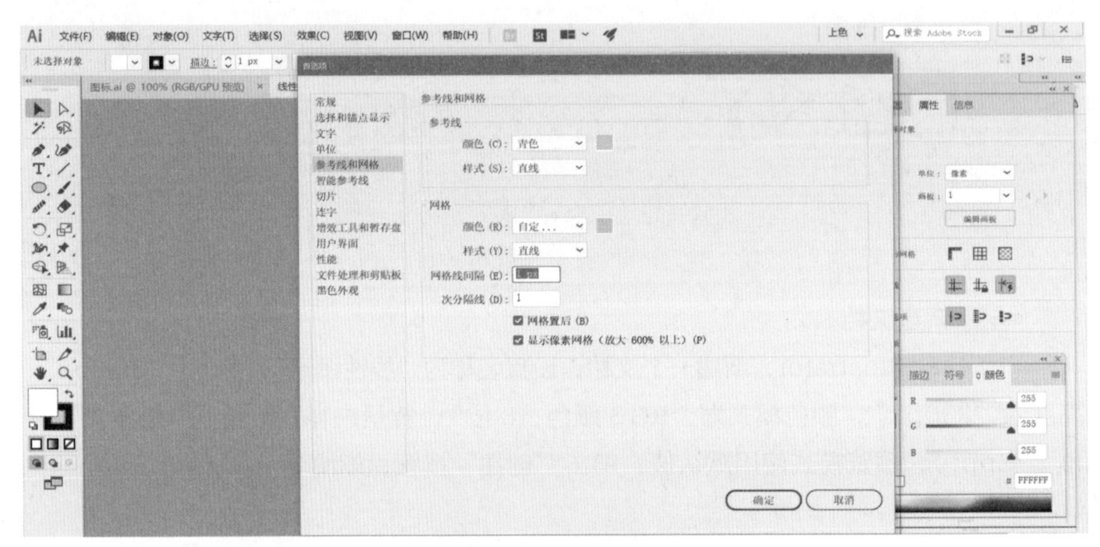

图 5-11　设置网格线间距

（3）执行菜单命令【文件】|【置入】，将绘制的草图置入文档，放置在合适的位置，便于绘制时查看，完成图标绘制后删除即可。（此步骤可以忽略。）

Step03 设置网格。为了更方便地使用像素级工作流创建图标，应先设置一个好用的参考网格，便于更好地控制形状的绘制，以及与更多版本的软件通用。参考网格可以帮助设计图标时确定尺寸和保持创建对象的一致性。

（1）打开“图层”面板，建立两个图层，并重命名图层 1 为“参考网格”。

（2）本项目我们以实际的 Android 系统为基础，图标采用 96×96px 的大小，所以先建立一个 96×96px 的定制网格，周围用 4px 居内描边。

★小技巧：描边设置为内侧对齐，便于尺寸的计算。本章所有描边默认内侧对齐。

（3）选定“参考网格”图层，使用“矩形工具”创建一个 96×96px 的正方形，设置填色为无，描边颜色为浅灰色（#CCCCCC），描边粗细为 4px。这样正方形内部

88×88px 的范围将作为我们的绘图区域，如图 5-12 所示。

（4）使用“选择工具”，按住“Alt”键的同时，拖动复制得到 7 个正方形副本。再全选所有正方形，使用控制栏上的“对齐”面板将所有正方形分布排列成合适的模样。将“图层”面板上该图层的锁定状态打开，如图 5-13 所示。这样可以有效避免后续操作中不小心选择或修改到这些参考网格。

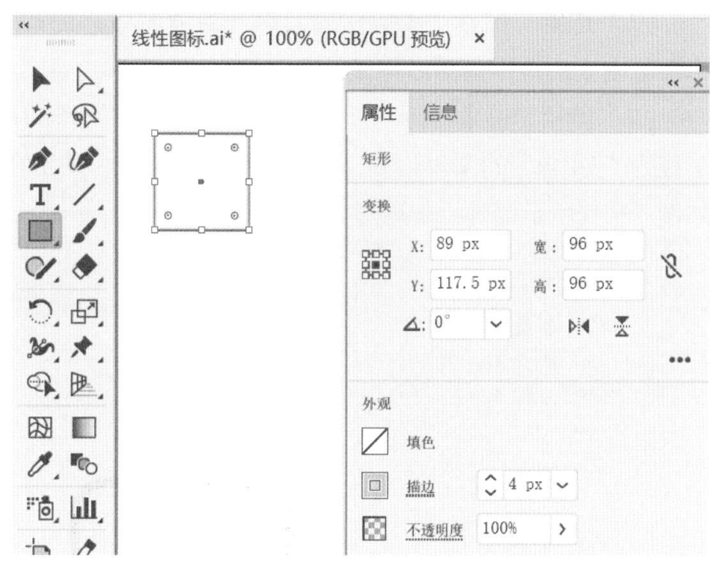

图 5-12　绘制正方形

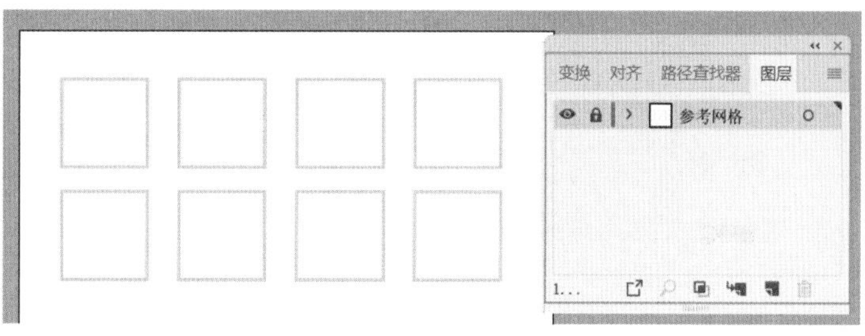

图 5-13　复制并排列

Step 04 管理图层。

（1）在“参考网格”图层上方建立两个图层，一个命名为“文字”，一个命名为“图标”。

（2）使用“文字工具”在“文字”图层中输入图标对应名称，完成后将“文字”图层也锁定起来，如图 5-14 所示。

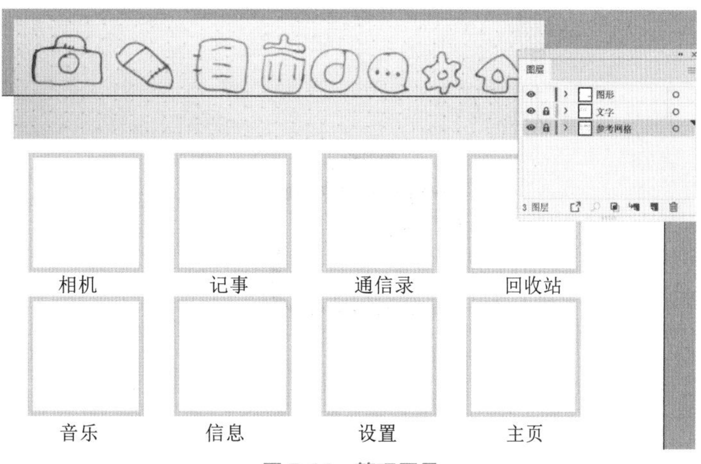

图 5-14　管理图层

Step05 创建相机图标。

（1）选定“图标”图层，放大第一参考网格，在其内部完成相机图标的绘制。相机图标主要由矩形与圆形构成。

（2）使用“圆角矩形”工具，绘制一个宽度为“88px”、高度为“56px”、圆角半径为“14px”的圆角矩形，使用黑色向内描边，并将它与下面的画图区域中心对齐，如图 5-15 所示精确绘制矩形。

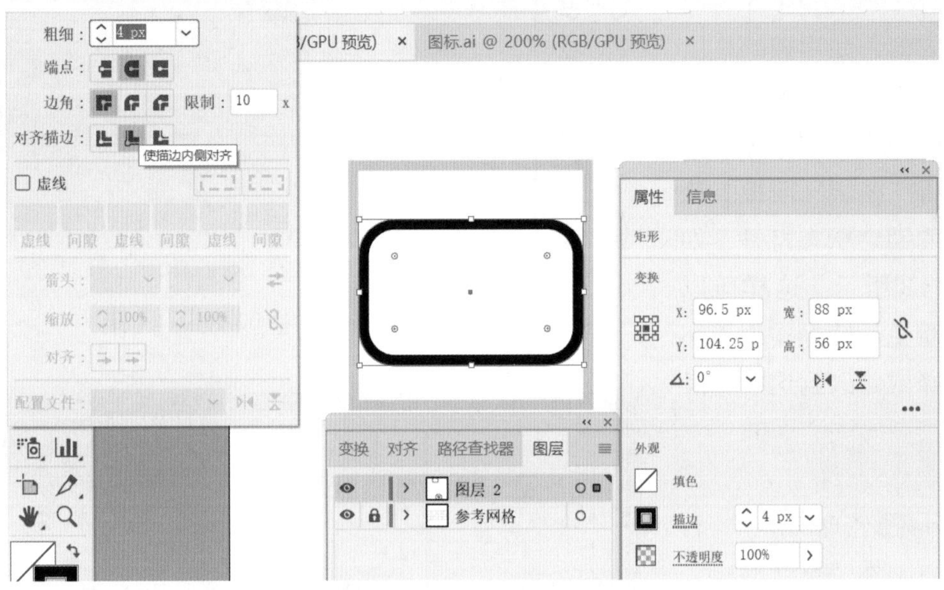

图 5-15　绘制规范的圆角矩形

（3）使用同样的方法，在圆角矩形的上方再绘制一个宽度为“40px”、高度为“40px”、圆角半径为“14px”的圆角矩形，如图 5-16 所示，并将两个图形水平居中对齐。

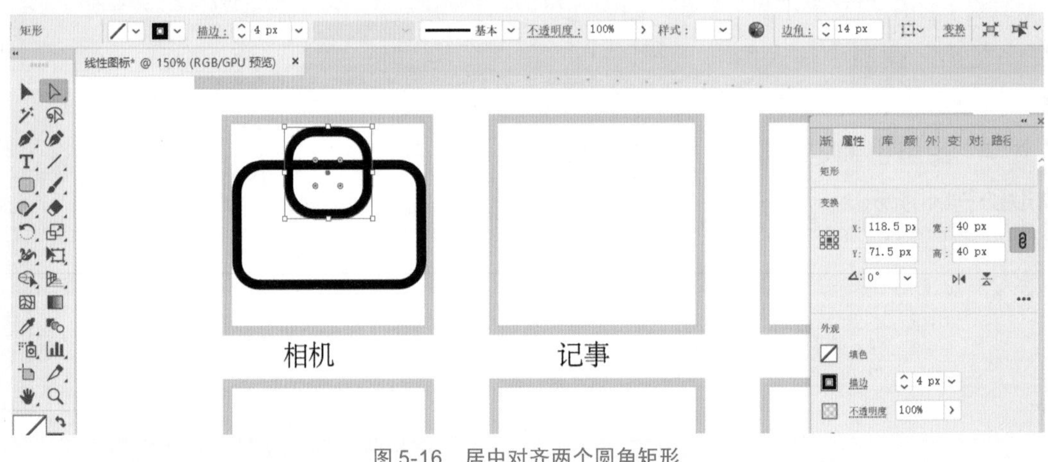

图 5-16　居中对齐两个圆角矩形

（4）按住“Alt”键，拖动复制刚刚绘制好的形状到一旁，作为基本元素备用,为后续制作图标做准备。再使用“形状生成器”工具将相机参考框内的图形联集在一起，得到相机外形，如图5-17所示。

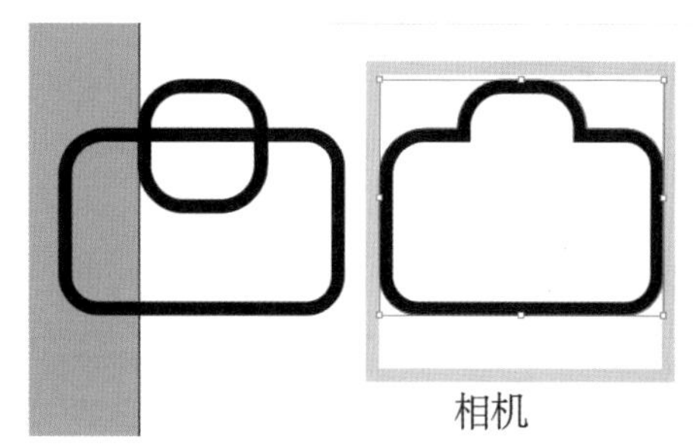

图5-17 联集

（5）选择“椭圆工具”在相机外形的内部绘制正圆，框选所有对象右击，在右键快捷菜单中选择“编组”命令，并适当调整位置，完成相机图标制作，效果如图5-18所示。

图5-18 相机图标

Step06 创建记事图标。选定“图标”图层，在记事图标对应网格内部完成图标的绘制。记事图标主要由矩形与三角形构成。

（1）首先，使用“圆角矩形”绘制一个宽度为“40px”、高度为“65px”、圆角半径为“14px”的圆角矩形；然后，使用“多边形工具”绘制一个三角形（使用鼠标拖曳多边形的同时按“↓”方向键可以减少边数，在第2章中有专门讲述），如图5-19所示；最后，选中两个对象，单击控制栏中的“水平居中对齐”按钮，并适当调整二者关系，让三角形与圆角矩形边缘相切。

图5-19 绘制三角形

（2）使用“直线工具”，按住“Shift”键在圆角矩形的上半部分绘制一条水平线。为了更好地观察，三个对象采用了不同的颜色，如图5-20所示。

图5-20 水平线

（3）框选记事图标网格内的所有对象，使用“形状生成器”工具进行形状修剪与合并，得到近似铅笔头的模样，如图5-21所示。

图5-21 形状修剪与合并

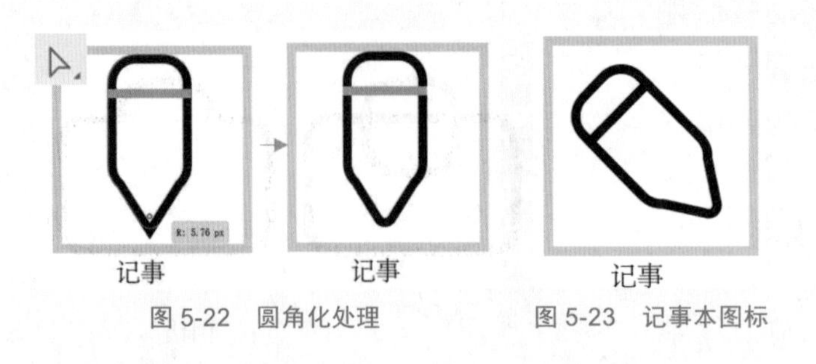

图 5-22　圆角化处理　　图 5-23　记事本图标

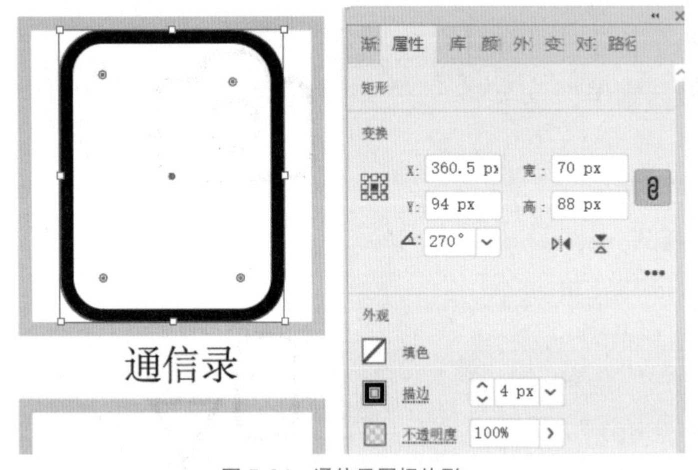

图 5-24　通信录图标外形

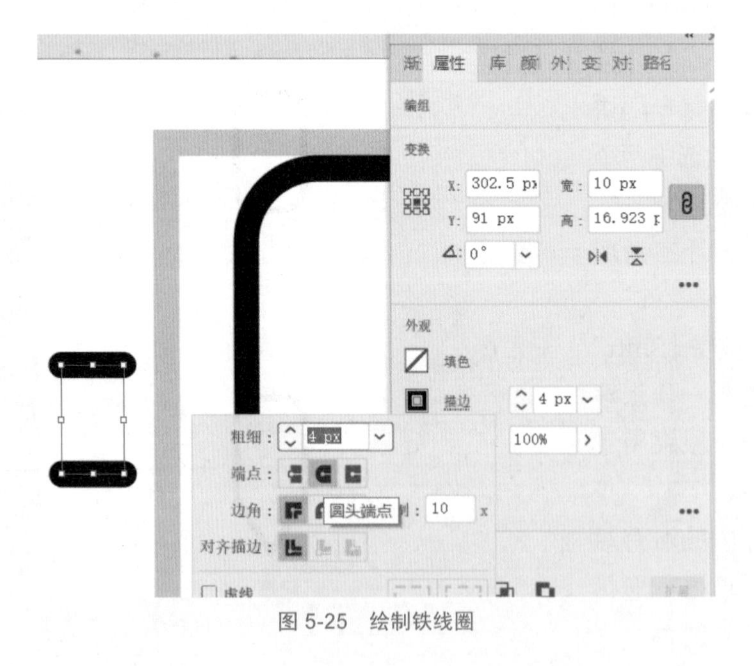

图 5-25　绘制铁线圈

（4）为了让图标有整体统一感，我们需要对“笔尖”部分适当进行圆角化处理。选择“直接选择工具”（俗称“小白工具”），如图 5-22 所示。框选所有记事图标对象，右击，在右键快捷菜单中选择“编组”命令，并向左旋转 45°，统一设置描边颜色为黑色，完成记事图标制作，效果如图 5-23 所示。

Step07 创建通信录图标。通信录图标主要由矩形与直线构成，需要用到多次对齐。

（1）使用“圆角矩形工具”在通信录对应网格内部居中绘制一个宽度为“40px”、高度为“40px”、圆角半径为“14px”的圆角矩形，如图 5-24 所示。

（2）使用“直线工具”绘制左边两条模拟铁线圈的短线，并将两条线编组在一起，统一设置描边端点为“圆头端点”，如图 5-25 所示设置端点形状。

（3）选中两条线与圆角矩形，单击控制栏中的“水平左对齐”按钮，让两条线位于矩形左边缘的中间，如图 5-26 所示。

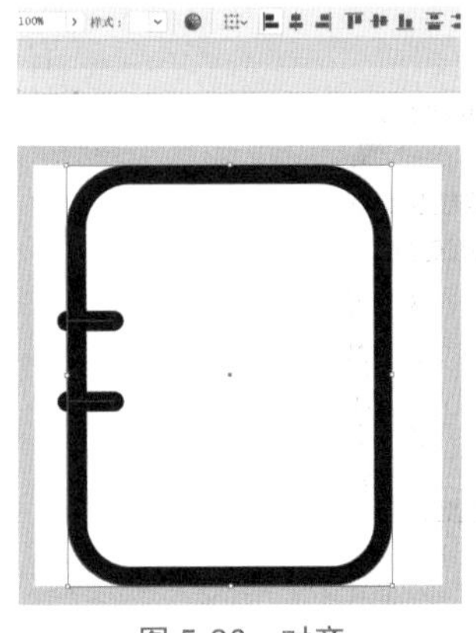

图 5-26　对齐

（4）再次利用“直线工具”绘制三条水平线，先采用垂直居中分布，再进行编组，并将它们放置到圆角矩形内部，完成通信录图标制作，如图 5-27 所示。

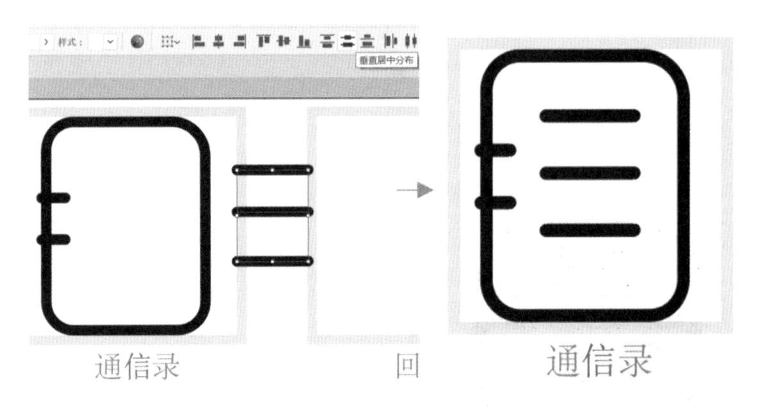

图 5-27　通信通图标

Step08 创建回收站图标。

（1）回收站图标与通信录图标有形似的元素，可以采用复制修改的方式制作。复制整个通信录图标到回收站图标网格内，选中左边两个线条并删掉。将剩余图形向右旋转 270°，并适当调整三根线条的长度以及圆角矩形的长宽比例，如图 5-28 所示。

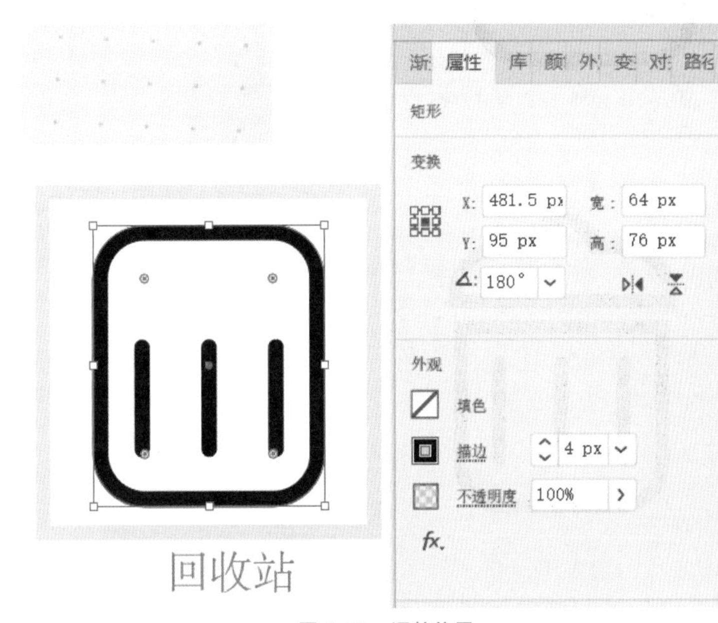

图 5-28　调整位置

图 5-29 “块状”擦除

（2）使用“橡皮擦工具”，按下“Alt”键，采用“块状”擦除在矩形上半部分拖曳一块区域将其擦除，使矩形分成两个部分，如图 5-29 所示。

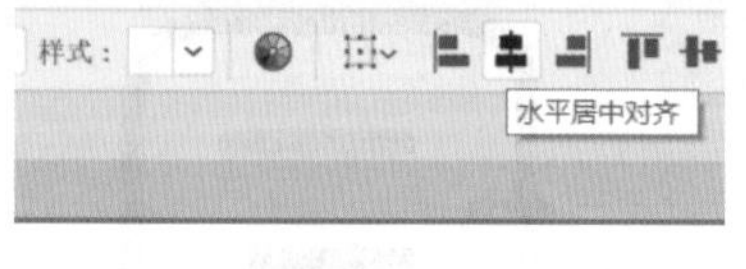

图 5-30 绘制正圆形并对齐

（3）使用“椭圆工具”，按住“Shift”键，在图标顶部绘制一个正圆形，选中上半部分元素使其水平居中对齐，如图 5-30 所示。

图 5-31 回收站图标

（4）使用“形状生成器”工具，合并顶部图形，并适当调整细节，完成回收站图标绘制，效果如图 5-31 所示。

★小技巧：使用“橡皮擦工具”时，按住 Shift 键，呈“直线”擦除；按住 Alt 键，呈“块状”擦除。我们可以在图形上拖出一个矩形，松开鼠标后，矩形的位置也被擦除了。它的使用效果如图 5-32 所示。“块状”擦除不仅对单个对象有效，对多个对象也有效，如图 5-33 所示。

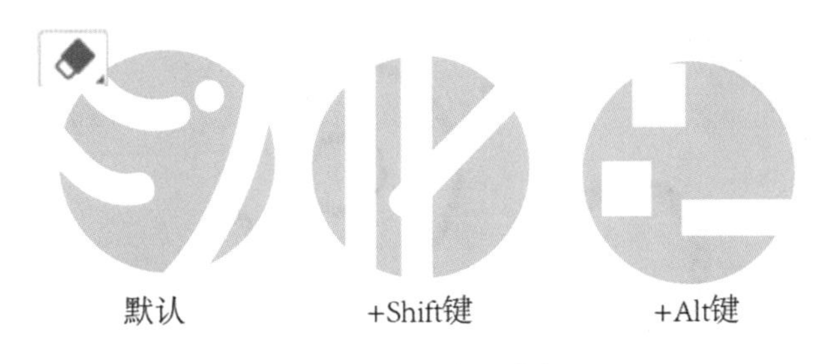

图 5-32　橡皮擦模式

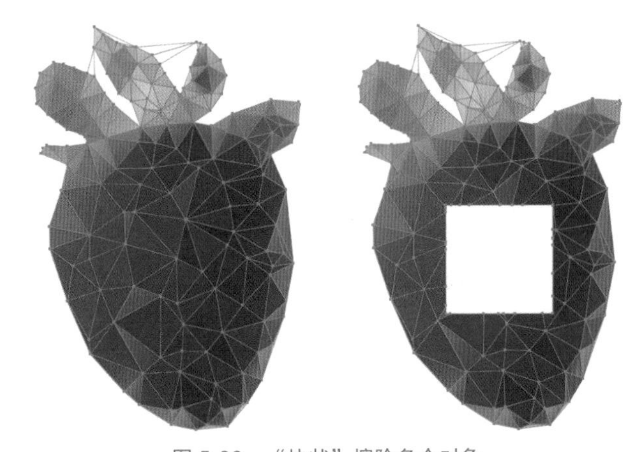

图 5-33　“块状”擦除多个对象

Step09 创建音乐图标。音乐图标主要由直线与圆形构成。

（1）使用“椭圆工具”，在音乐图标网格内绘制一个宽度为“88px”、高度为“88px”的正圆形。按下“Ctrl+C”组合键复制，再按下“Ctrl+F”组合键同位粘贴，得到一个正圆形副本，同时按住“Alt+Shift”组合键向中心缩小副本，得到一个合适的同心圆，再统一为两个圆设置描边“4px”，效果如图 5-34 所示。

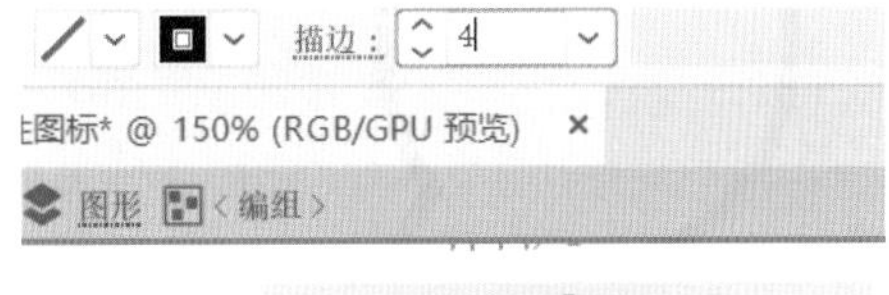

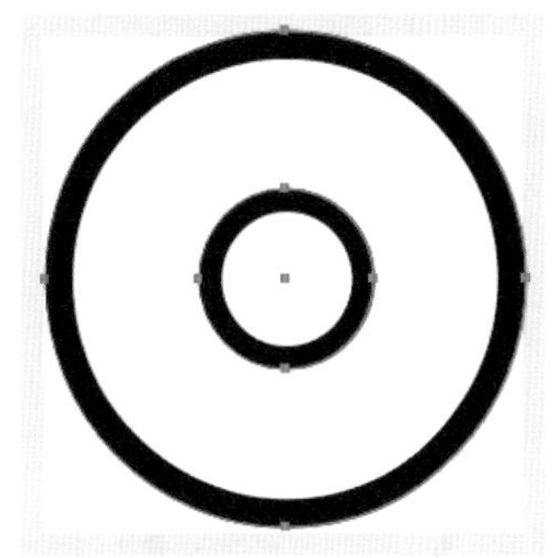

图 5-34　绘制同心圆

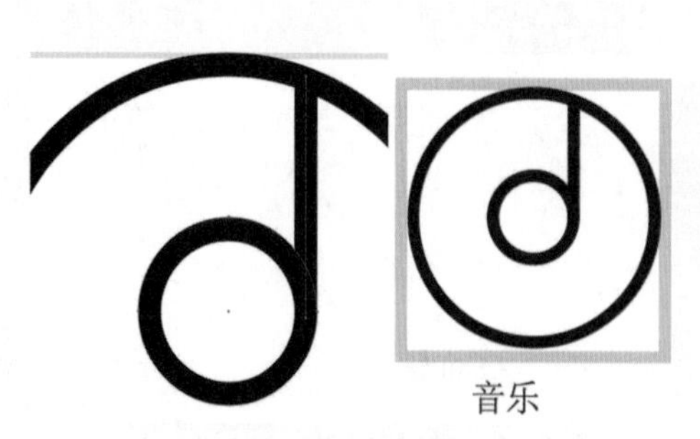

图 5-35　音乐图标

（2）使用“直线工具”在小圆形的右边绘制一条直线。这里需要很精细地做好对齐。按下“Ctrl+‘+’”组合键，放大视图，仔细查看并调整直线的位置与长短，做到底部与小圆形刚好相切，顶部与大圆形刚好相接，如图 5-35 左图所示。完成的音乐图标如图 5-35 右图所示。

图 5-36　底对齐

Step 10 创建信息图标。信息图标与音乐图标视觉感较为相似，基本形都为圆形。

（1）拖动复制音乐图标中的大圆形到信息图标网格内。

（2）使用“星形工具”绘制一个三角形，框选三角形与圆形，在控制栏上设置水平右对齐与垂直底对齐，如图 5-36 所示。

图 5-37　图标外形

（3）使用“形状生成器”工具进行修剪、合并，得到如图 5-37 所示的图形。

（4）此时右边凹进去的部分显得过于尖锐，不利于效果的统一，所以选择“直接选择工具”拖动凹进去部分的小白点，使其圆滑，得到图形如图 5-38 所示。

图 5-38　圆滑

（5）选中通信录图标内部的一条直线，拖动复制到信息图标中，如图 5-39 所示。调整好位置后再次向下复制，完成信息图标的制作，效果如图 5-40 所示。

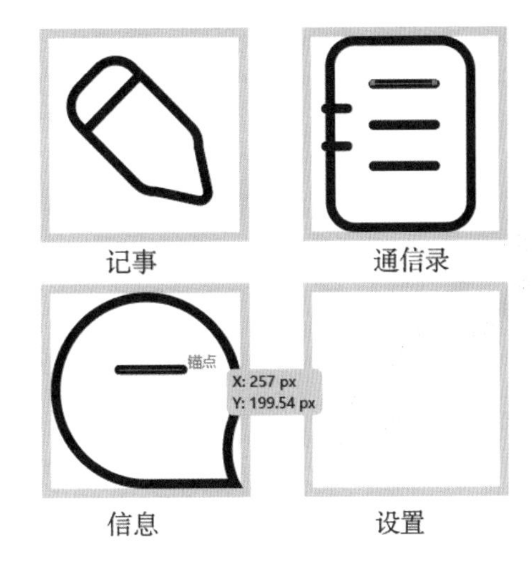

图 5-39 复制直线

图 5-40 信息图标

Step 11 创建设置图标。设置图标可以采用旋转再制的办法完成，基本形为圆形与圆角矩形。

（1）使用“圆角矩形工具”绘制宽为“18px”、高为“88px”的圆角矩形，描边与整套图标统一，如图 5-41 所示。

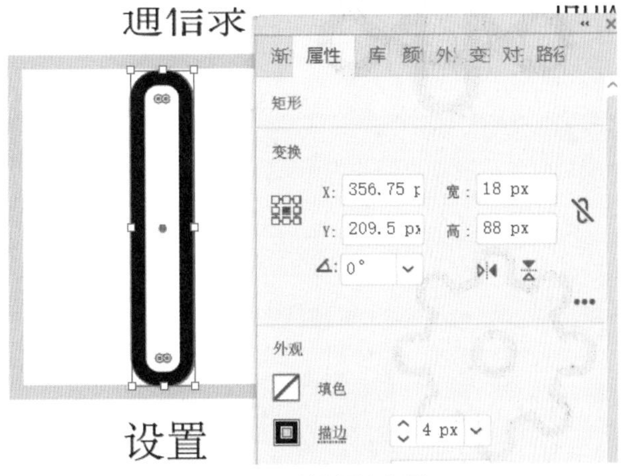

图 5-41 绘制圆角矩形

（2）双击“旋转工具”，设置旋转角度为“45°”，单击“复制”按钮后，再按下“Ctrl+D”组合键3次，得到图5-42最右边的图形。

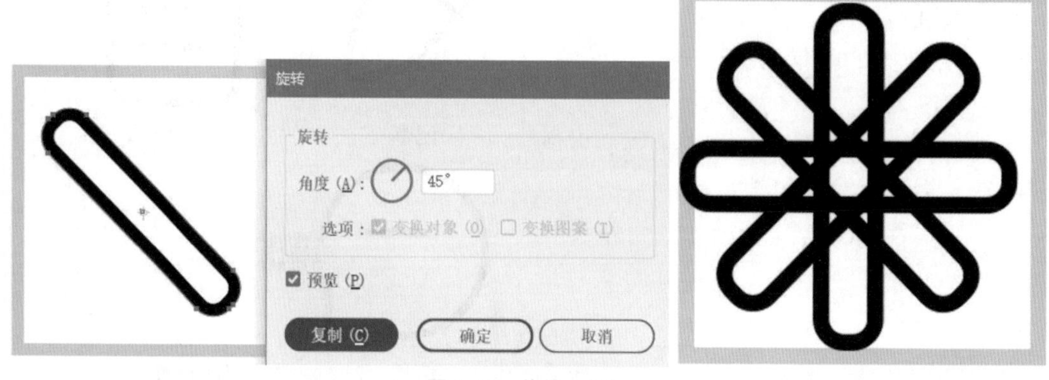

图5-42　旋转、复制

（3）使用“椭圆工具”，同时按住“Alt+Shift”组合键从图形中心出发拖曳出一个正圆形。框选所有对象，打开“路径查找器”面板，单击“联集”按钮，将所有对象合并，得到设置图标的外形，如图5-43所示。

图5-43　联集

图5-44　设置图标

（4）最后，使用“椭圆工具”在图形正中间绘制一个小正圆形，完成设置图标的制作，效果如图5-44所示。

Step 12 创建主页图标。主页图标基本形为圆形、三角形与矩形的简单组合。

（1）分别绘制出三角形与矩形，并调整好位置、大小，确保上下左右与网格对齐，如图 5-45 所示。选中二者，使用“形状生成器”将它们联集在一起。

（2）使用“直接选择工具”对各个顶点适当进行圆角化处理，得到主页图标外形，如图 5-46 所示。

（3）复制设置图标中间的圆形到主页图标内部，完成主页图标制作，效果如图 5-47 所示。

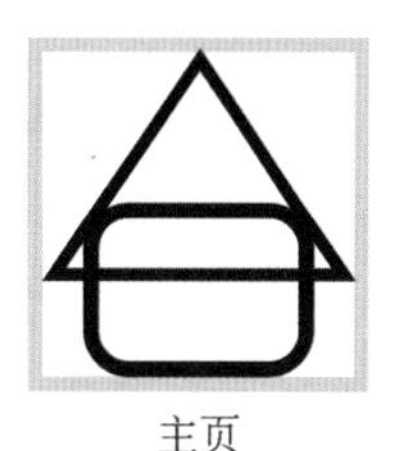

图 5-45　绘制基本形状

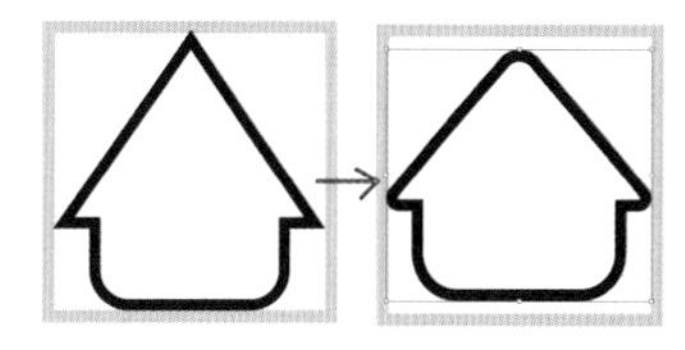

图 5-46　主页图标外形

图 5-47　主页图标

至此，完成了 8 个图标的绘制，整体查看还可以对一些细节进行调整。再次全选“图标”图层上的所有对象，设置描边粗细为“4px”，如图 5-48 所示，严格保持统一性，最终效果如图 5-49 所示。

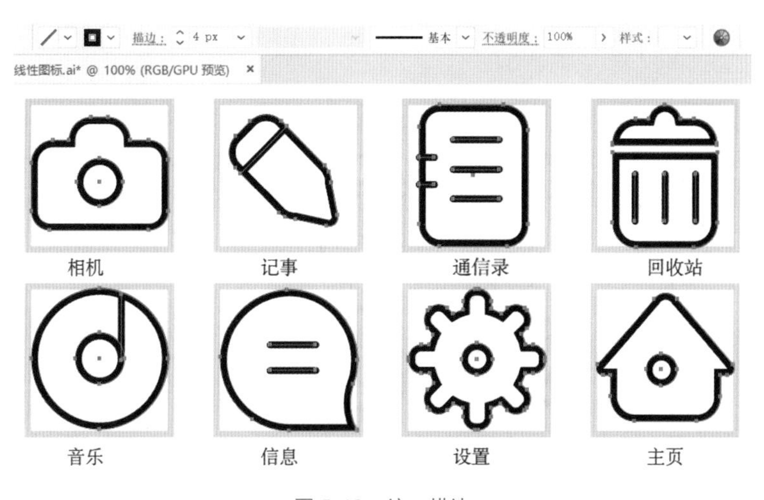

图 5-48　统一描边

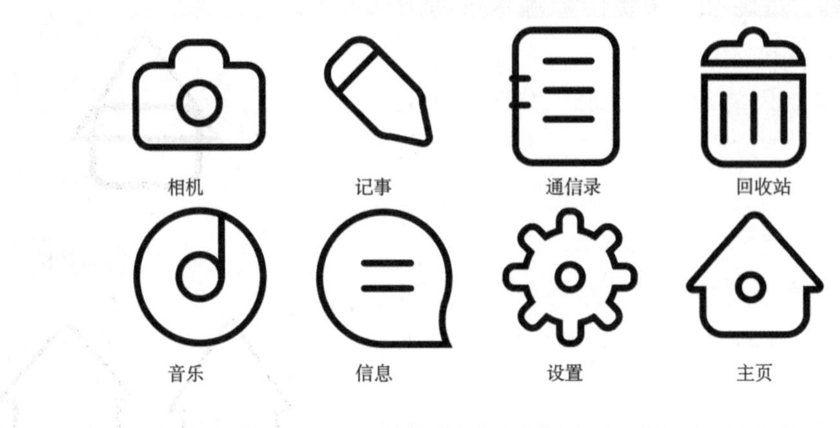

图 5-49　最终效果

5.2.4　多种线性图标风格的演变

在 5.2 节任务成品的基础上，我们通过设置不同的线条粗细、颜色、描边样式，还可以打造出更丰富的效果。

1. 多种粗细风格的线性图标

通常要制作多种粗细风格的线性图标，可以在图形内部选择某条线段，修改其描边值，如图 5-50 所示。

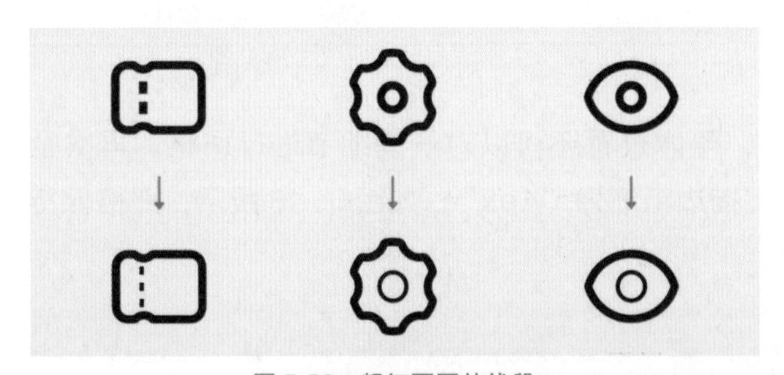

图 5-50　粗细不同的线段

打开制作好的线性图标文件，将图标全部复制一份，之前我们统一使用了 4px 粗细的描边，现在通过将所有图形内部元素的描边修改成 1px 的粗细，就得到了如图 5-51 所示的效果。

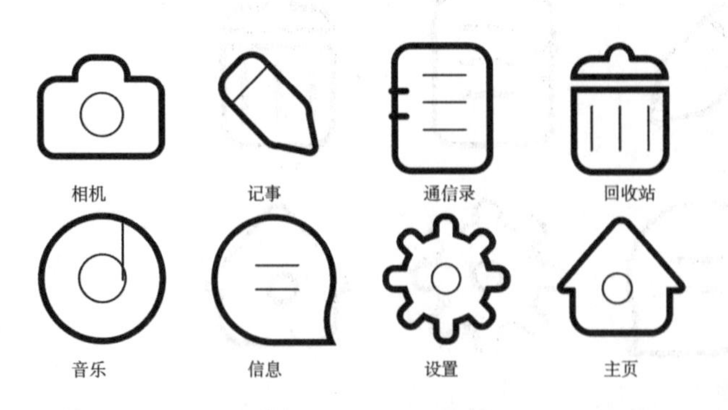

图 5-51　外粗内细图标

★小技巧：修改多个对象为统一效果时，除了单个逐一设置，还可以使用“吸管工具”，先选中一个设置好的对象，按住“Alt”键，将吸管变为滴管，依次单击需要变化的对象即可。吸管工具除了可以吸色，还可以复制字体、字号，以及样式。

在实际制作过程中，可能会出现图 5-51 中音乐图标内部的瑕疵问题，所以针对小的细节需要耐心检查调整，例如这个音乐图标就需要重新对齐。

但如果图形只有外轮廓，而没有内部元素，就无法融入这个风格的特征，例如，如图 5-52 所示的放大镜图标与心形图标等。所以在设计成套图标时，需要保证它们包含内部元素。确实没有的，常见的处理办法就是在原图标的基础上，添加内部细节，如图 5-52 中上、下图的变化。

2. 多种颜色风格的线性图标

1）多色描边风格

多色描边风格，设计起来非常简单，就是更改图标内部或局部的色彩。和多种粗细风格一样，如果图标图形没有比较合适的线段来添加一个新的颜色，那么也可以对其进行复杂化的处理，多增加一些细节。

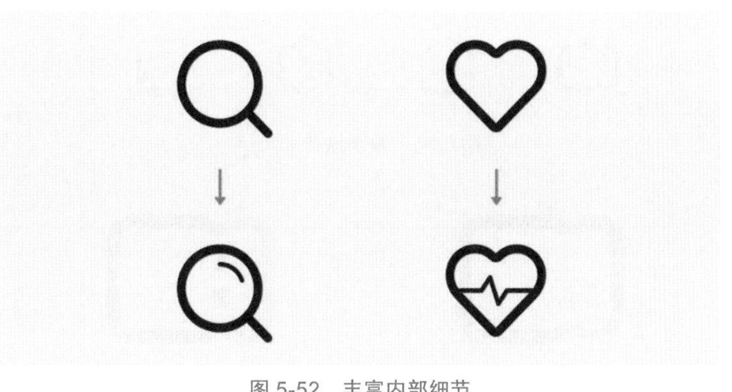

图 5-52　丰富内部细节

有了颜色变化，图标会有更多的效果。比如，我们可以改变图标内外线条颜色的色相、明度、饱和度，甚至透明度，来增加视觉冲击力与观赏性。如图 5-53 所示，改变色相，就是将案例中图标内外分别设置成了黄色与橙红色所营造的效果；改

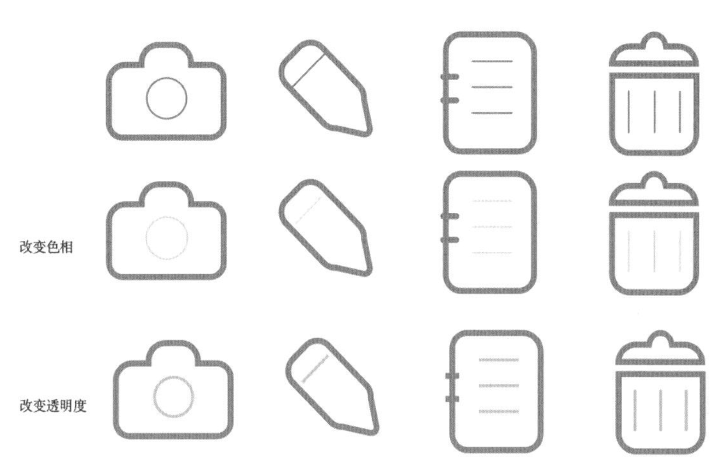

图 5-53　颜色变化

变透明度，就是先统一设置为同色描边，再降低内部描边颜色的透明度。如图 5-54 和图 5-55 所示的图标，也是采用了两种不同的颜色进行搭配。

图 5-54　双色描边（1）

图 5-55　双色描边（2）

如果想有一些更有趣的表现，也可以将图标强行拆分成若干线段，然后再替换其中一条线段的颜色。比如在优惠券图标中，我们可以将虚线左侧的描边修改成其他颜色，而不是调整虚线的色值，如图 5-56 所示。

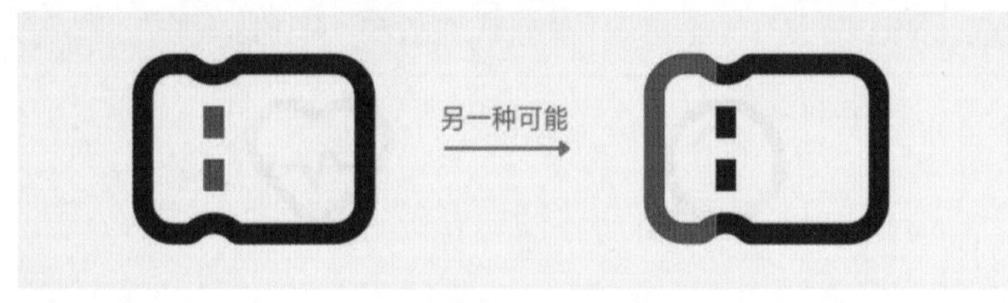

图 5-56　不同配色

alarm　camera　Collection　computer　collect　Count down　data

follow　Headset　home2　home1　information　horn　Label

crown　Map　Newly added　news　mobile phone　mail　Other

Record　personal2　picture　Shopping bag　time　Thumbtack　Trophy

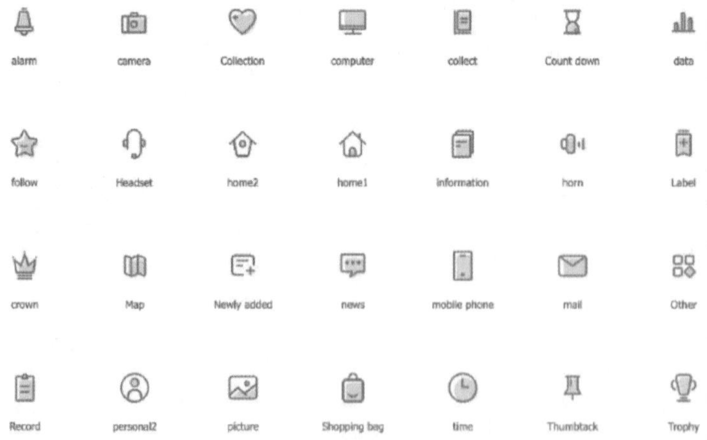

图 5-57　线性 + 纯色填充风格图标

2）线性 + 纯色填充风格

线性 + 纯色填充就是在绘制好图标的基础上，既做描边又填充颜色，形状表现主要以描边的线条为主视觉，如图 5-57（图片来源于网络）所示。

3）线性 + 渐变填充风格

线性 + 渐变填充就是将线性 + 纯色填充的纯色填充部分换为渐变填充，描边的线条依然作为主视觉，如图 5-58（图片来源于汽车之家 App）所示。

4）渐变描边风格

渐变描边其实就是为描边填充渐变色，这也就需要我们提前将图标的图形进行轮廓化描边处理，然后将所有线段“联集”，才能统一为描边填充渐变色，否则会有细节上的不统一，如图 5-59 所示。

在渐变描边风格中，要遵循的一个原则就是要保证渐变的方向和明暗关系是一致的。比如，我们使用 45° 倾斜的渐变角度，并且左上角颜色较深，那么所有的图标都应该遵循这个规律，效果如图 5-60 所示。

图 5-58 线性 + 渐变填充风格图标

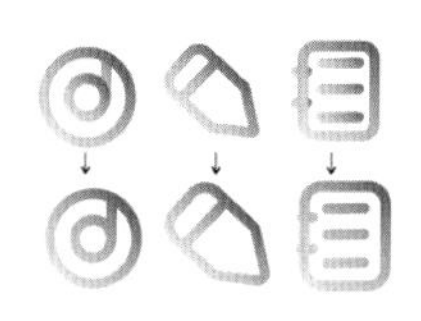

图 5-59 渐变描边

图 5-60 统一方向

5）描边叠加风格

描边叠加风格类似半透明的丝带交叠的效果，通过不同的两种不透明颜色填充，或半透明重叠，或图层混合模式都可以实现，如图 5-61 所示。通过不同的两种不透明颜色填充效果最好，半透明重叠或图层混合模式做出来的可能会因为实际使用背景的差异，效果与预期不符。

图 5-61 描边叠加风格图标

处理的细节在于拼接处的对齐和整形，通常在线条有明显转折处进行叠加。但也有看不出明显转折的图形，最特殊的就是圆形。叠加可以通过“形状生成器”将交集部分独立出来（如图 5-62 所示的心形图标），也可以添加一些形状（如图 5-62 中的矩形图标和圆形图标）。

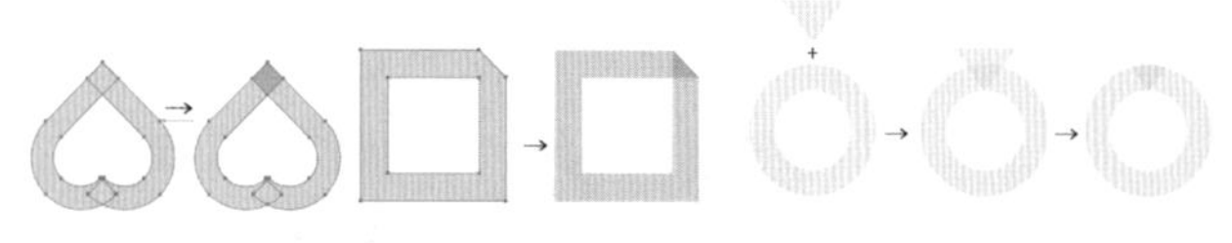

图 5-62 叠加

6）断线描边风格

第一种方法是使用“剪刀工具”增加锚点并删除局部。打开基础线性图标，使用“剪刀工具”在需要设置断线的路径上增加多个锚点，再删除锚点之间的小线段即可，如图 5-63 第一排图标所示。

第二种方法是使用“路径橡皮擦工具”直接擦除局部路径。打开基础线性图标，使用“路径橡皮擦工具”直接在需要断线的路径上擦除局部即可，如图 5-63 第二排图标所示。

图 5-63　断线描边风格图标

5.3 面性图标

简单地说，面性图标就是看上去“面”感十足，不同于点与线，面性图标的块面比较大，如图 5-64 所示。在 Illustrator 绘制方面，可以简单地理解为填色与描边的交换，面性图标通常只有填色没有描边，所以面性风格图标与线性图标可以快速转换。在面性图标中，没有可以统一设置的描边粗细，所以一套图标可以通过使用相同的元素达到统一与规范。

图 5-64　面性图标

5.3.1　基础面性风格

如图 5-65 所示，我们使用线性图标中的样式，设计成面性效果。操作时只需要将基础线性图标中的描边替换成填色，再使用对应的“路径查找器”功能即可。

图 5-65　线性与面性图标对比

如图 5-66 所示，删除图标内部的竖条，应该是镂空的状态，即可以将粗线条进行扩展，同时选中粗线条与线条下方黑色圆角矩形，按住“Alt”键的同时，使用“形状生成器”单击三根线条内部，完成减去顶层操作。所以图中刻意在图标底层放置了一张带有花纹的图片，大家可以清楚地看到左边是实心的白线条，而右边是镂空的。

图 5-66　挖空

还有，面性图标不代表完全不能出现“线性”元素，在一些特定的情况下，我们依然要通过线条的形式展现图形轮廓，比如，搜索图标的镜片，使用全填充的样式显然效果不理想，所以镂空镜片区域是不可避免的。

5.3.2　扁平填色风格

扁平填色风格实际上是一个自由度非常高的图标风格，可以设计出很多有趣又极具创意的插画式图标，如图 5-67 所示。

图 5-67　基础面性与扁平填色图标

最基础的扁平填色风格图标，就是在基础面性图标的基础上，将图形拆分成不同面的组合，然后分别为这些面填充纯色。如图 5-68 所示的心形图标，看起来像是只有一个面的图形，但我们可以人为地将它居中分割成两个面，然后填充同色系、不同明度的颜色，就可以得到一个扁平填色风格的图标。

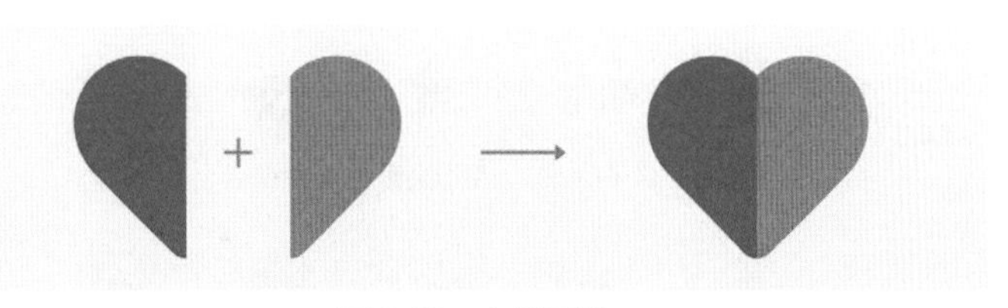

图 5-68　心形图标

又如，搜索或消息图标这样有镂空区域的图标，如图 5-69 所示，我们可以为镂空区域填充不同的色彩，使其作为独立的面呈现，也能达到相同的风格。

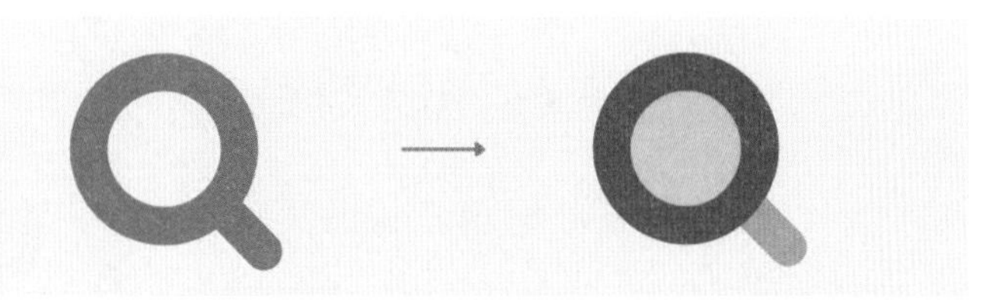

图 5-69　搜索图标

最后一种扁平填色方法，就是将图标写实化。比如，如图 5-70 所示的眼睛图标，我们可以用接近真实眼睛的样式来创作，为它增加瞳孔、高光等细节，只要依旧使用纯色填充，且将细节数量保持在合理的范围内，就不会与其他图标产生冲突。

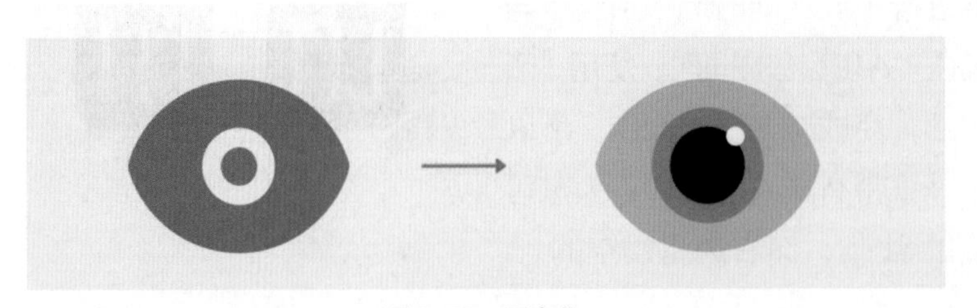

图 5-70　写实化

5.3.3　彩色渐变风格

在彩色渐变风格面性图标中，有多种更细致的设计类型，比如，整套图标采用同一种渐变，或图标中不同的面采取不同的渐变方式。整套图标使用同一渐变色的做法，和线性图标的渐变方法几乎一样，只要在开始填充渐变前将所有图层进行合并即可。根据颜色的不同，可以呈现出多色渐变、双色渐变、同色渐变、不同透明度渐变等不同的效果，分别如图 5-71 至图 5-74 所示。

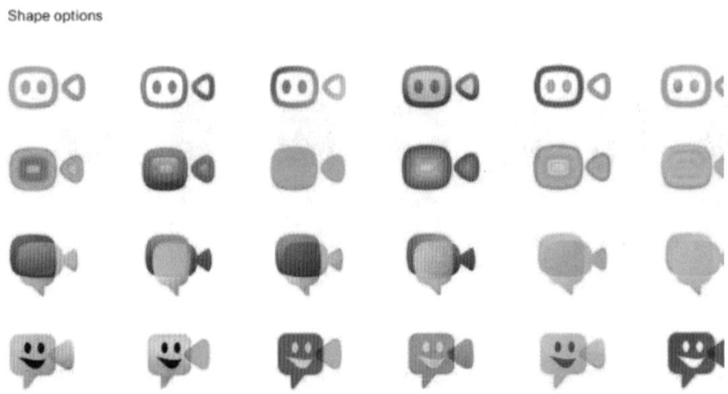

Shape options

图 5-71　多色渐变

图 5-72　双色渐变（图片来源于大众点评 App）

图 5-73 同色渐变　　图 5-74 不同透明度渐变

5.3.4 透明叠加风格

透明叠加风格的设计和线性图标中叠加的设计方式一样，我们需要将图形拆分成若干面，才能创造出重叠的区域，如图 5−75 所示。在这个风格中，图标尽可能使用纯色，会比使用渐变的效果更好，原因在于我们需要对重叠区域色彩进行控制。可能很多读者看到这个风格，会以为重叠的区域只要控制透明度就可以了，但这样做效果通常很不理想，尤其当配色为撞色时，重叠区域的色彩就会有朦胧感，缺少通透感，并且图标本身的饱和度也会受到影响，如图 5−76 所示。

图 5-75 重叠

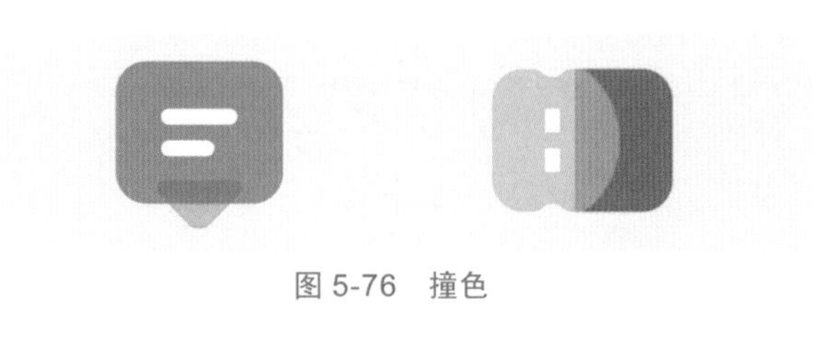

图 5-76 撞色

通常，重叠区域的色彩要另外设置。也就是在绘制好图形的所有轮廓后，将它们一起选中，然后使用“图像生成工具”，再为重叠的区域单独选择配色。如图 5−77 所示，就是单独挑选的两个配色和透明度方式的对比。

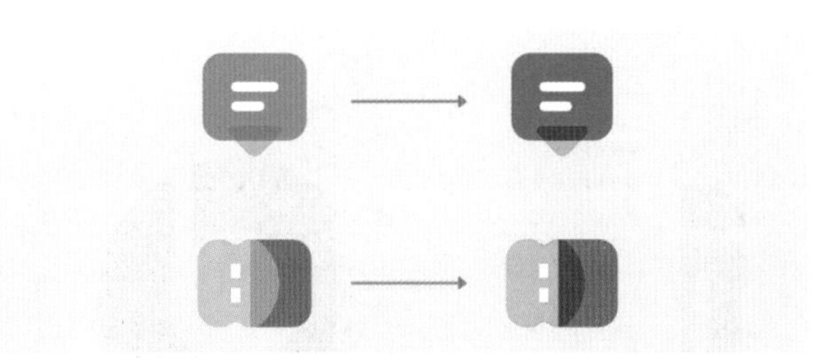

图 5-77 单独配色与透明度方式对比

5.4 2.5D 图标设计

2.5D 图标

在 Illustrator 中制作 2.5D 图标，通常会使用 3D 效果。先绘制好基本图形，再利用“3D 凸出和斜角”功能进行调整，扩展对象后再根据需要进行调整制作。如图 5-78 所示的 2.5D 图标就是直接利用基础面性图标，通过使用 3D 效果而得来的。

图 5-78　2.5D 图标

Step01 利用之前做好的基础面性图标进行 2.5D 图标的打造。打开基础面性图标，检查图标是否完整，是否中空，如图 5-79 所示。为了更好地观察，可以在底部绘制一块其他颜色的色块辅助检查，可以发现图标中有一些多余的白色元素，使用“魔棒工具”单击白色元素，就可以将画板中的白色全部选中，再执行菜单命令【对象】|【扩展外观】，将这些白色元素对象化。

图 5-79　多余白色元素

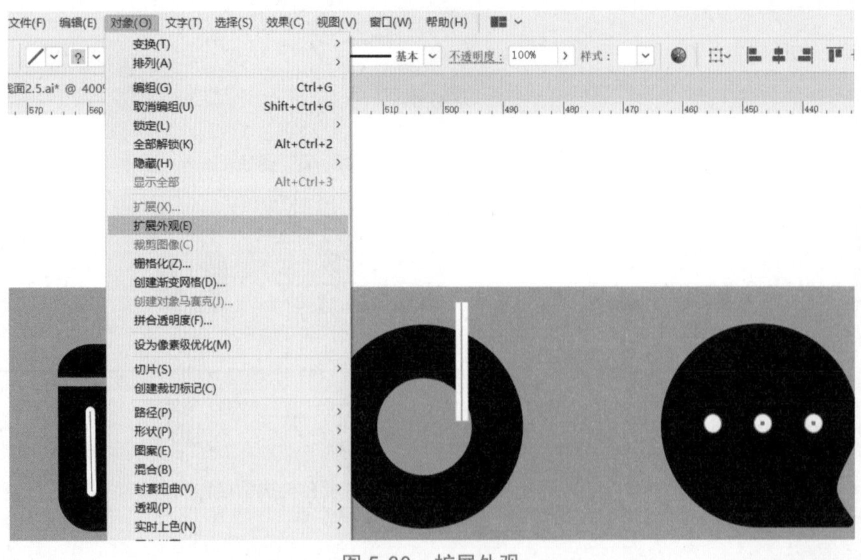

图 5-80　扩展外观

Step02 使用“形状生成器”把多余的部分删掉，得到一个个完整、镂空的图标，并更改所有图标的颜色为浅蓝色（只要不是黑色即可），因为黑色在 3D 效果中不能很好地被识别，如图 5-81 所示。这时就可以删掉底部检测用的色块了。

图 5-81　镂空图标

Step03 接下来开始 3D 效果的制作。为了更好地对比效果，可以将基础面性图标复制一套副本。

Step04 选中相机图标，执行菜单命令【3D】|【凸出和斜角】，在“3D 凸出和斜角选项”对话框中先勾选“预览”复选框，再适当地设置参数，特别是凸出厚度与底纹颜色可以根据画面需要进行设置，如图 5-82 所示。单击“确定”按钮后，就得到一个简单的 2.5D 图标了。

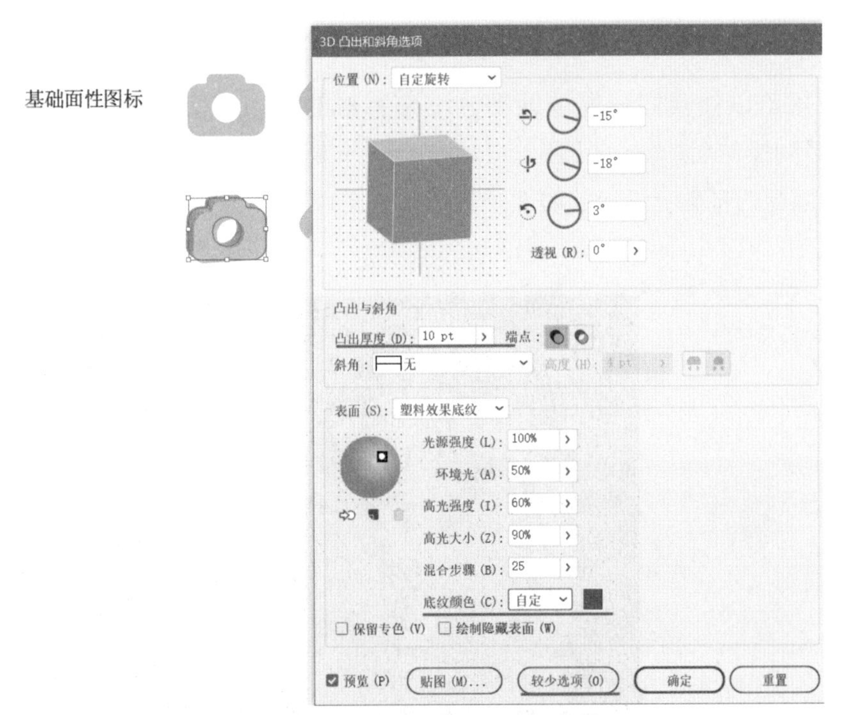

图 5-82　“3D 凸出和斜角选项”对话框

Step05 框选剩余的所有图标，执行菜单命令【效果】|【应用“凸出和斜角”】，即可将设置好的相机图标的 3D 效果参数直接运用于所有图标。这样可以简单地得到一

套2.5D的图标，如图5−83所示，但是这样做会导致某些图标的细节不满意，如记事本、垃圾桶和信息图标中间的镂空效果就很不明显，这时就要根据需要重新调整。如图5−84所示就是把记事本和垃圾桶图标中间的镂空扩大之后再做的3D效果。

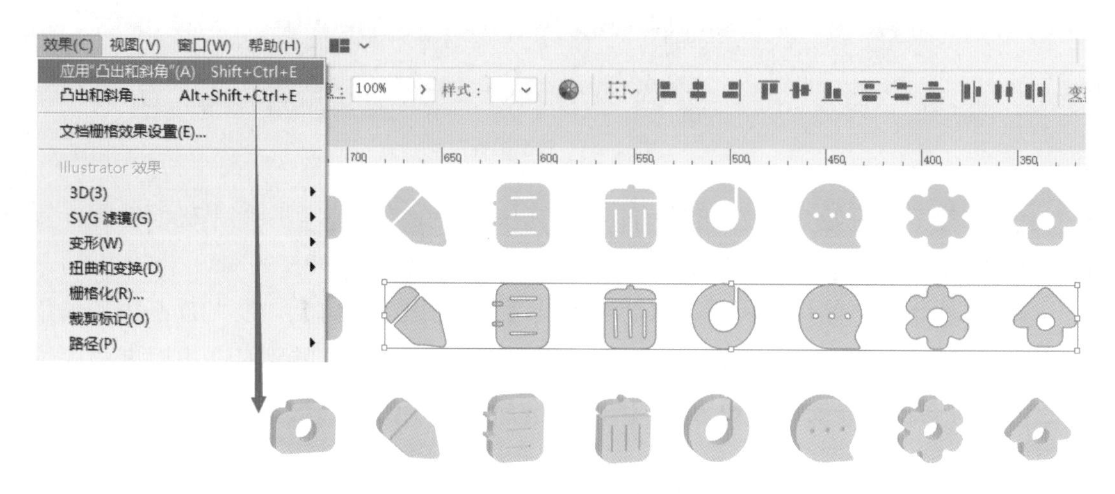

图 5-83　应用“凸出和斜角”

3D效果可以让我们很简单地得到平面图形的立体效果，再通过扩展外观、取消编组等系列操作后，就可以进一步对图标进行其他创意设计了，如图5−85所示就是在2.5D图标的基础上设计的线性渐变效果（图片来源于UI中国）。

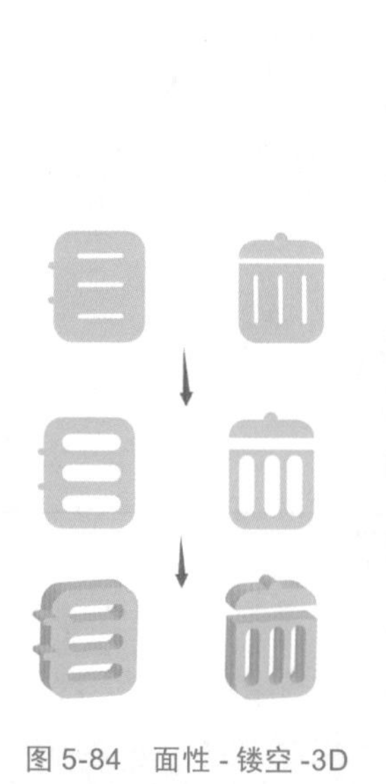

图 5-84　面性 - 镂空 -3D

图 5-85　线性渐变效果

5.5 MBE 图标设计

MBE 图标

MBE 风格的设计采用了更大、更粗的描边，相比没有描边的扁平化风格图标，MBE 图标去除了里面不必要的色块，更简洁、更通用、易识别。粗线条描边起到了对界面的绝对隔绝的作用，凸显内容，表现清晰，化繁为简。2015 年，法国设计大神 MBE 在 dribbble 网站上首创了这个风格，后来 MBE 风格风靡全球，国内外大量设计师根据此类风格引申出了很多优秀的作品。如图 5-86 所示是 dribbble 网站主页（https://dribbble.com/Madebyelvis）上的一些作品，其特点包括断点线条、深浅色彩关系、图形装饰，以及图形溢出等。后来网友把此类风格都称为 MBE 风格。

图 5-86 dribbble 网站作品

在 Illustrator 中 MBE 风格图标的制作方法也很简单，如图 5-87 所示展示了绘制细节。绘制时只需要将断线描边与填色图标的方法进行结合即可。简单地说，MBE 图标的设计要掌握好以下特点：

- 有断点的圆头粗线描边；
- 错位的色块；
- 固定的点缀图案（如圆圈、加号、烟花），后来又增加了其他点缀图案，但这 3 种最为常见；
- 颜色以鲜艳的补色、对比色、邻近色、同类色为主。

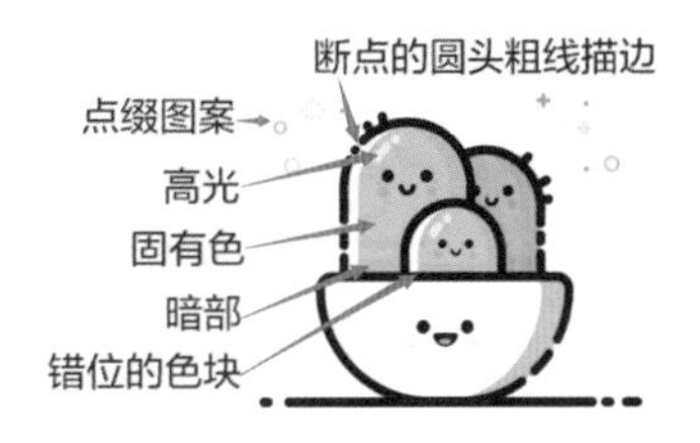

图 5-87 MBE 特点

5.6 延伸阅读与练习

使用切片工具批量生成单个图标

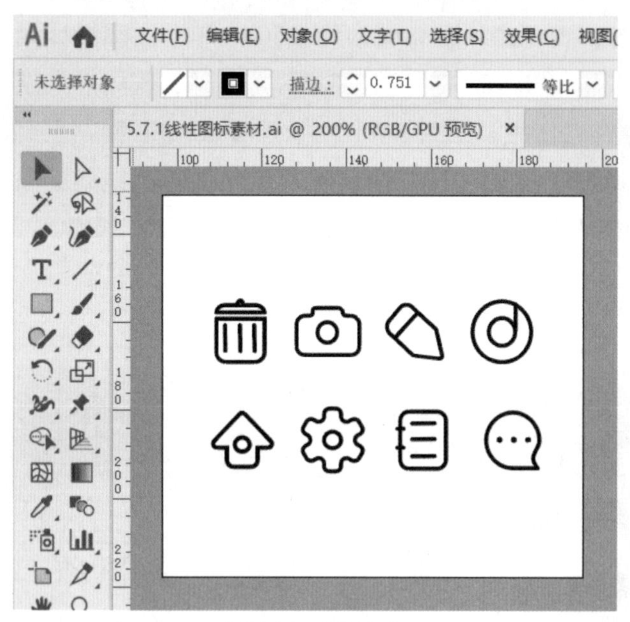

图 5-88　打开文件

Step01 启动 Illustrator，执行菜单命令【文件】|【打开】（快捷键为“Ctrl+O”），打开一个需要切片的文件，如图 5-88 所示。

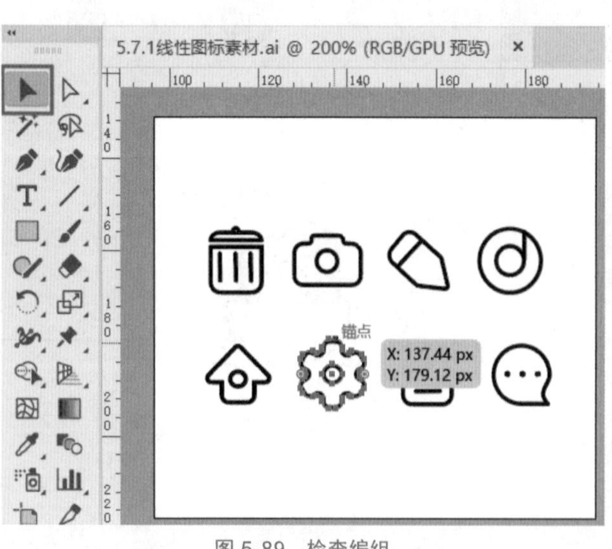

图 5-89　检查编组

Step02 检查单个图标是否已组成一个编组（最好用第一个选择工具进行检验），如图 5-89 所示。

如果检查的结果是已编组，就是单个图标全部选中的状态；如果编组混乱，或没有编组，就必须先将单个图标进行编组，使用“选择工具”对准单个图标框选，右击，在右键快捷菜单中选择“编组”命令，编组好每个单独的图标再进行切片，如图 5-90 所示。

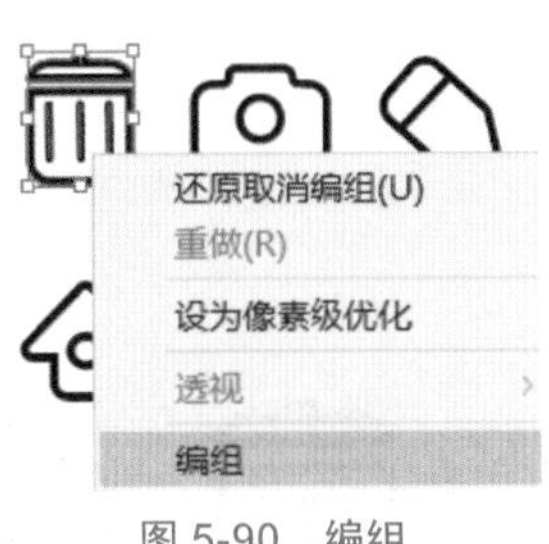

图 5-90 编组

Step03 框选文档中所有图标，或使用“Ctrl+A”组合键全选，如图 5-91 所示。执行菜单命令【对象】|【切片】|【建立】，如图 5-92 所示。

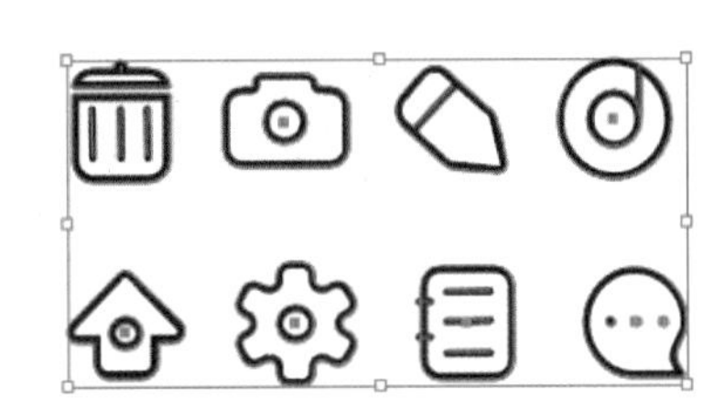
图 5-91 全选

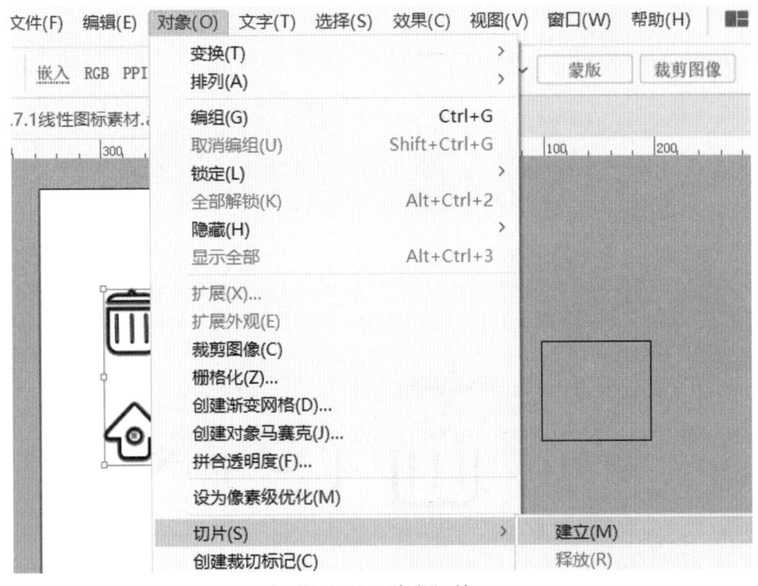

图 5-92 建立切片

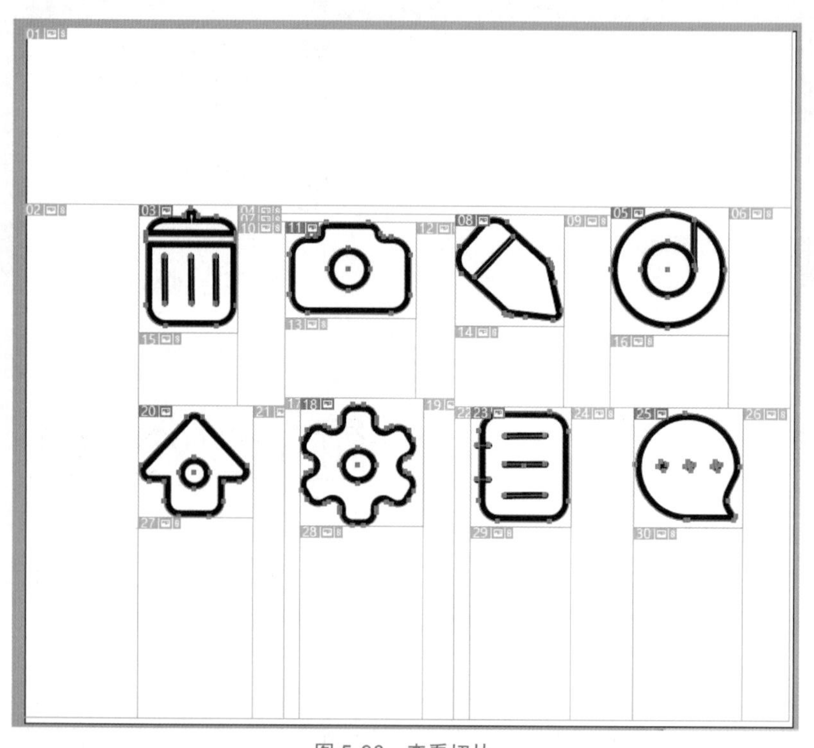
图 5-93　查看切片

Step04 生成切片线条，可以看到单个切片线条的大概分布情况，略浅颜色的切片是自动生成的，略深颜色的切片则是之前选中的编组对象，如图5-93所示。

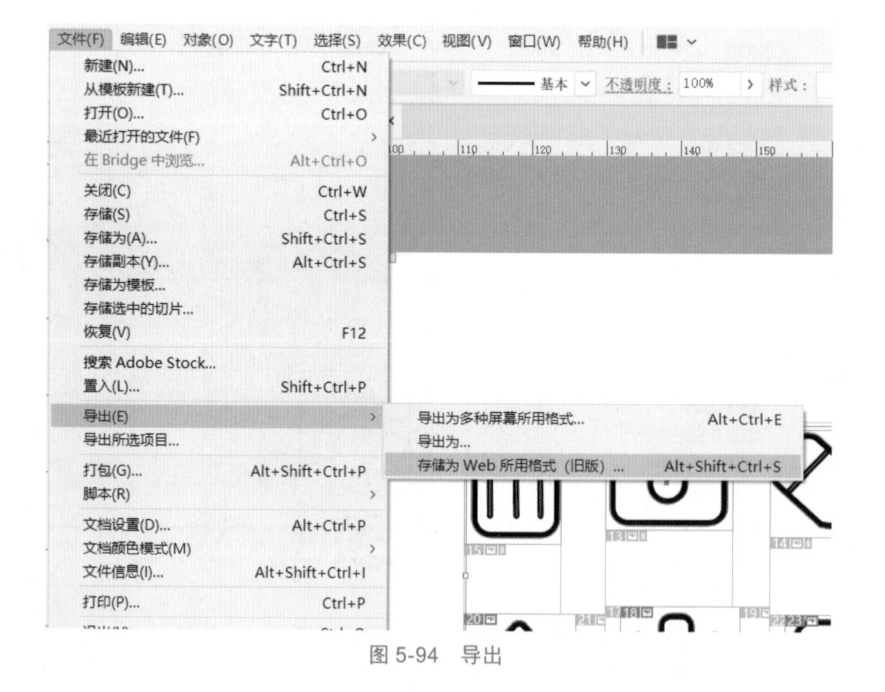

图 5-94　导出

Step05 执行菜单命令【文件】|【导出】|【存储为Web所用格式（旧版）】，如图5-94所示。

在“存储为 Web 所用格式”对话框中，选择存储的格式，设置导出类型为“选中的切片”（软件默认导出类型为“所有切片”），单击“存储”按钮，如图 5-95 所示。选择保存的位置，单击“保存”按钮。这时出现一个提示“存储的某些文件的名称包含非拉丁字条，这些名称与某些 Web 浏览器和服务器不兼容。”直接单击“确认”按钮即可。（如果是用在网站上的图标，建议将 Illustrator 文档命名为英文字符。）这时在存储的文件上可以看到多了一个“图像”文件夹，这个文件夹内就是刚刚导出的图标，如图 5-96 所示。

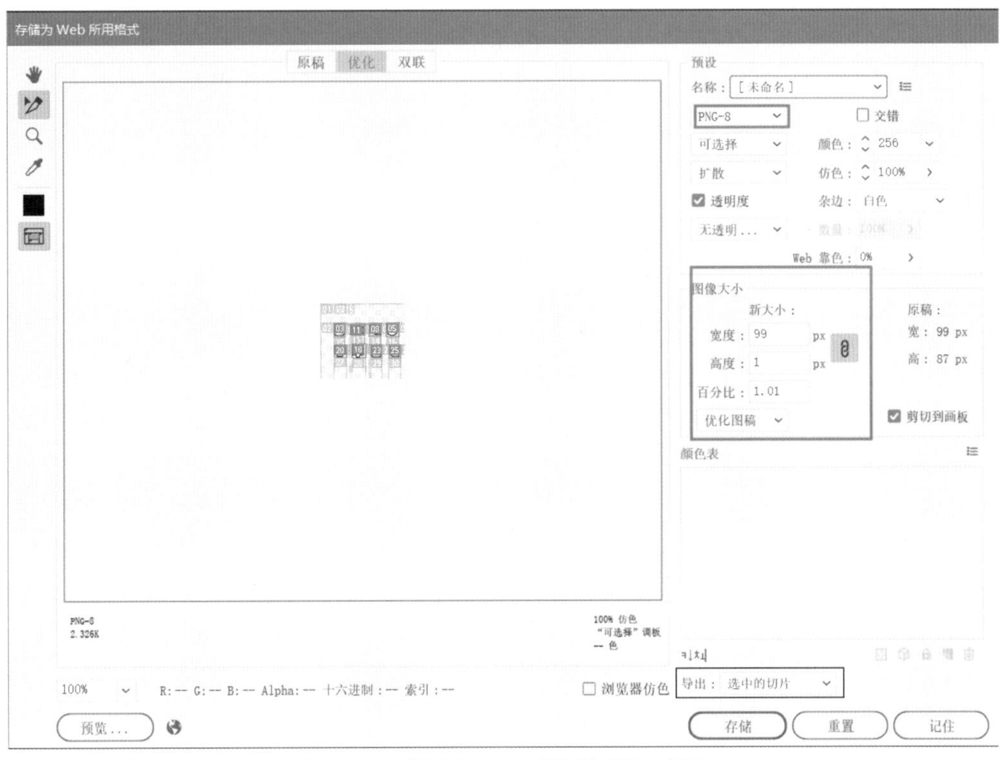

图 5-95 “存储为 Web 所用格式”对话框

★小技巧：(1) 如果导出类型为“所有切片”，那么背景也被分别保存下来了。

(2) 如果没有将单个图标编组，生成的图像将是零碎的片段。

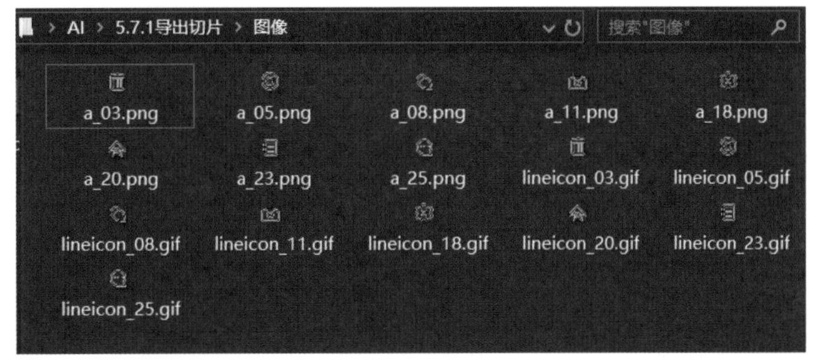

图 5-96 “图像”文件夹

5.7 同步练习

设计绘制一套手机系统图标（不少于 30 个），再分别做成线性、面性、MBE 风格的三套图标。

第6章

数字化再现传统文化

6.1 数字化再现川剧脸谱手稿

数字化再现
川剧脸谱手稿

对川剧脸谱手稿进行数字化转化后，可以将数字图像运用到更多领域，做成印刷品、文创衍生品等；也可以使学生了解川剧脸谱的历史背景及文化内涵，接受川剧脸谱艺术，从而增长传统文化知识，进而达到保护和传承的目的，实现川剧脸谱文化的可持续传承。

6.1.1 项目需求读解

本项目实现将系列川剧脸谱手稿转化为数字化图像，并最大可能地保留原有的配色与图案。因方法的相似性和篇幅有限，本项目只选择了两张有代表性的手稿进行转化，来自龚思全的《中国戏曲脸谱·川剧脸谱》。

6.1.2 关键知识点与设计制作技巧

“紫金饶钵”脸谱因图像简单、元素较少，可以在图形描摹的基础上进行适当调整。“赵公明”脸谱则更复杂，几何元素较多，可以采用直接绘制的方法。脸谱通常有很多对称元素，所以绘制时，可以只完成一半，再通过镜像工具复制出另一半。

6.1.3 项目设计制作实录

1. 紫金饶钵脸谱

Step 01 导入素材

在 Illustrator 中直接打开“紫金饶钵 .JPEG”图片素材。选择“画板工具”，调整当前“01- 画板 1”的边缘与素材边缘对齐。按住“Alt”键，向右拖动复制一张该素材，执行菜单命令【对象】|【锁定】|【所选对象】，将副本锁定当作参考，如图 6-1 所示。

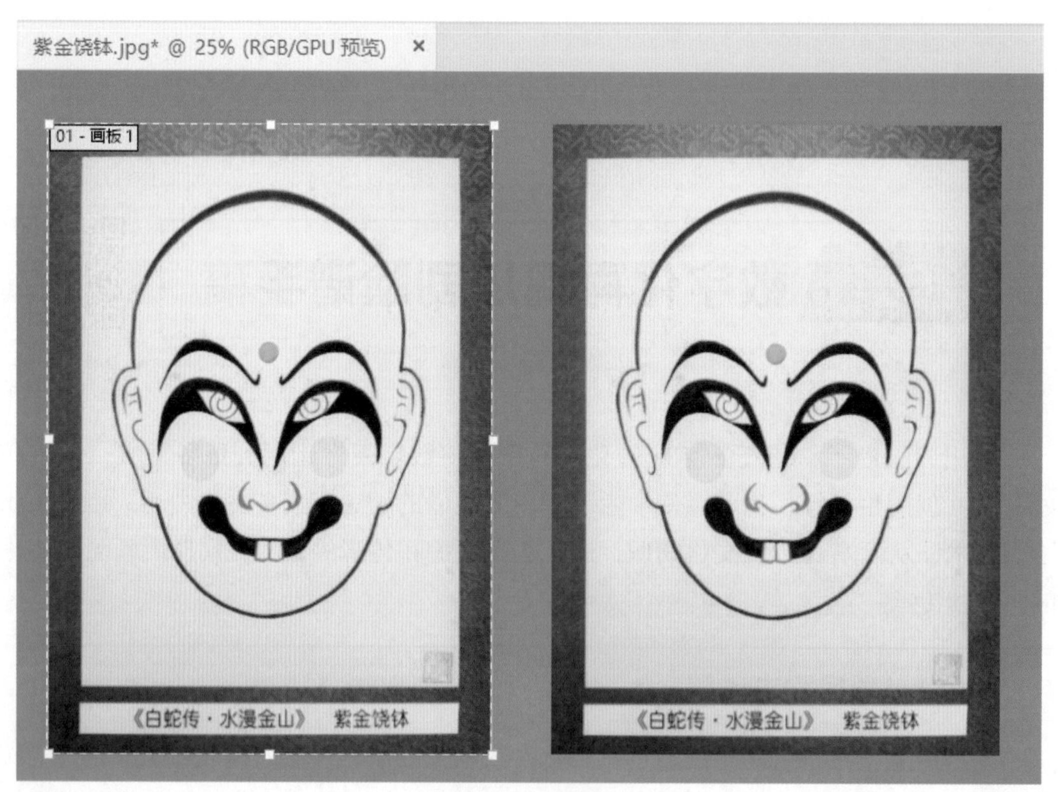

图 6-1 复制原图

Step 02 智能描摹

选中画板中的图片，先在控制栏的“图像描摹”按钮右侧下拉列表中选择“黑白徽标”选项，再单击“扩展”按钮，得到一张由计算机智能描摹的矢量对象组成的画面，如图 6-2 所示。

图 6-2　图像描摹

智能描摹的矢量对象需要取消编组才能进行单个编辑，在画面上右击，在右键快捷菜单中选择“取消编组”命令，如图 6-3 所示。

然后选择多余或效果不好的部分，直接按“Delete”键删掉，得到的效果如图 6-4 所示。通过与原图对比观察，发现一些细节有损，或配色不对。这时就需要根据实际情况进行调整或重新绘制了。

图 6-3　取消编组

图 6-4　删掉多余部分

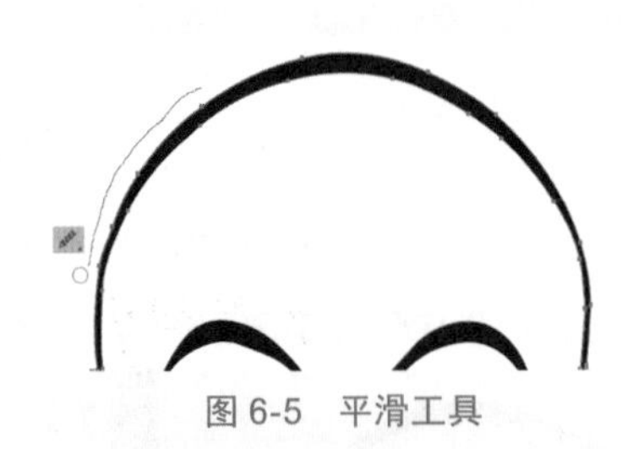
图 6-5　平滑工具

Step03 平滑线条

使用“平滑工具”在选中的路径上涂抹，可以看见线条发生了变化，变得平滑有弧度，如图 6-5 所示。

图 6-6　平滑后效果

依次对每个外形看起来不平滑、不自然的对象都进行平滑处理，得到的效果如图 6-6 所示。

Step04 重新绘制对象

首先处理眼睛。框选两只眼睛，使用“形状生成器”将眼睛联集起来，再重新填上黑色，作为眼睛的底部，如图 6-7 所示。

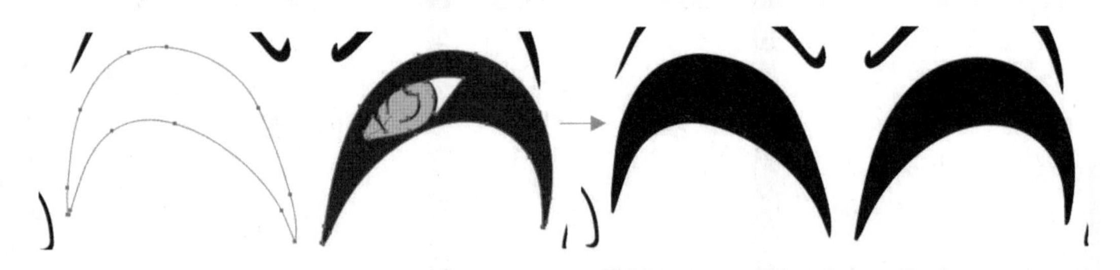
图 6-7　处理眼睛底部

使用“钢笔工具”在右边锁定的原图上直接描画眼白区域，设置填色为白色，无描边。再将眼白移走，继续使用“钢笔工具”参考原图绘制眼球，设置适当粗细的黑色描边，无填色。再次将眼白移回原处，并将绘制的眼白与眼球组合在一起完成一只眼睛，使用“镜像工具”复制出另一只眼睛，适当调整位置，移动到左边矢量对象上，完成眼睛的制作，如图 6-8 所示。

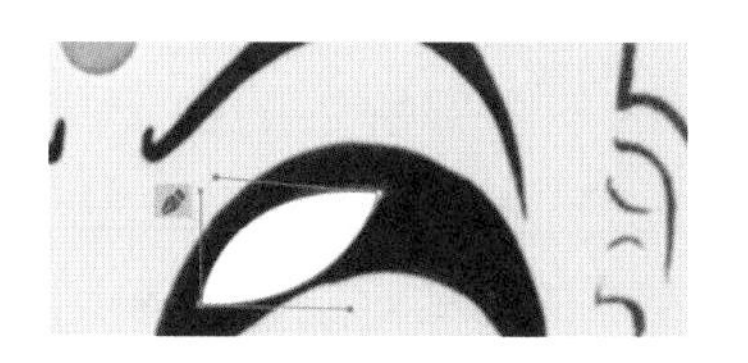 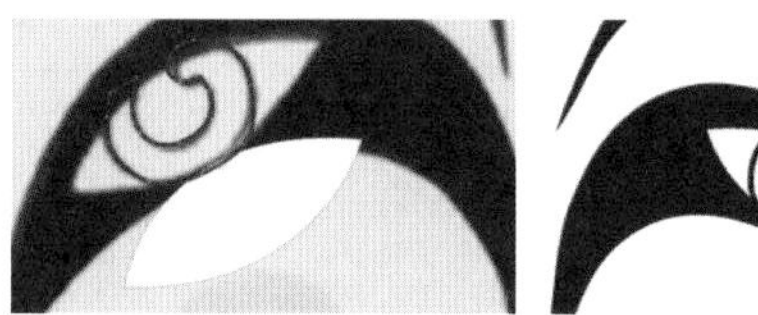 

图 6-8　眼睛的制作

选择“椭圆工具”，在对应位置绘制三个正圆形，并分别使用“吸管工具”在原图上取色填充，如图 6-9 所示。

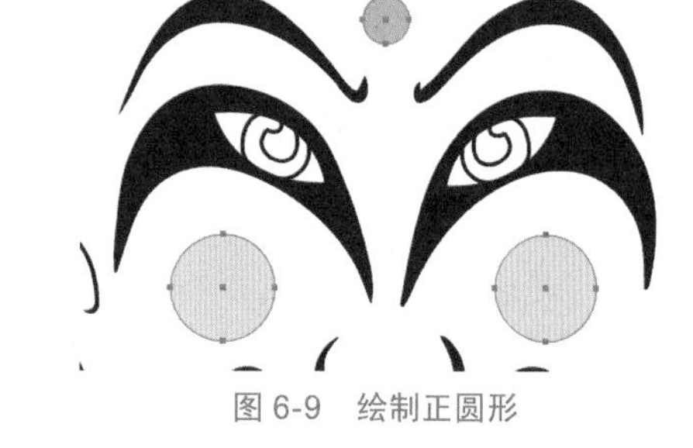

图 6-9　绘制正圆形

设置鼻子的填色与牙齿的描边均为紫灰色（#7367E），如图 6-10 所示。

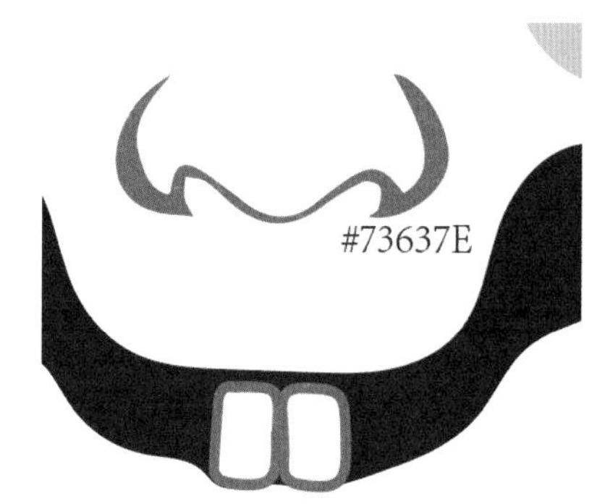

图 6-10　填充紫灰色

将绘制的所有对象一起移动到画板边缘，我们会发现整个脸谱是透明的。选中最外面的框线，使用“形状生成器”，再单击对象内部，填充接近白色的粉红色（#F7EBF0），如图 6-11 所示。

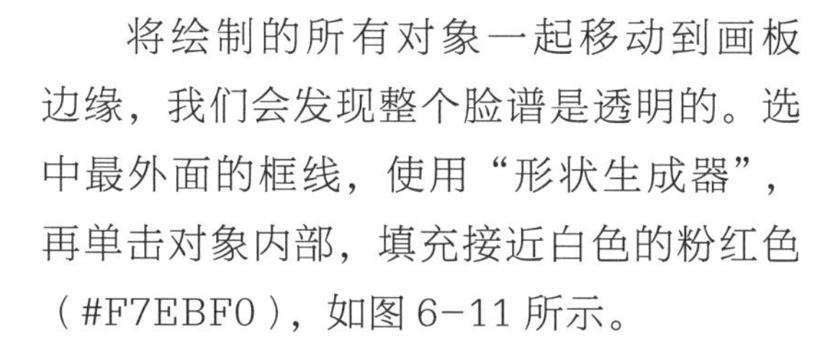

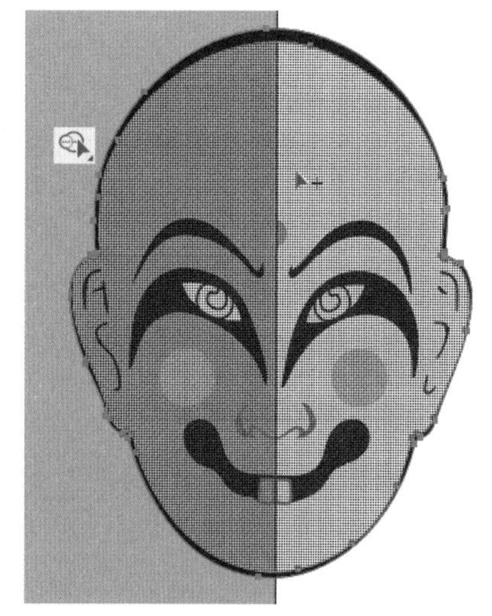

图 6-11　填充粉红色

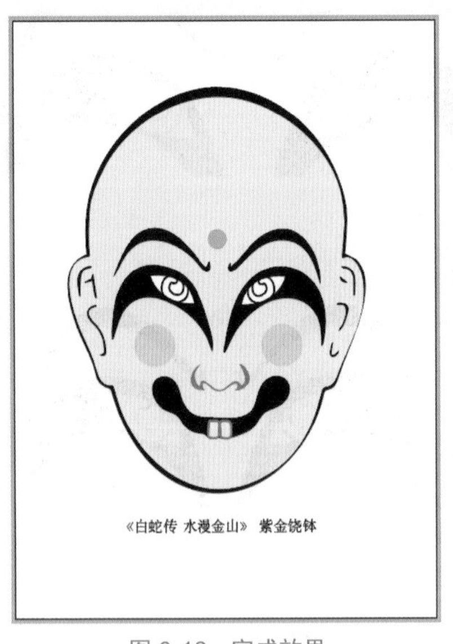

图 6-12 完成效果

Step 05 最后调整

最后，按下全部解锁的快捷键“Ctrl+Alt+2”，删掉画板右边的参考原图。将绘制的所有对象一起选中，右击，在右键快捷菜单中选择“编组”命令，并放置在画板中央，使用“文字工具”在底部输入文字，并存储为.ai格式或其他所需格式即可，完成效果如图 6-12 所示。

2. 赵公明脸谱

赵公明脸谱的数字化做法与紫金饶钵脸谱差不多，只是内容更复杂，很多地方需要绘制完成，而不能单纯借助描摹和修改来完成。前面几个步骤相似：打开素材后，先进行图像描摹（6 色描摹），再单击“扩展”按钮，再取消编组并删掉多余部分，得到如图 6-13 所示的效果。

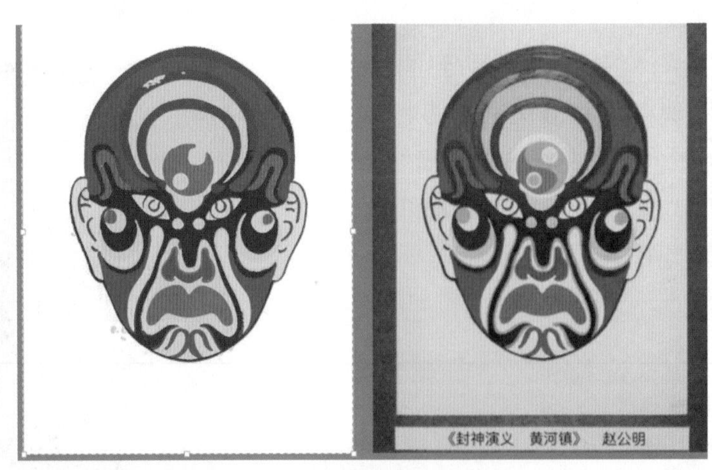

图 6-13 图像描摹

Step01 绘制头部外形

使用“椭圆工具”在原图上绘制一个椭圆形，调整椭圆形的大小与素材基本一致，再利用“直接选择工具”针对单个锚点和路径片段进行调整，直到椭圆形基本与原图贴合，如图 6-14 所示。

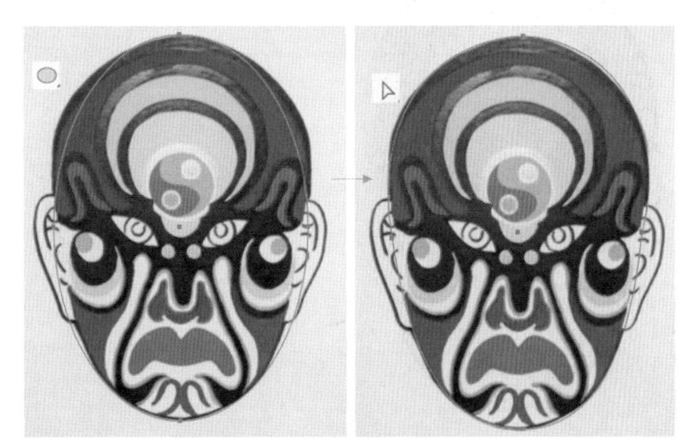

图 6-14　绘制头部外形

打开“图层”面板，新建“图层 2”。选择刚刚绘制的头部外形，在“属性”面板中，将填色设置为浅肉色（#FFF9E9），描边为黑色、20pt，宽度配置文件为两头大中间小的形状，按下剪切的快捷键“Ctrl+X”，在“图层 2”中按下粘贴的快捷键“Ctrl+V”，如图 6-15 所示。

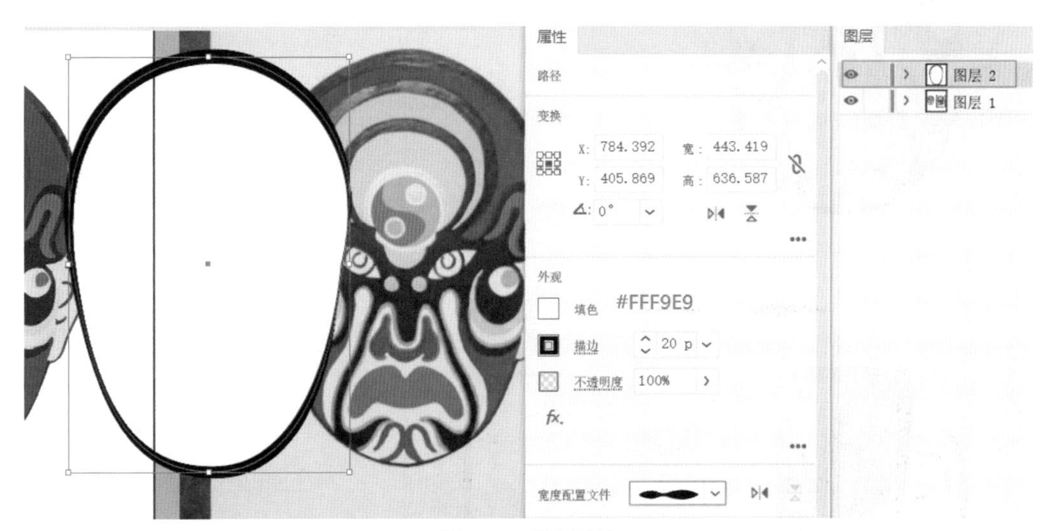

图 6-15　设置描边

★小贴士：

px：pixel（像素），屏幕上显示的最小单位，多用于网页设计，直观方便。

pt：point，是一个标准的长度单位，1pt = 1/72 英寸，多用于印刷业，非常简单易用。

PPI（DPI）：Pixel（dot）Per Inch，每英寸的像素（点）数，表示“清晰度”“精度”。

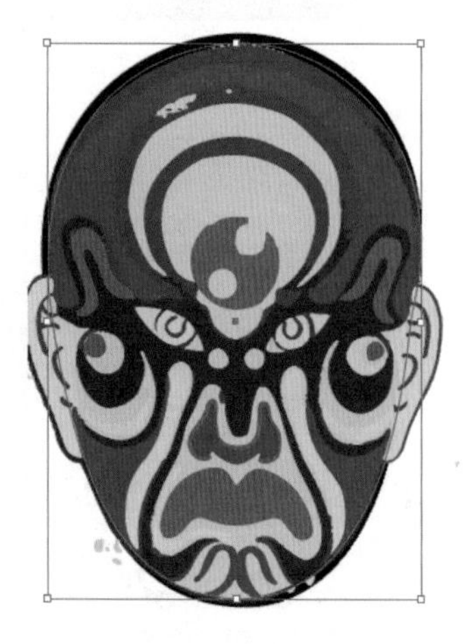
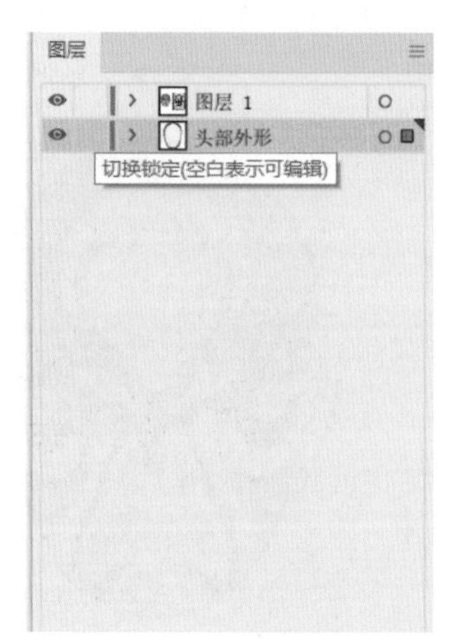

图 6-16　锁定图层

在“图层”面板中将“图层 2”拖到“图层 1”下方，重命名为“头部外形”，并使用“移动工具”将头部外形移动到与描摹对象对齐的地方。最后在“图层”面板中将“头部外形”图层锁定，避免移动，如图 6-16 所示。

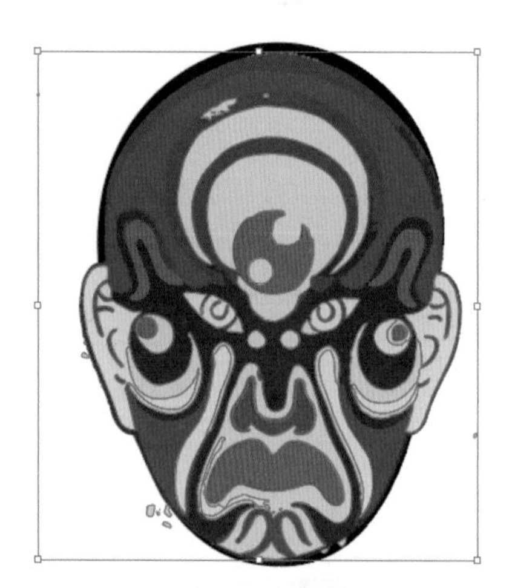

图 6-17　魔棒 - 删除

使用“魔棒工具”选择“图层 1”中的浅色，并按“Delete”键删除，露出底部“头部外形”的浅色，如图 6-17 所示。

图 6-18　绘制耳朵

Step 02　绘制耳朵

新建图层并命名为“耳朵”。先使用“魔棒工具”单击耳朵上的深色，选中相似的颜色，再使用“橡皮擦工具”擦掉两只耳朵。使用“钢笔工具”在原图上描绘出耳朵路径，在控制栏上设置无填色，描边为黑色、4pt，宽度配置文件为一头小一头大的形状，如图 6-18 所示。使用“镜像工具”复制出另一只耳朵。

新建图层“蓝色装饰”。使用“魔棒工具”单击画板中的蓝色，选中所有蓝色，按“Ctrl+X”组合键剪切，在“图层2”中按“Ctrl+F”组合键同位粘贴。保持蓝色为选中状态，使用“斑点画笔”在额头部分涂抹，将整个额头涂满蓝色，如图6-19所示。

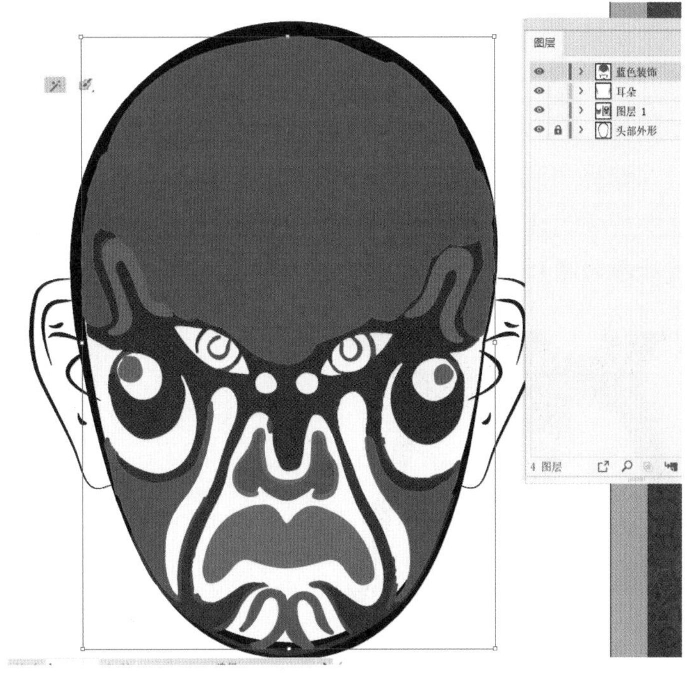

图6-19　斑点画笔

删掉鼻子上的红色。先用“魔棒工具”选中所有蓝色，再利用“平滑工具”对眼睛以上的所有蓝色色块进行平滑处理，如图6-20所示。

图6-20　平滑蓝色

Step 03 阶段微调

此时发现蓝色将头部外形的黑色描边线挡住了。解锁“头部外形”图层，选择头部外形，按“Ctrl+C”组合键复制，在“图层”面板顶部新建图层“头部轮廓”，并在该图层中按“Ctrl+F”组合键同位粘贴，设置无填色，只留下描边框线。将“耳朵”图层拖到“图层”面板底部，如图6-21所示。

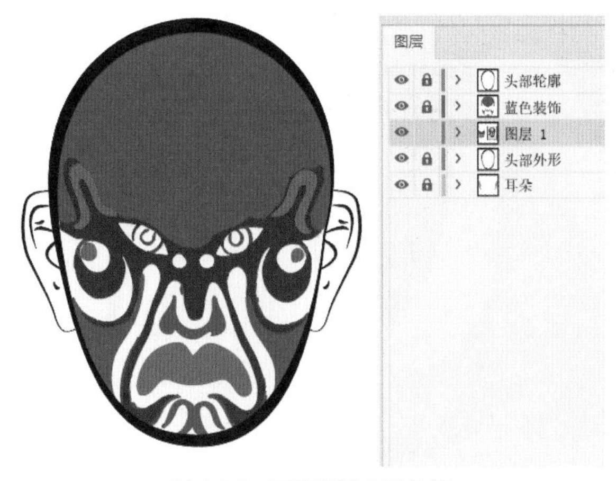

图6-21　调整图层上下位置

Step 04 绘制红色装饰

新建图层“红色装饰”。使用“魔棒工具”单击画板中的红色，选中所有红色，按“Ctrl+X”组合键剪切，在“红色装饰”图层中按“Ctrl+F”组合键同位粘贴。删掉颧骨上的两个小红圆圈，再使用“平滑工具”对其余红色色块进行平滑处理。

选择“蓝色装饰”图层中的鼻子并按“Ctrl+C”组合键复制，在“红色装饰”图层中按“Ctrl+F”组合键同位粘贴。操作该步骤时可以根据需要调整图层的锁定状态，具体参考图 6-22。

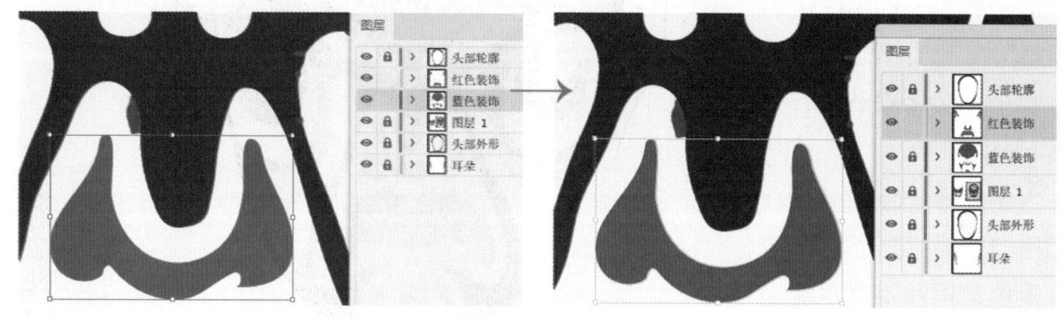

图 6-22　同位粘贴

继续在“红色装饰”图层中选中鼻子，设置无填色，描边如图 6-23 所示。

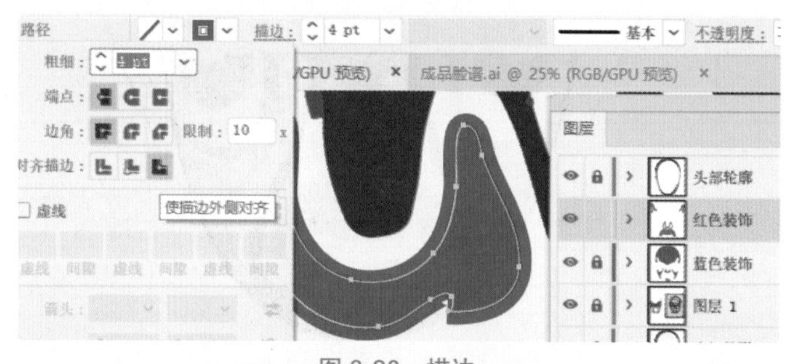

图 6-23　描边

执行菜单命令【对象】|【扩展外观】，再使用“橡皮擦工具”参考原图对鼻子底部的红色进行擦除，得到如图 6-24 所示效果。

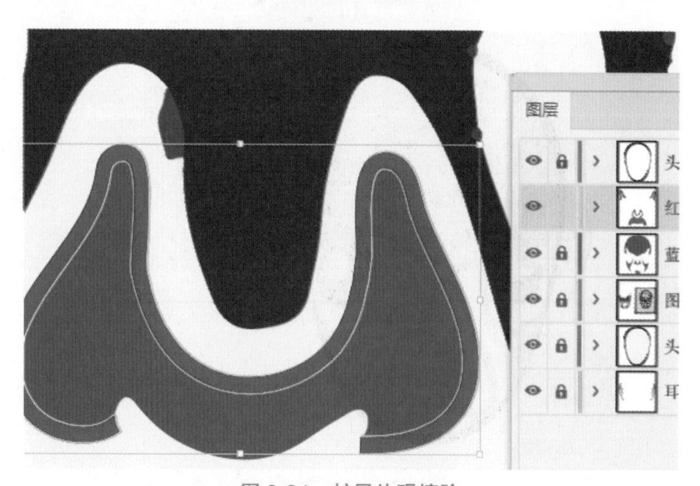

图 6-24　扩展外观擦除

Step05 绘制黑色装饰

同理将“图层 1”中的黑色全部剪切、粘贴到新建的“黑色装饰”图层中。先使用“路径查找器”联集所有对象，再使用“形状生成器”将眼睛、颧骨装饰等地方的空白补上，如图 6-25 所示。

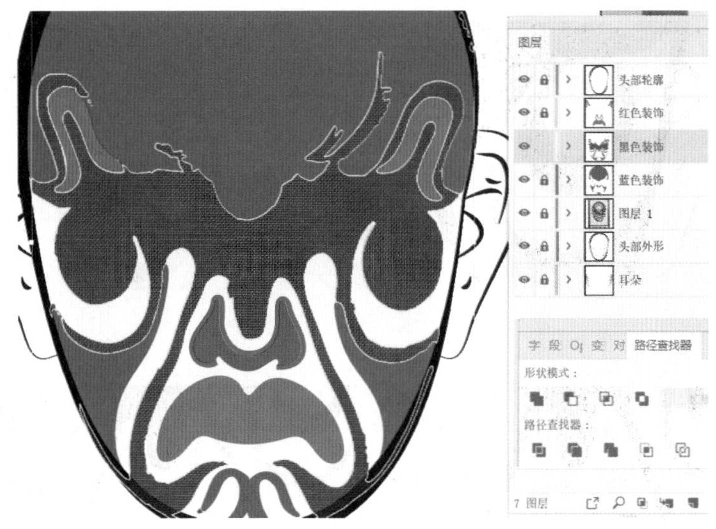

图 6-25 绘制黑色装饰

重新设置黑色装饰图形填色为黑色，无描边。使用“橡皮擦工具”与“斑点画笔”对图形进行适当整形，并使用“平滑工具”对其进行平滑处理，如图 6-26 所示。

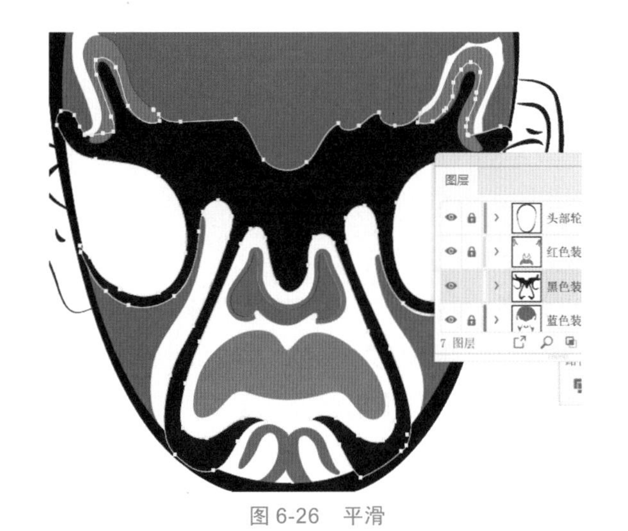

图 6-26 平滑

参考原图，使用“椭圆工具”绘制颧骨部分的装饰，并组合在一起。制作过程如图 6-27 所示。

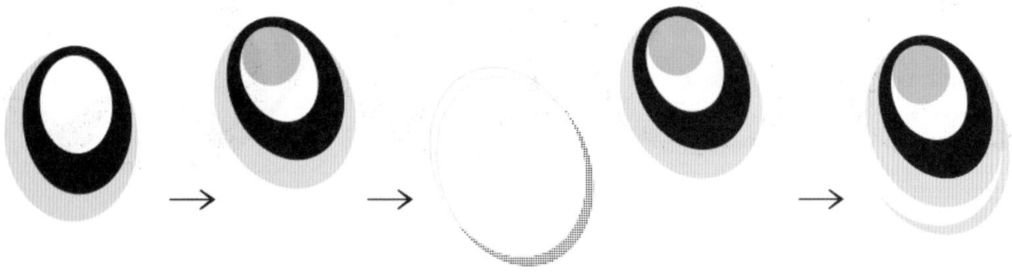

图 6-27 绘制颧骨装饰

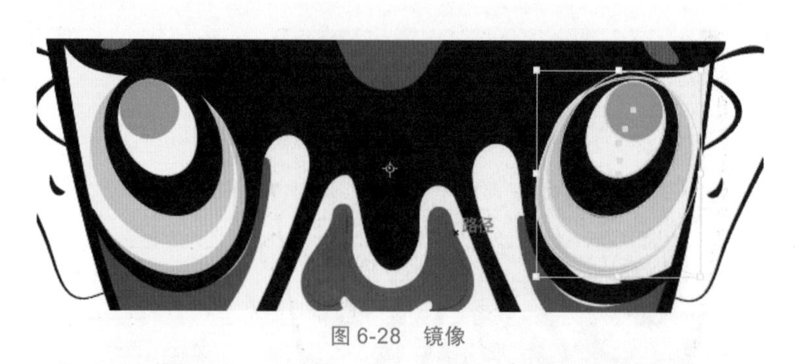

图 6-28 镜像

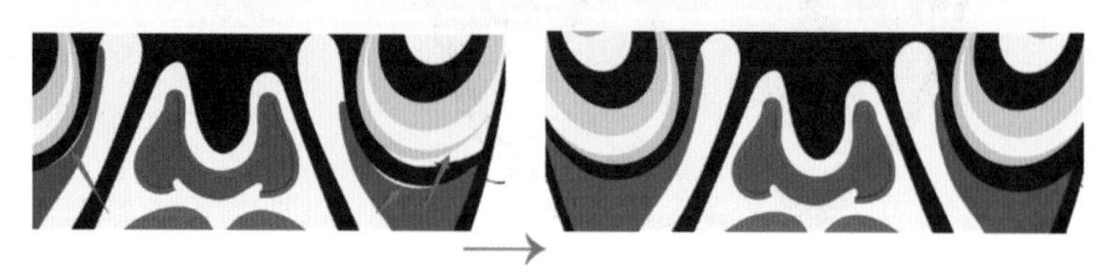
图 6-29 调整

使用“移动工具”将该组合调整到适当的位置，再使用“镜像工具”复制一份到右边，如图 6-28 所示。

在制作过程中，如果发现画面中有色块没有拼接好的情况，如图 6-29 中红色箭头所指位置，可以再次回到对应的图层或对象中，使用“直接选择工具”对对应的路径进行调整。

Step06 绘制眼睛

新建图层“眼睛”，绘制方法同“紫金饶钵”脸谱。

Step07 绘制灰色线条

借助额外绘制的一个椭圆形与“形状生成器”计算得到需要添加灰色线条的部分，并重新设置该部分填色为黑色，描边颜色为灰色，描边对齐为“使描边外侧对齐”。执行菜单命令【对象】|【扩展外观】，将灰色描边分离出来。使用“橡皮擦工具”参照原图擦除掉多余的灰色，如图 6-30 所示。

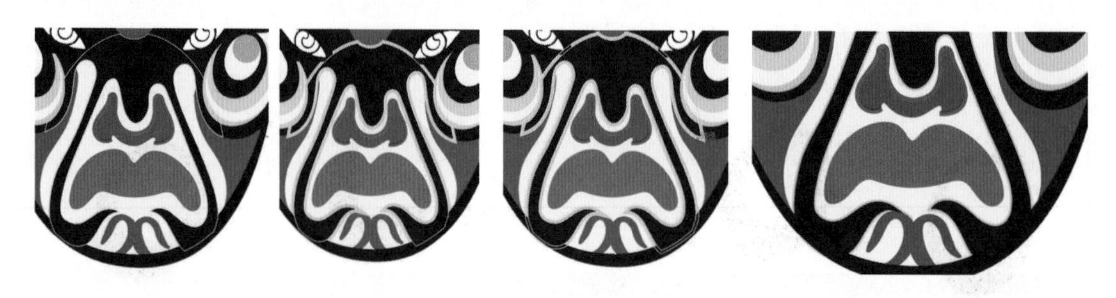
图 6-30 绘制灰色线条

Step 08 绘制额头装饰

使用“椭圆工具”参考原图绘制 4 个大小不一的椭圆形，将它们一起选中后，单击控制栏上的“水平中对齐”与“垂直底对齐”按钮，并移动到画板上合适的位置，如图 6-31 所示。

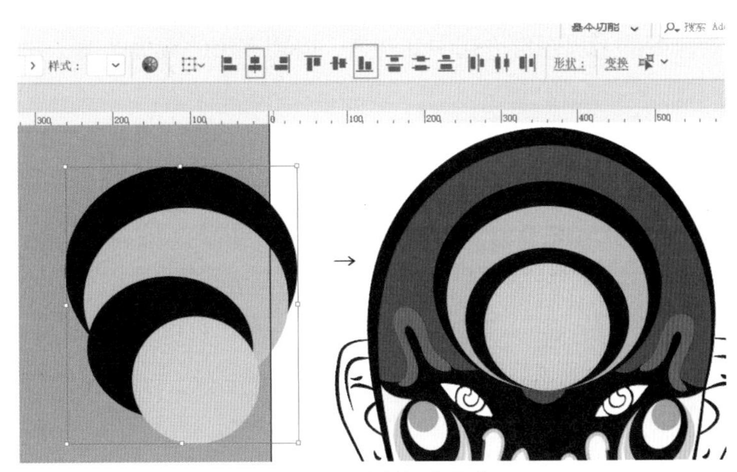

图 6-31　绘制额头图形

绘制太极图案。先绘制两个 120×120pt 的正圆形和两个 60×60pt 的正圆形。选择一个大圆形与一个小圆形，使其垂直顶对齐与水平居中对齐，右击，在右键快捷菜单中选择“编组”命令；再同时选中另一个小圆形，使其垂直底对齐与水平居中对齐；使用“形状生成器”将图形整形为太极底图，如图 6-32 所示。根据原图色彩为图形填色。

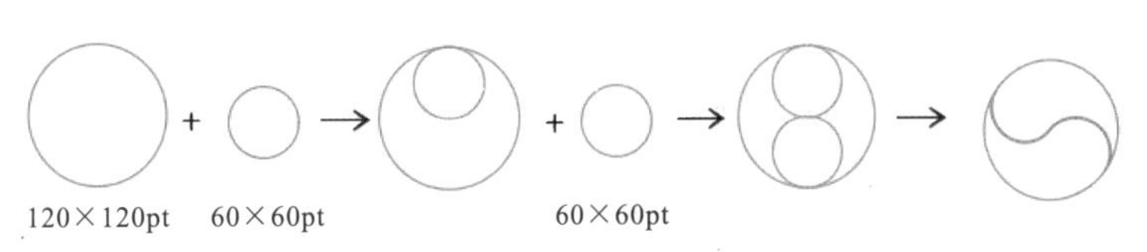

图 6-32　绘制太极图形

再根据原图绘制两个正圆形放置其中，框选所有对象并组合，效果如图 6-33 所示。

图 6-33　太极图案

选择开始画好的另一个大圆形，设置描边为浅黄色、8pt，使描边外侧对齐，与之前画好的太极图形一起中间对齐，得到完整的太极图案，并组合在一起，如图 6-34 所示。

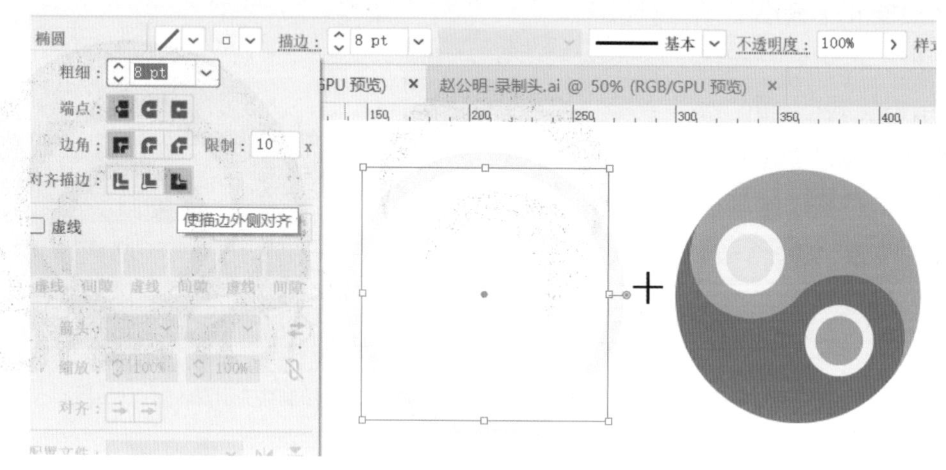

图 6-34　组合太极图案

使用“移动工具”将整个太极图案放置在合适的位置，效果如图 6-35 所示。

图 6-35　放置太极图案

Step 09 最后调整

对比原图，整理完善细节。使用“椭圆工具”绘制眉间的三个正圆形。为眼睛两侧的红色“几”字纹描边。完善其他不满意的细节，输入文字，进行存储。完整的效果如图 6-36 所示。

《封神演义 黄河镇》 赵公明

图 6-36　完成效果

如图 6-37 所示是根据其他脸谱完成的系列绘制。

图 6-37　数字还原脸谱

6.1.4　同步练习

请在图 6-37 中选择自己喜欢的川剧脸谱或自行寻找手稿素材，将其绘制成矢量图形。

6.2 数字化再现传统纹样

数字化再现
传统纹样

现代设计不断发展，传统纹样以其独特的文化韵味逐渐凸显出特别意义。这些纹样需要我们先从文物中进行提取，再进行数字化还原。

6.2.1　项目需求读解

观察文物，将上面的图案进行提取，并绘制为数字化图形，就可以将其自由地运用到其他地方了。

6.2.2　关键知识点与设计制作技巧

在 Illustrator 中只需先将元素拖到色板中，并画出你想要的形状路径，再单击色板中的图案，它就自动拼接好了，铺满所画的形状路径。

6.2.3 项目设计制作实录

1. 青花勾云团寿字纹瓷盘纹样还原

1）观察、分析素材

如图 6–38 所示是重庆中国三峡博物馆馆藏的文物“清道光款青花勾云团寿字纹瓷盘”的图片，盘子背面饰有非常明显的二方连续纹样。仔细观察，不难发现红色线条框住的部分就是纹样重复的基本单元，这个基本单元又可以分为高的与矮的，如图 6–39 所示。

图 6-38 清道光款青花勾云团寿字纹瓷盘

图 6-39 纹样基本单元

2）画笔直接摹画

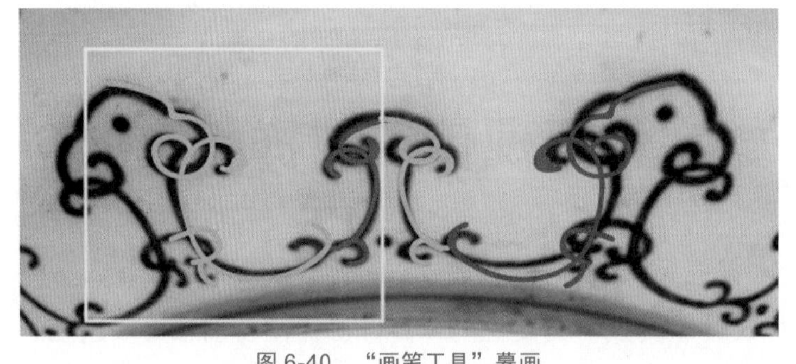

图 6-40 “画笔工具”摹画

Step01 选择“画笔工具”，直接在原图上层摹画。其实只需要绘制图 6–40 中黄色线条框出的部分，剩余的可以通过“镜像工具”复制得到。

Step02 在绘制的图形的基础上稍做调整，能够用更规则的方式绘制对象时，尽量用几何或计算的方式重新绘制；对平滑流畅的对象则可以直接使用，或继续使用“平滑工具”再度修饰。

3）制作基本单元

Step01 参考原图，使用“螺旋线工具”绘制一组对称的曲线，呈现一组单引号的模样，并进行编组。再使用“矩形工具”绘制正方形，调整圆度变成水滴形状。将水滴与单引号模样的曲线组合在一起进行水平居中对齐。使用“剪刀工具”将水滴路径剪断（分别在其最左与最右的锚点上单击即可）。

选择“连接工具”圈画图形中的断口部分，最后得到的一个完整对称的花冠图形，如图 6-41 所示。

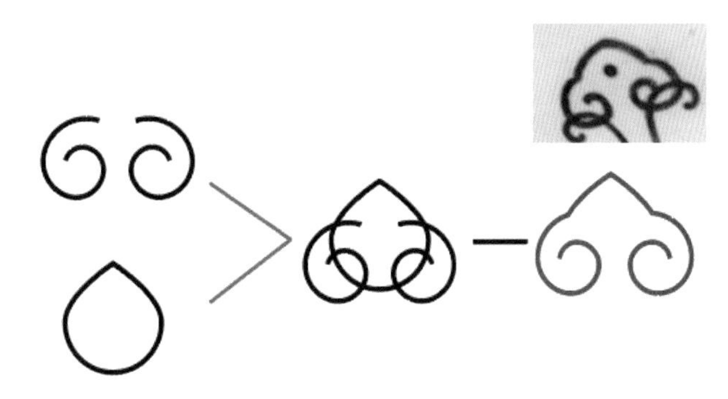

图 6-41　制作花冠

Step02 在花冠中绘制两个正圆形。为了更清楚地观察，我们专门把相同的元素用同色来表示。在左、右参考线以外的部分需要进行剪除，如图 6-42 所示。

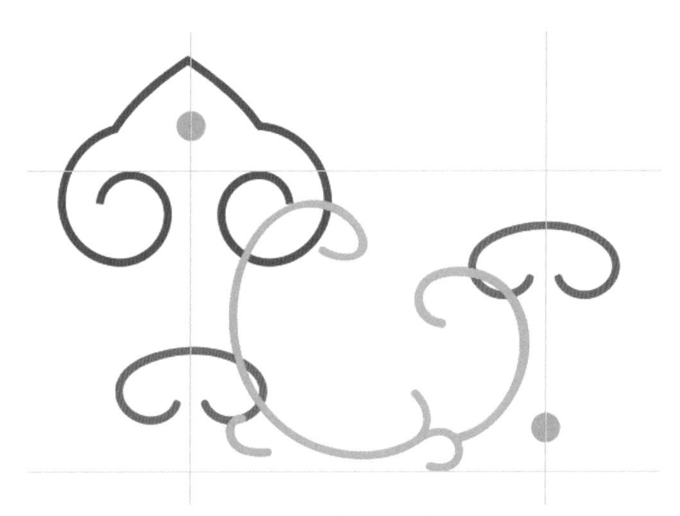

图 6-42　找到重复单元

Step03 为了方便进行剪除，可以事先调整并确定好整个路径的描边粗细，再执行菜单命令【对象】|【扩展外观】，将描边扩展成对象，如图 6-43 所示。

图 6-43　扩展外观

图 6-44　擦除多余

Step04 选择“橡皮擦工具”，按住“Alt”键，使用“块状”橡皮擦，直接框选多余部分，进行擦除，得到如图 6-44 所示效果。

图 6-45　基本单元

Step05 再根据图 6-40 中的图形关系选择对应的部分进行镜像复制操作，最终得到一个重复的基本单元，如图 6-45 所示。

4）定义图案画笔

Step01 从窗口中打开“画笔”面板，将制作好的重复单元直接拖入“画笔”面板。在弹出的“新建画笔”对话框中选择“图案画笔”选项，根据需要可以适当调整“图案画笔选项”对话框中的参数，并单击“确定”按钮，完成图案画笔的定义，步骤如图 6-46 所示。

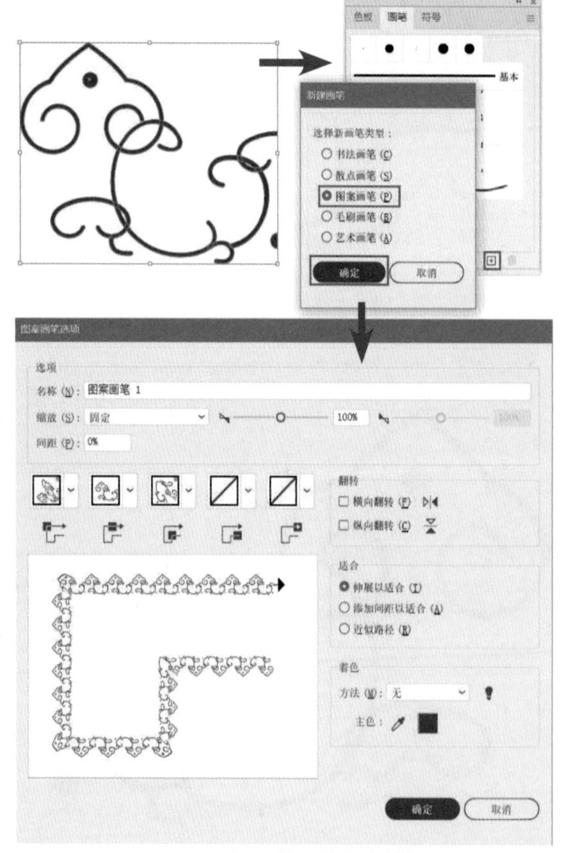

图 6-46　定义图案画笔

Step02 模仿盘子的俯视图绘制一组同心圆，选中其中一条路径，单击选择刚才定义的画笔，即可自动生成图案效果，如图 6-47 所示。

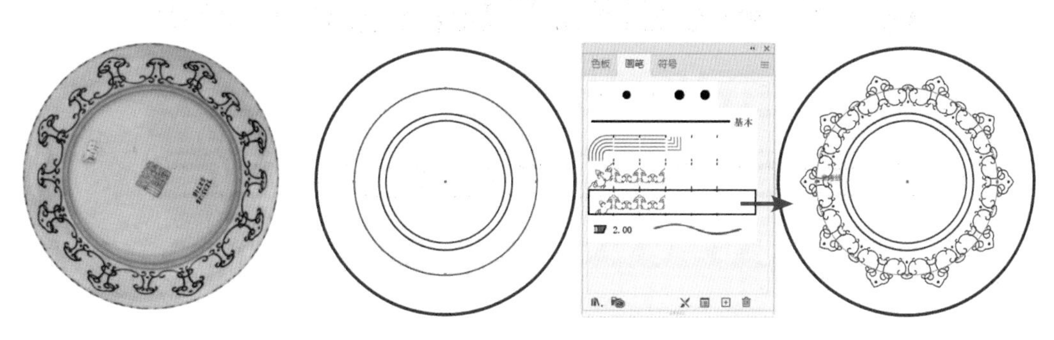

图 6-47 路径描边

Step03 仔细观察，发现花纹的重复数量过少，这时可以再次双击“画笔”面板上刚才定义的图案画笔，打开“图案画笔选项”对话框，对参数进行有针对性地设置，如图 6-48 所示，调整了缩放，重复的基本单元就明显变多了。

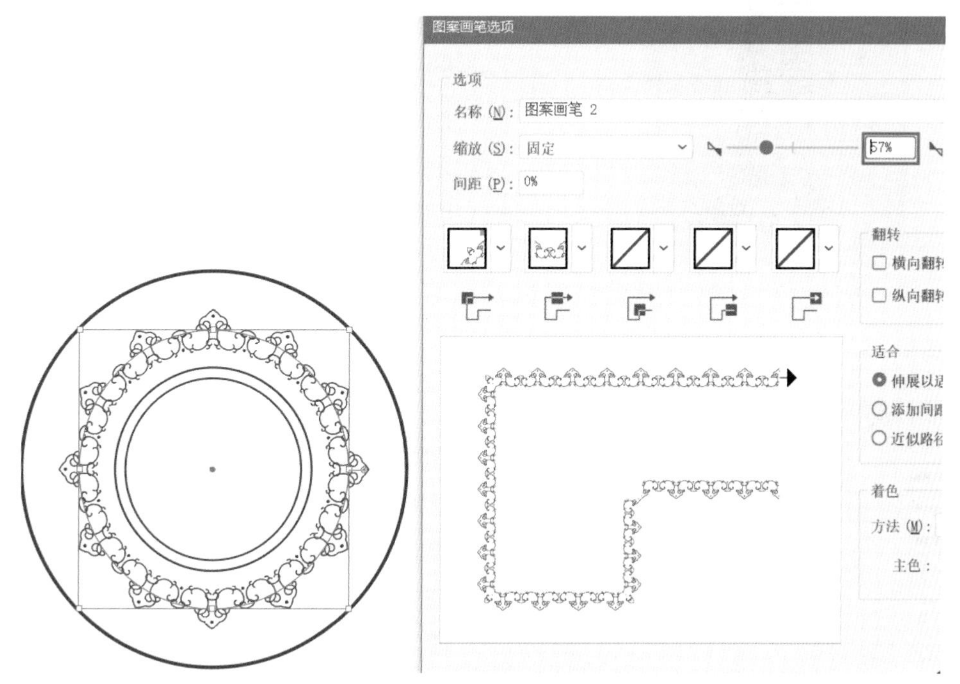

图 6-48 调整图案画笔

小练习：分析图 6-49，找出重复的基本单元，并在 Illustrator 中完成绘制。

图 6-49　二方连续图案

2. 大溪文化遗址筒形彩陶瓶纹饰还原

图 6-50　大溪文化筒形彩陶瓶

如图 6-50 所示是四川博物院陶瓷馆馆藏的新石器时代・大溪文化筒形彩陶瓶（1975 年重庆巫山大溪遗址出土）的图片。 瓶身上有大溪文化很具有代表性的绞索纹饰，绞索纹饰是一种比较复杂的二方连续纹样。仔细观察，找出它的规律。这个绞索纹饰可以使用路径偏移的方式完成单个基本形的绘制，也可以使用“画笔”面板配合完成。

1）定义平行线画笔

Step01 使用“直线工具”绘制一根直线（长度随意），本例设置描边为黑色、10pt，复制两个副本后，选中三根直线，单击控制栏上的“右对齐”与“垂直居中分布”按钮，将它们排列成一组平行线，在“属性”面板中可以控制整体高度为“100px”，如图 6-51 所示。

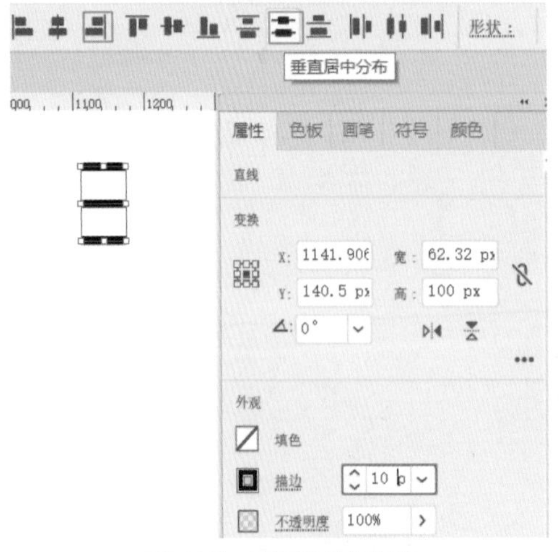

图 6-51　绘制三根平行线

注意：线条之间的距离决定了后期制作出来的图案效果，所以尽量观察并模仿原图素材的比例关系。

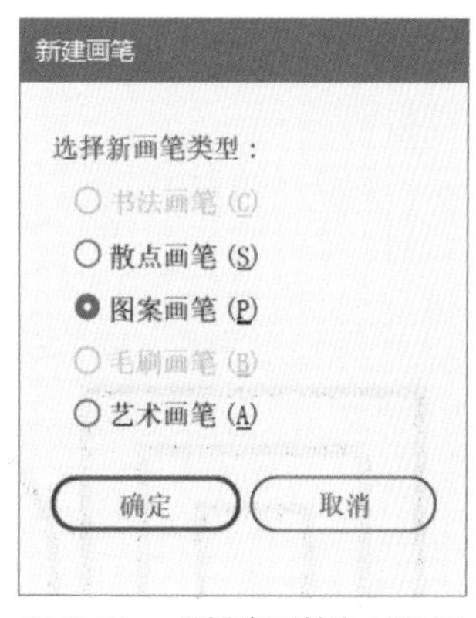

图 6-52 “新建画笔”对话框

Step02 同时选中三根平行线，使用“移动工具”将它们直接拖到“画笔”面板中，在弹出的“新建画笔”对话框中，选择新画笔类型为“图案画笔”，并单击“确定”按钮，如图 6-52 所示。

Step03 在弹出的“图案画笔选项”对话框中，根据预览图设置“外角拼贴”与“内角拼贴”均为“自动居中”，其他参数保持默认，单击“确定”按钮，如图 6-53 所示。这样就定义好了新的图案画笔，并显示在“画笔”面板中。

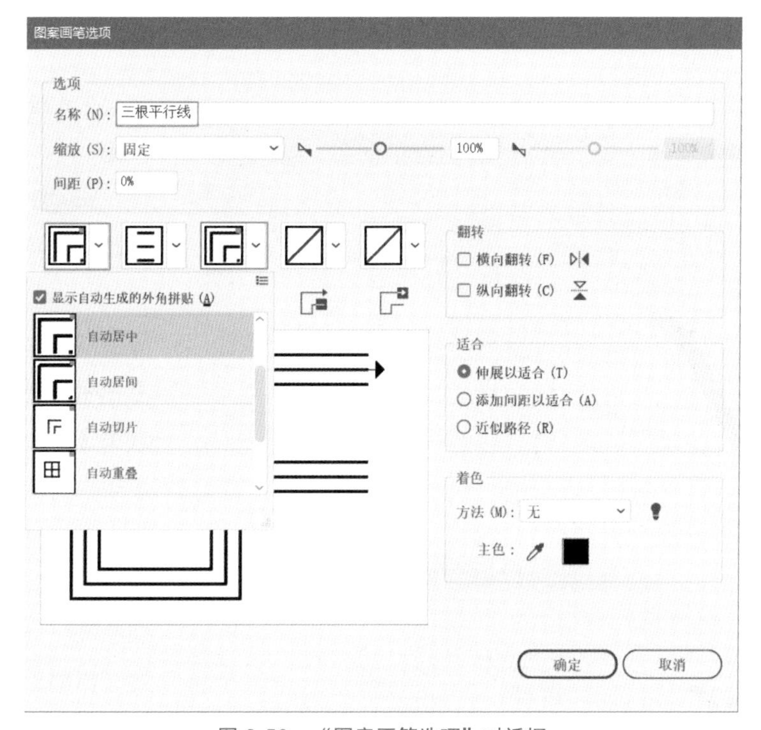

图 6-53 “图案画笔选项”对话框

Step04 绘制一些路径测试刚刚定义的画笔。可以随意绘制路径，先选中路径，再单击“画笔”面板中定义好的画笔，即可使用图案画笔描边路径，如图 6-54 所示。测试完成后可以删掉前面画的所有元素。

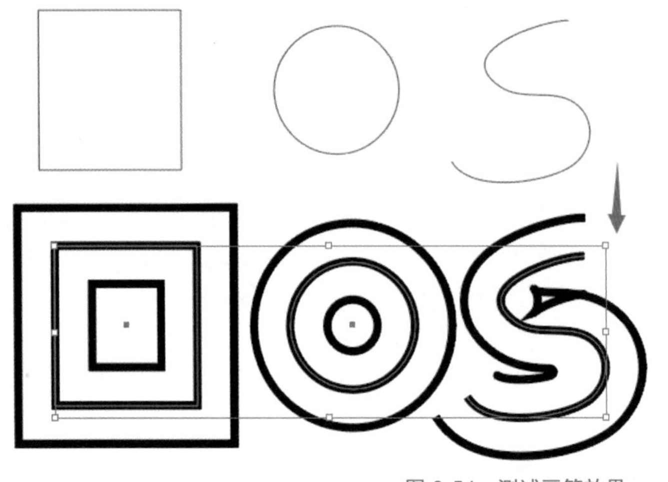

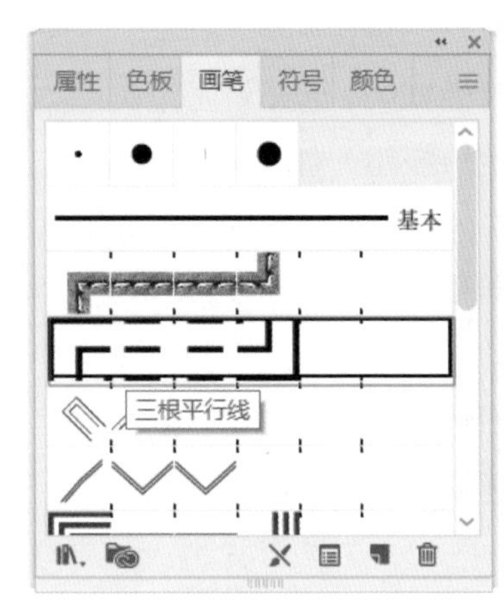

图 6-54　测试画笔效果

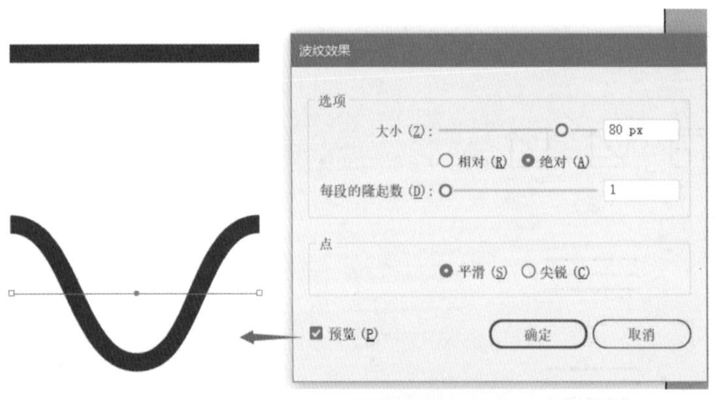

图 6-55　绘制曲线

图 6-56　垂直镜像复制

2）绘制一个基本单元

Step01 使用“直线工具”绘制一条长度为“300px”的直线。执行菜单命令【效果】|【扭曲和变换】|【波纹效果】，在弹出的“波纹效果”对话框里勾选“预览”复选框，一边观察画面变化，一边调节选项参数，最后设置大小为“80px”，每段的隆起数为“1”，选择“平滑”单选钮，得到如图 6-55 所示的效果。

Step02 使用“镜像工具”垂直镜像复制一个副本，得到两条相对的曲线，如图 6-56 所示。

Step03 框选两条曲线，再单击“画笔”面板中定义好的“三根平行线”画笔，得到如图 6-57 所示的效果。

Step04 执行菜单命令【对象】|【扩展外观】，再执行菜单命令【对象】|【扩展】，将描边与填充扩展为对象。然后使用“路径查找器”与“直接选择工具”，参考原图纹样对图形进行整形并编组在一起，得到如图 6-58 所示效果。仔细观察最右边的图形，发现左右两边都不平整。

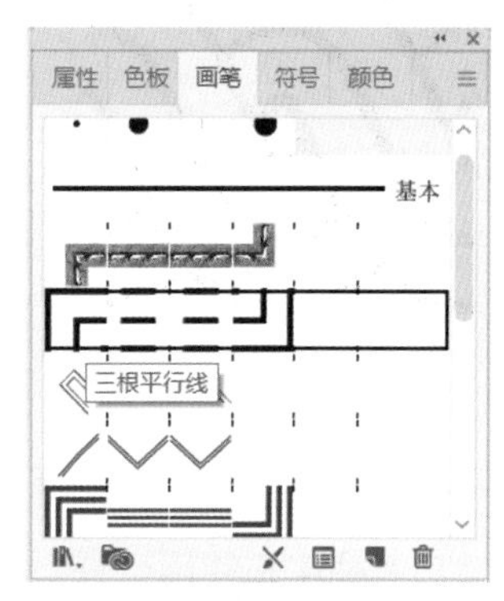

图 6-57　应用“三根平行线”画笔

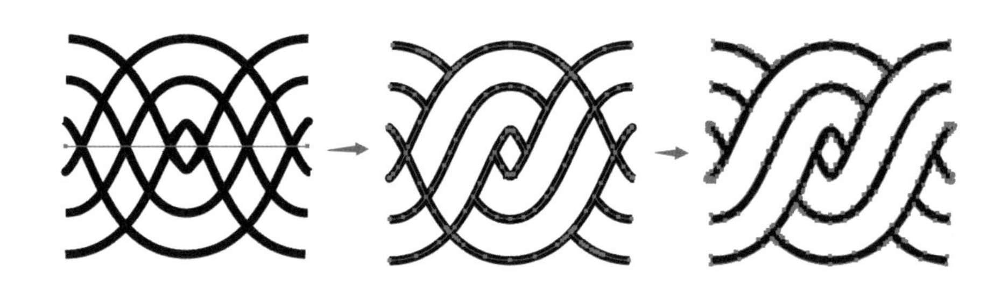

图 6-58　扩展后整形

Step05 为了使曲线图形左右两边平整，便于后期的无缝拼接，需要进一步修整。使用“矩形工具”绘制一个矩形，确保矩形左右两条边线与曲线相交叉，同时选中矩形与曲线后，依次单击控制栏上的“垂直居中对齐”与“水平居中对齐”按钮，效果如图 6-59 所示。

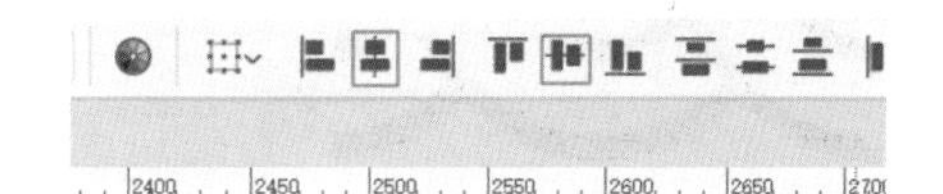

图 6-59　居中对齐

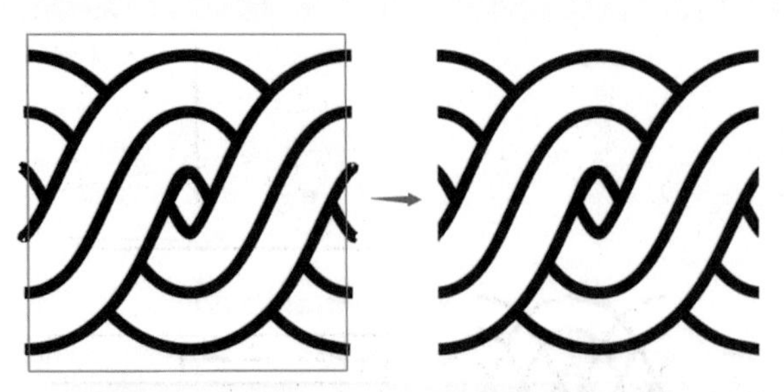

图 6-60　基本单元

Step06 先使用“形状生成器”工具，配合“Alt”键剪掉矩形框以外的部分，再删掉矩形框，得到如图 6-60 右图所示的图形，即完成了一个基本单元的绘制。

3）定义绞索纹图案画笔

Step01 先使用“移动工具”框选基本单元，将其拖入“画笔”面板，在弹出的“新建画笔”对话框中选择“图案画笔”选项后单击“确定”按钮。再一次弹出“图案画笔选项”对话框，设置名称与各部分的对齐方式后单击“确定”按钮，即可完成新图案画笔的定义。

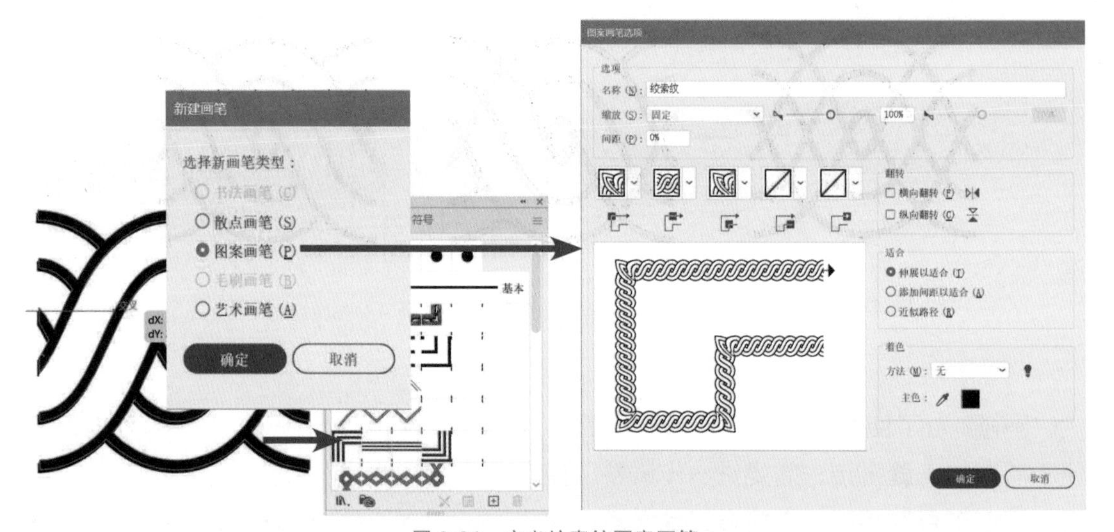

图 6-61　定义绞索纹图案画笔

Step02 定义绞索纹图案画笔时，曲线的凹凸程度、三根平行线的间距等都会影响最后的呈现结果，如图 6-62 所示为不同细节的不同呈现效果。

图 6-62　不同细节的不同呈现效果

4）使用绞索纹图案画笔完成彩陶瓶图案部分绘制

Step01 参考彩陶瓶原图，使用“矩形工具”绘制多个黑色与橙红色（#FF6600）矩形，如图6-63所示。

图6-63 绘制多个矩形

Step02 使用“直线工具”绘制直线，并使用“画笔”面板中的绞索纹图案画笔描边，得到二方连续的绞索纹图案，如图6-64所示。

图6-64 应用绞索纹图案画笔

Step03 执行菜单命令【对象】|【扩展外观】，将绞索纹图案画笔扩展为对象。在绞索纹图案下方绘制一个橙红色（#FF6600）矩形，如图6-65所示。

图6-65 扩展画笔并绘制矩形

Step04 框选矩形与绞索纹图案，使用“形状生成器”工具整形，得到内部图形并编组，如图6-66所示。

图6-66 整形并编组

Step05 将整形、编组后的绞索纹图案移动到矩形中，使用“剪切蒙版”修整，得到彩陶瓶花纹展开图最终的效果，如图6-67所示。

图6-67 彩陶瓶花纹展开图

Step 06 定义好的绞索纹图案画笔还可以直接应用到各种路径上用于辅助设计，例如，如图 6-68 所示的大溪文创杯垫设计（为了更好地观察，将左图设置为轮廓视图），如图 6-69 所示的大溪文创手提袋设计等。

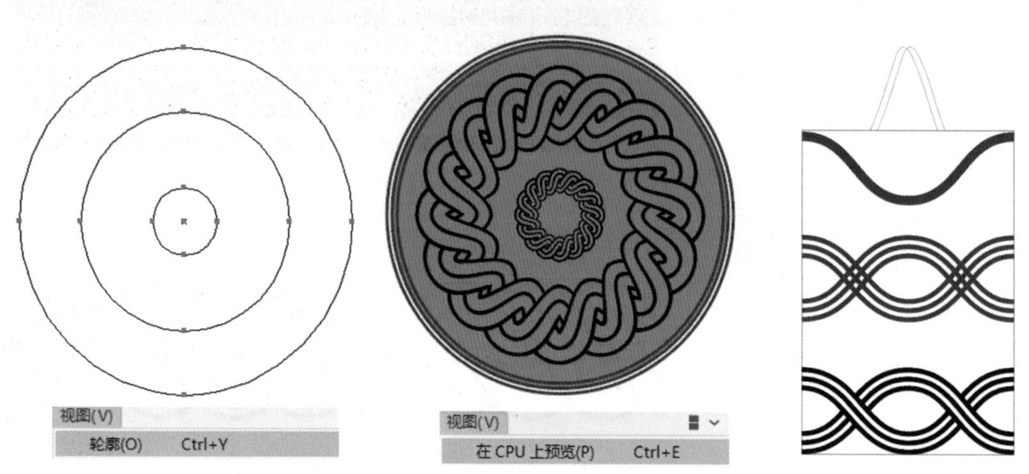

图 6-68 大溪文创杯垫设计

图 6-69 大溪文创手提袋设计

Step 07 掌握了绞索纹图案画笔定义的方法后，可以延伸出更多基本形的创作与运用，如图 6-70 所示。

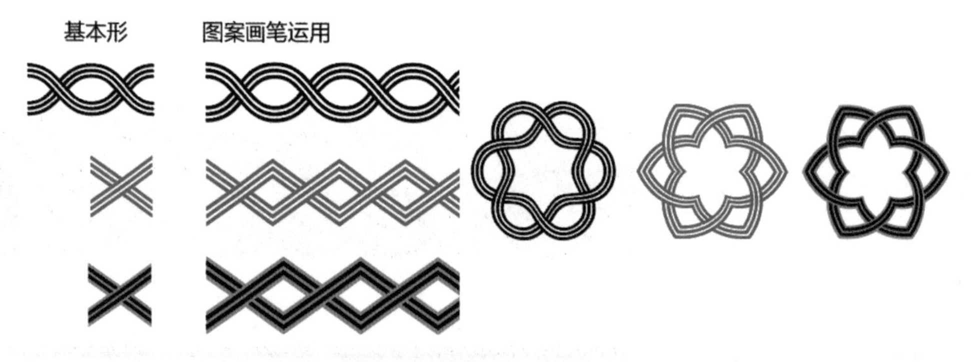

图 6-70 更多绞索纹图案画笔

6.2.4 同步练习

参观就近的博物馆或浏览博物馆网站，选择带有自己喜欢的传统纹样的物件，并将纹样绘制成矢量图形。

第 7 章

生肖主题系列图标设计与绘制

7.1 项目需求解读

主题系列图标能引人注目，强化品牌，扩大品牌影响力。平常生活中最常见的应该是手机主题图标了，主题商店里提供了数不胜数的系列主题，风格各异，选择多样。另外还有利用事件、IP 打造的主题，节日主题等，例如，粉色旅行主题系列图标、愤怒的小鸟主题系列图标、圣诞节主题系列图标，如图 7-1 所示（图片来源于站长素材网）。

图 7-1　各种主题系列图标

本项目要求以十二生肖为题材进行生肖主题的图标设计，要求突出特征，风格统一。

7.2 关键知识点与设计制作技巧

本项目要求绘制一套以中国传统文化的十二生肖动物头像为主题的图标，既要体现各个动物的特点，又要保持风格的一致性。在开始设计制作之前，最重要的是去了解产品的背景、功能，同时可以参考类似案例。关于生肖的设计作品非常多，而且风格多样。

主题系列图标绘制还有一个很大的优点：相同或相似元素多，可以直接复制、修改，重复利用，进而大大提升工作效率。

7.3 项目设计制作实录

十二生肖动物图标设计与制作

启动 Illustrator，新建一个文档，设置名称为“12 生肖动物图标”，宽度为“600px”，高度为“600px”，颜色模式为“RGB 颜色，8 位”，背景内容为白色，栅格效果为屏幕（72ppi），预览模式使用默认值，单击“创建”按钮。

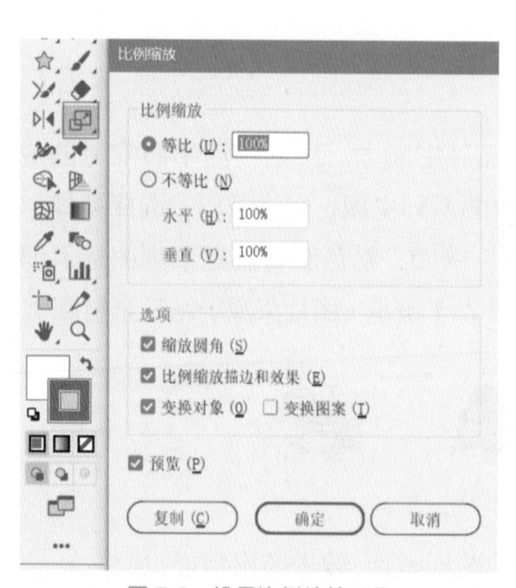

图 7-2　设置比例缩放工具

制作之前可以先做好以下准备：双击工具箱中的“比例缩放工具”，在“比例缩放”对话框中勾选“缩放圆角”和“比例缩放描边和效果”复选框，如图 7-2 所示，便于制作时边框随整体一起放大或缩小。

使用“矩形工具”和“文字工具”，在“配色”图层中，绘制配色图块，放置在画板左侧，便于绘制的时候方便取色。本项目中用到的所有颜色都在图中做了详细标注，下文都简称其颜色名称。在“网格与文字”图层中，绘制浅蓝色圆形（96×96px）作为图标背板，并输入文字作为提示，如图 7-3 所示。（注意整个项目案例中所有颜色及参数配置可以根据自己的喜好进行设定。）完成所有绘制后，单击“锁定”按钮，将这两个图层锁定起来，以免误操作。在“配色”图层的上方新建图层“ICON”，接下来将在“ICON”图层里完成所有图标的绘制。

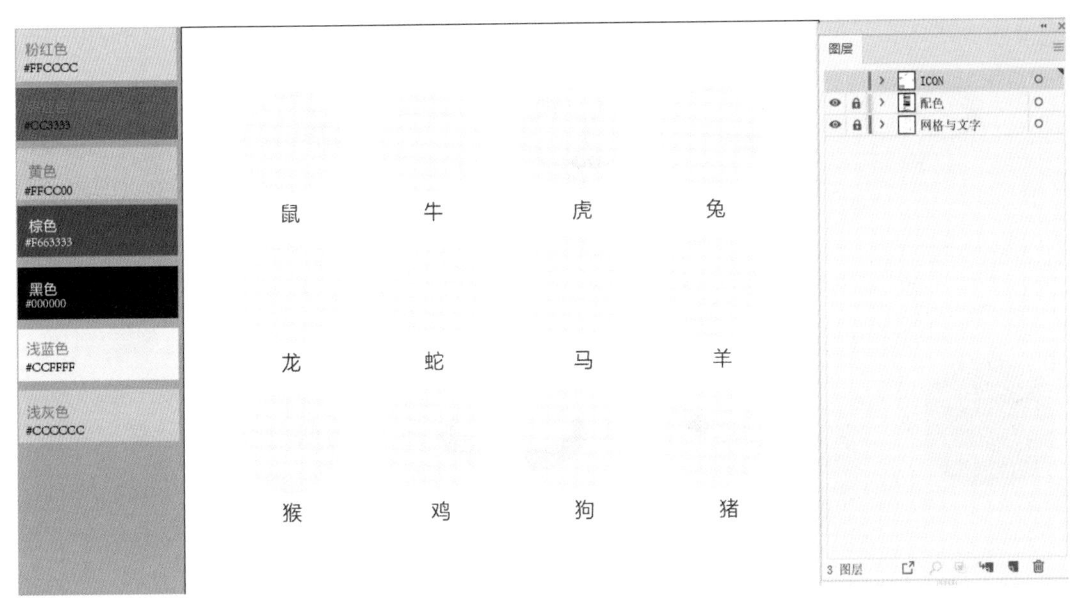

图 7-3　绘制配色图块和背板

1. 鼠

Step 01 使用“椭圆工具”在网格范围内的上方绘制一大一小的两个正圆形，水平居中、底部对齐、相切排列，并将两个圆形进行编组。双击“旋转工具”，在“旋转”对话框中输入角度“45°”，单击“确定”按钮。再使用“镜像工具”在它们的右边镜像复制一个副本，使用“形状生成器”单击两组圆之间的块面，并填充颜色，如图 7-4 所示。

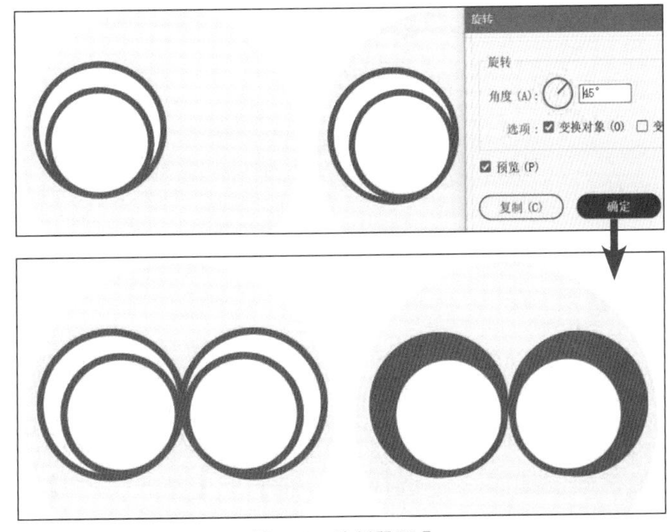

图 7-4　绘制鼠耳朵

Step02 使用“星形工具”绘制一个三角形，右击，在右键快捷菜单中选择【排列】|【置于底层】命令，得到一个类似桃心形的头部图形，编组作为头部。使用“椭圆工具”绘制一黑一白两个正圆形，组合在一起，将略小的白色圆形放置在黑色圆形的上方组成眼睛，通过复制得到另一只眼睛，编组作为双眼。使用“直线工具”直接绘制三根直线，最上面的最长，依次递减长度，使用垂直居中分布与水平居中对齐，让直线间距相同，编组作为胡须。将三部分进行组合并使用水平居中对齐，得到完整图标。

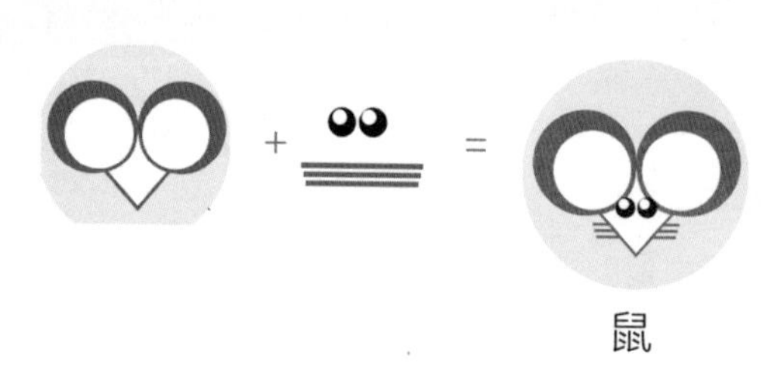

图 7-5　绘制鼠眼睛与胡须并统一描边

最后为了效果的统一性，我们将该图标中所有描边再次统一设置为“1pt”，让图标中的线性元素看上去一致，如图 7-5 所示。

2. 牛

整个牛的头像采用圆角矩形和椭圆形来完成，如图 7-6 所示为其中的基本元素。

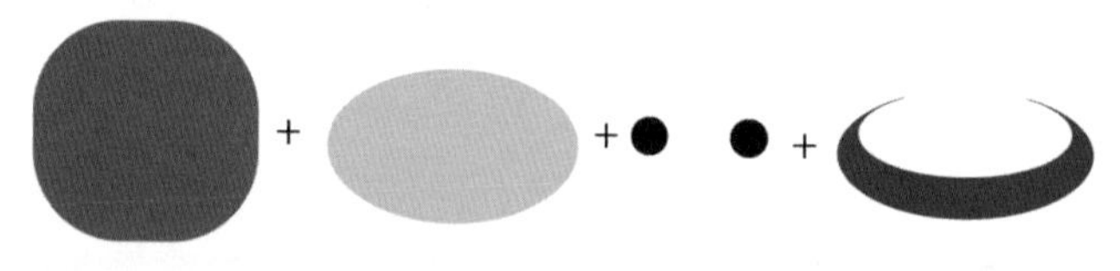
图 7-6　基本元素

Step01 使用“圆角矩形”绘制一个深红色的矩形，选中“直接选择工具”，在其控制栏上设置边角为“8mm”，拖曳圆角矩形使其变得圆润，作为头顶。

Step02 使用“椭圆工具”直接绘制一个粉红色的椭圆形，使其盖住一半的深红色圆角矩形，框选二者，使其水平居中对齐，得到如图 7-7 所示效果。

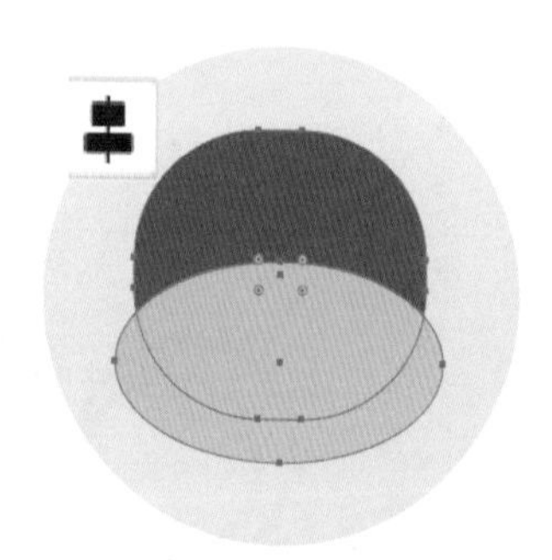
图 7-7　头部外形

Step03 使用“椭圆工具”在头顶绘制两个水平居中对齐的顶部交叉的椭圆形；使用“形状生成器”将形状修剪为牛角的形状，并设置填色为棕色，无描边；右击牛角形状，在右键快捷菜单中选择【排列】|【置于底层】命令，效果如图 7-8 所示，完成牛的头部外形的制作。

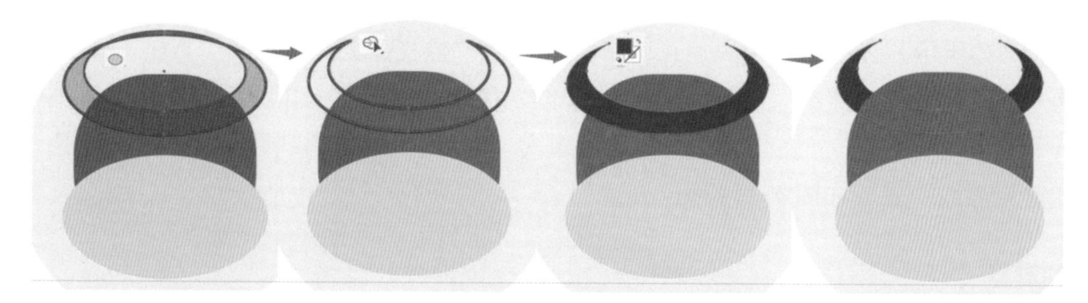

图 7-8　绘制牛角

Step04 使用“椭圆工具”直接绘制两个等大的黑色正圆形分散放置在粉红色椭圆形上，设置其与粉红色椭圆形水平居中对齐，作为鼻孔。

Step05 选择画板中鼠的双眼，按住“Alt”键直接拖动复制到牛图标上，适当调整大小与位置，完成牛图标的制作，效果如图 7-9 所示。

3. 虎

Step01 绘制双耳。使用“椭圆工具”绘制一个深红色正圆形和一个较小的黑色正圆形，同时选中后单击控制栏上的“水平与垂直居中对齐”按钮，形成同心圆，进行编组，并复制一份作为双耳。

牛

图 7-9　牛图标

Step02 绘制虎头。使用“椭圆工具”绘制一个较大的深红色正圆形。将两只耳朵移动到大圆形顶部的两侧，让大圆形对耳朵产生遮挡，如图 7-10 所示。

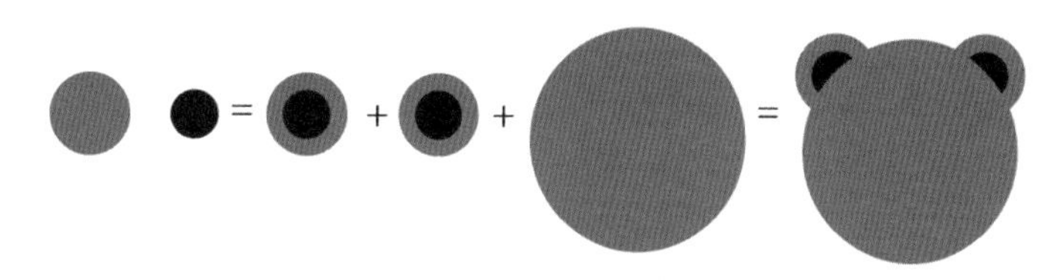

图 7-10　绘制虎头

Step03 绘制下颚。选中头部大圆形，按住“Alt”键向下移动复制，再使用“形状生成器”修剪出下颚形状，并设置该区域填色为粉红色，如图 7-11 所示。

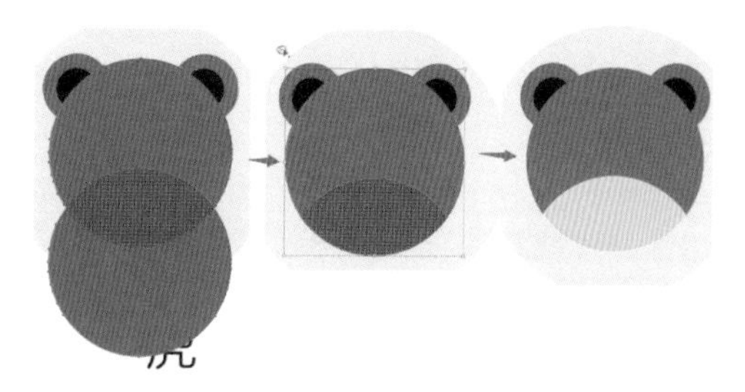

图 7-11　绘制下颚

Step04 绘制五官。使用“椭圆工具”绘制两个等大的黑色正圆形作为眼睛，如图 7-12 所示。先绘制一个黑色正圆形，再使用“橡皮擦工具”配合“Alt”键，“块状”擦除，擦掉上半截，得到一个半圆形作为鼻子，如图 7-13 所示。使用“钢笔工具”绘制两条左右对称的曲线，设置描边为“2pt”，边角为“圆头端点”，黑色，模拟嘴巴的形状，如图 7-14 所示。

图 7-12　绘制眼睛

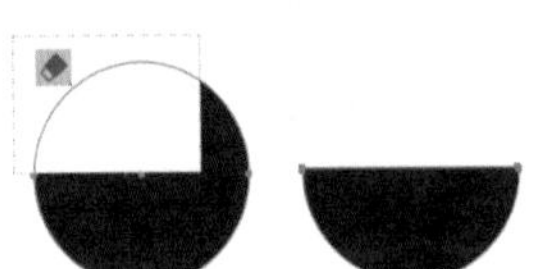

图 7-13　绘制鼻子

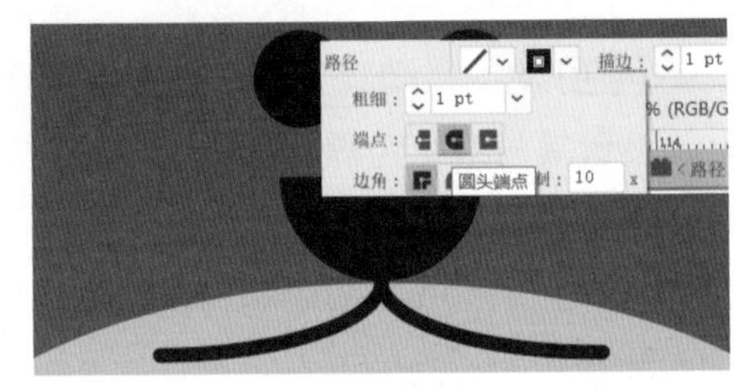

图 7-14　绘制嘴巴

图 7-15　绘制胡须

Step05 绘制花纹。使用“椭圆工具”在脸庞上绘制 6 个椭圆形，再全选整个图标的对象，使用“形状生成器”，配合“Alt”键，将超出头部大圆的部分剪掉，如图 7-16 所示。最后在额头上使用“矩形工具”绘制一个等粗的黑色“王”字，完成虎图标的制作，效果如图 7-16 所示。

图 7-16　虎图标

4. 兔

Step01 绘制耳朵。在兔图标的背板上绘制一个白色的椭圆形，按“Ctrl+C”组合键与“Ctrl+F”组合键执行同位粘贴，将得到的椭圆形填色修改为深红色。使用“移动工具”，按住“Alt+Shift”组合键将椭圆形向中心缩小。将两个椭圆形编组后向左适当旋转，得到一只倾斜的耳朵。使用“镜像工具”复制出另一只耳朵，步骤及参数设置可以参考图 7-17。

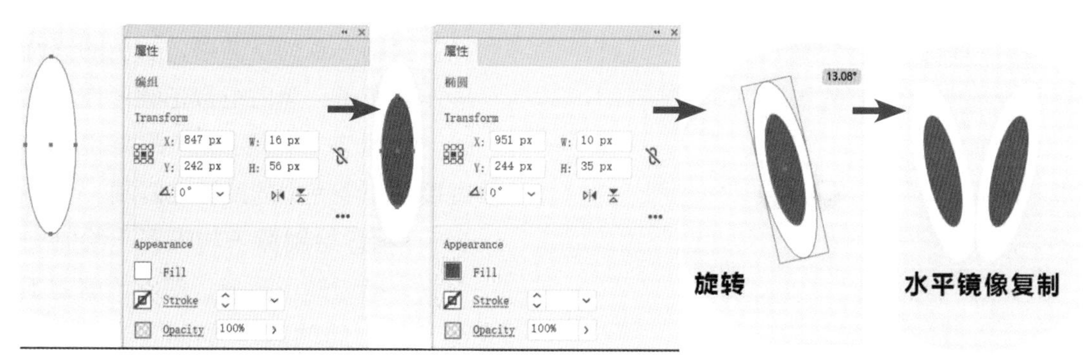

图 7-17　镜像复制

因为耳朵已被编组，所以可以双击画板上右边的耳朵进入隔离模式。拖动复制白色椭圆形并适当调整其位置与方向，产生折耳的效果。使用“形状生成器”整形，如有必要还可以使用“平滑工具”对整形后的白色区域路径进行平滑处理，如图 7-18 所示。

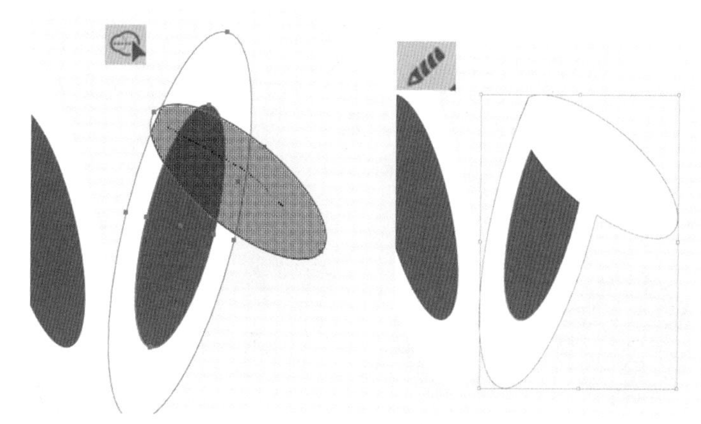

图 7-18　耳朵整形

★小技巧：使用隔离模式时，无须考虑对象位于哪个图层，也无须手工锁定或隐藏不希望编辑操作影响的对象。而不属于隔离组的所有对象都将被锁定，从而免受编辑操作的影响。

Step02 绘制头部。使用“椭圆工具”在耳朵上层直接绘制一个白色正圆形，适当调整位置，如图 7-19 所示。

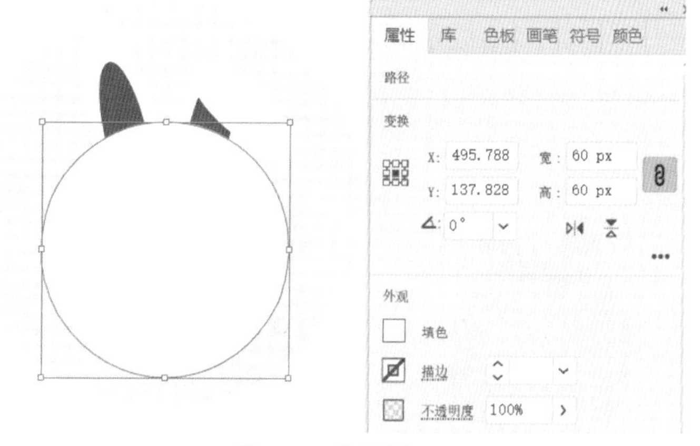

图 7-19　绘制头部

图 7-20　正圆鼻子

Step03 绘制五官。使用“椭圆工具”绘制一系列正圆形，棕色的正圆形作为鼻子，黑白组合正圆形作为眼睛，如图 7-20 所示。（眼睛也可以直接从已经完成的图标上复制。）

图 7-21　兔图标

Step04 绘制鼻子与嘴巴。绘制一个只有描边的正圆形，使用“剪刀工具”在中间的两个锚点上单击，剪断闭合的正圆形路径，将其一分为二，再将上半个半圆形进行旋转、移动，形成一个倒“3”形状，移动至鼻子正下方，完成兔图标的制作，如图 7-21 所示。

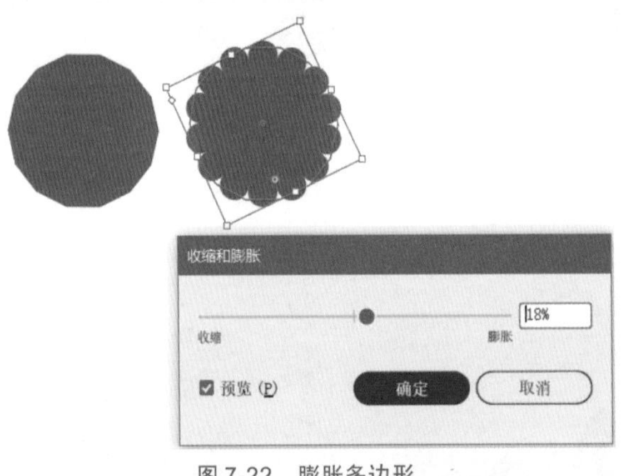

图 7-22　膨胀多边形

5. 龙

Step01 绘制外形。选择“多边形工具”，配合“↑”方向键绘制一个 14 边形。执行菜单命令【效果】|【扭曲和变换】|【收缩和膨胀】，将 14 边形膨胀为一个花朵模样，如图 7-22 所示。

图 7-23　犄角与眼睛

Step02 绘制犄角与眼睛。使用“斑点画笔工具”，直接在龙头上绘制犄角，并使用“镜像工具”复制得到另一只，将两只犄角编组并置于底层。使用“椭圆工具”绘制眼睛，主要通过黑白颜色的对比完成，如图 7-23 所示。

Step03 绘制鼻子。绘制一个正圆形，使用“螺旋线工具”配合“↑”“↓”方向键，绘制一个类似于“6”的图形，镜像复制一份后，将两个螺旋线编组。框选以上全部对象，再次统一设置填色为粉红色，描边为“1pt”，单击控制栏上的“水平居中对齐”按钮，并使正圆形刚好遮盖住螺旋形之间的空白。绘制两个黑色小圆形放置在螺旋线内侧作为鼻孔，得到如图7-24所示的鼻子效果。

图7-24 绘制鼻子

Step04 绘制龙须。使用“钢笔工具”在鼻子下层绘制一条“S”形曲线作为龙须，设置无填色，描边为“2pt”，宽度配置文件为一头大一头小的形状。选择“镜像工具”，出现旋转中心时，按住“Alt”键将旋转中心移动到鼻子中间，再松开“Alt”键，在弹出的“镜像”对话框中单击“复制”按钮，得到另一根龙须，如图7-25所示。

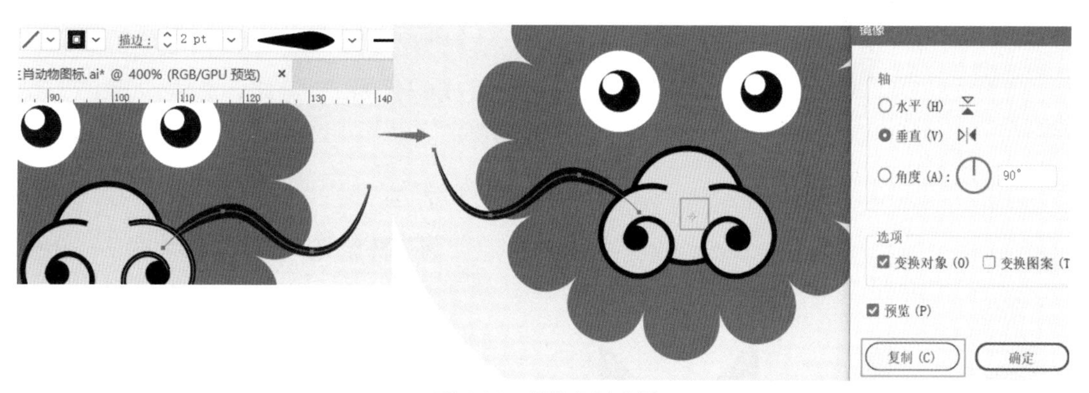

图7-25 镜像复制龙须

适当微调，完成龙图标的制作，效果如图7-26所示。

龙

图7-26 龙图标

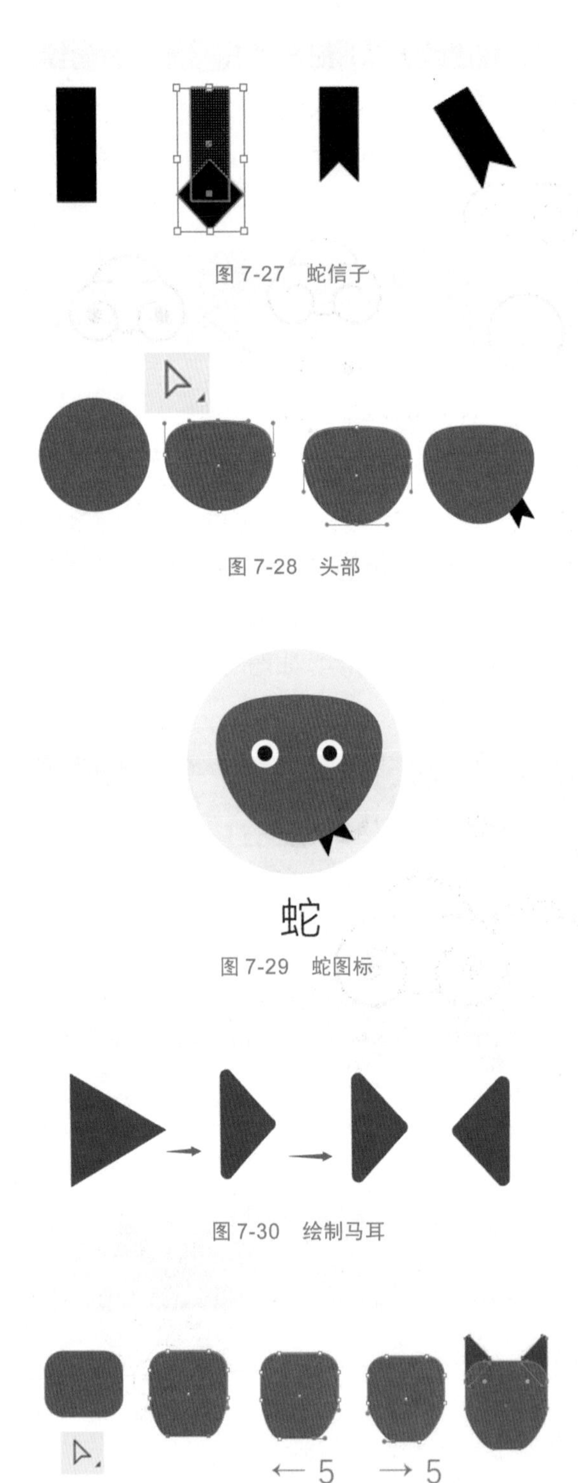

图 7-27 蛇信子

图 7-28 头部

图 7-29 蛇图标

图 7-30 绘制马耳

图 7-31 绘制马头

6. 蛇

Step01 绘制蛇信子。绘制一个黑色的长方形与正方形，将正方形旋转45° 后与长方形水平居中对齐，相交叉于长方形的底部，并使用“形状生成器”工具修剪形状，向左旋转修剪后的图形，作为蛇的信子，如图 7-27 所示。

Step02 绘制头部。绘制一个椭圆形，使用“直接选择工具”分别对上、下顶点进行适当调整，先单击选中顶部锚点向下移动，再选中底部锚点向下移动，得到蛇头部外形。将头部移动到信子上方适当位置，如图 7-28 所示。

Step03 绘制眼睛。使用“椭圆工具”绘制外白内黑的同心圆作为眼睛，拖动复制得到副本，适当调整位置关系。完成蛇图标的制作，效果如图 7-29 所示。

7. 马

Step01 绘制耳朵。参考图 7-30 使用“新型工具”绘制一个左边垂直于水平线的三角形，适当调整圆角与三角形的形状，将其作为耳朵，并利用“镜像工具”复制另一只耳朵。

Step02 绘制马头。使用“圆角矩形工具”绘制一个圆角矩形，使用“直接选择工具”框选底部两个锚点，按“↓”方向键往下移动适当距离。再分别单独选中底部左右锚点，按“→”“←”方向键各 5 次朝中间靠拢。最后调整马头部与双耳的位置关系，得到头部形状如图 7-31 所示。

Step03 绘制刘海。使用“多边形工具”绘制一个正六边形，执行菜单命令【效果】|【扭曲和变换】|【收缩和膨胀】，将正六边形膨胀为花朵形状，执行菜单命令【对象】|【扩展外观】，将膨胀效果扩展成对象，最后使用“移动工具”压缩其高度并放置到头部中间，如图7–32所示。

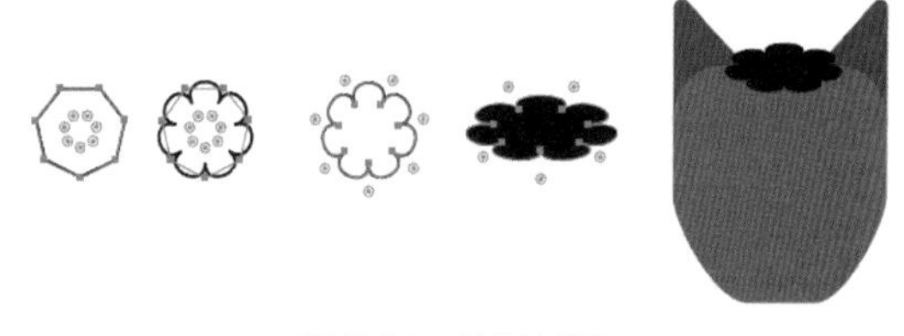

图7-32　绘制刘海

Step04 复制眼睛。从已经完成的牛图标中复制得到双眼，并适当调整位置。

Step05 绘制鼻子。先绘制一个较大的红粉色椭圆形与头部水平居中对齐，并放置在头部底端。再绘制两个黑色小椭圆形并适当倾斜作为鼻孔。完成马图标的制作，如图7–33所示。

马

图7-33　马图标

8. 羊

Step01 绘制头部外形。用龙图标外形的绘制方法，绘制一个白色的花朵形状。

绘制一个粉红色的正圆形放置在头部外形的上层，并使二者水平、垂直居中对齐，如图7–34所示。

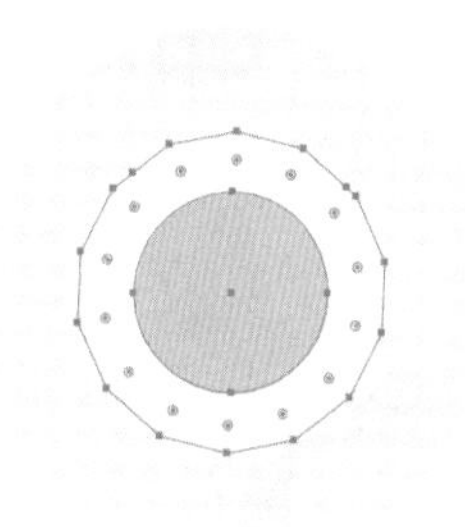

羊

图7-34　绘制脸与头部外形

Step02 绘制刘海。选择花朵状白色外形并复制，使用“移动工具”适当拖放大小与形状，右击，设置为置于顶层，将其放在头顶确保能遮盖住部分脸庞，并且不超出头部外形区域，如图7–35所示。

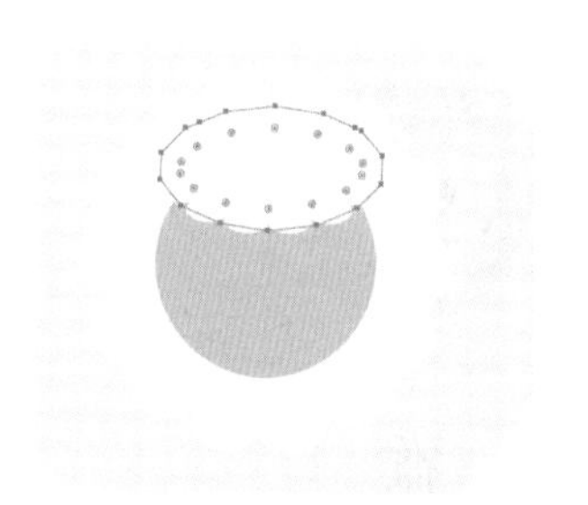

图7-35　绘制羊的刘海

图 7-36　绘制耳朵

Step03 绘制耳朵。使用“椭圆工具”绘制一个深红色的椭圆形，适当旋转产生倾斜效果后作为耳朵，镜像复制得到另一只耳朵。适当调整位置，将双耳置于粉红色脸庞之下，白色花朵头部外形之上。

羊
图 7-37　羊图标

Step04 复制修改。通过复制龙的眼睛、兔的嘴鼻，并适当调整大小、位置，完成羊图标的制作，如图 7-37 所示。

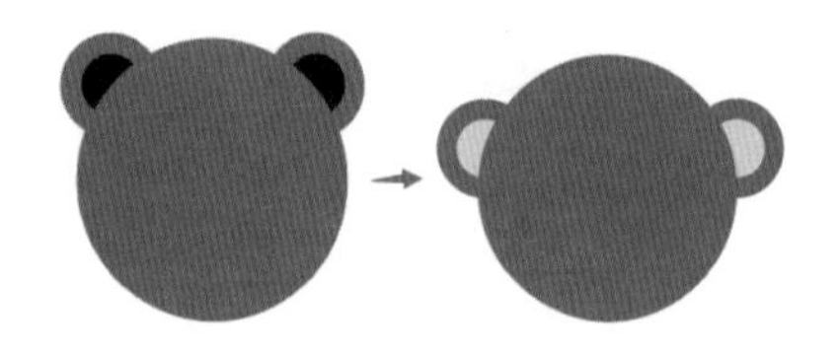
图 7-38　复制修改

9. 猴

Step01 绘制头部外形。复制虎图标的耳朵与头部外形，并将双耳位置调整到接近水平的位置，更改耳朵内圆为红粉色，作为猴的头部外形。

图 7-39　绘制脸型

Step02 绘制脸型。使用“椭圆工具”绘制 3 个粉红色圆形，作倒“品”字形排列，注意对象间的对齐关系，得到猴子标志性的脸型，如图 7-39 所示。

猴
图 7-40　猴

Step03 按住“Alt”键，拖动复制蛇图标中的眼睛到猴子脸庞最上层，适当调整。最后再用“椭圆工具”绘制两个等大的黑色小正圆形作为鼻孔。完成猴图标的制作，效果如图 7-40 所示。

10. 鸡

Step01 绘制深红色正圆形作为头部外形，并复制龙图标中的眼睛放置于头部上层，在头顶绘制一个深红色小椭圆形（与头部外形同色）。

Step02 在眼睛下方绘制一个白色小椭圆形，使用“直接选择工具”选中其垂直方向中间的两个锚点，在控制栏上设置转换为尖凸点，得到嘴巴外形，如图 7-41 所示。

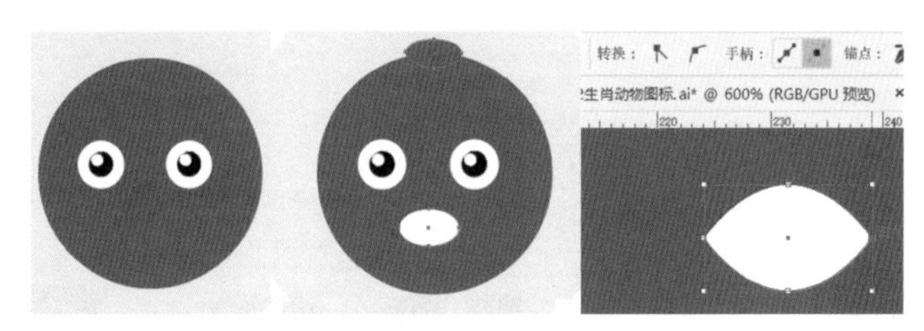

图 7-41 鸡嘴巴

Step03 适当旋转头顶小椭圆形，模拟小鸡冠。完成鸡图标的制作。如图 7-42 所示。

图 7-42 鸡图标

11. 狗

Step01 绘制头部。选择“椭圆工具”绘制一个正圆形，然后为这个椭圆形应用膨胀效果，执行菜单命令【效果】|【扭曲和变换】|【收缩和膨胀】，再执行菜单命令【对象】|【扩展外观】，使用“平滑工具”适当涂抹路径，使其平滑，参考图 7-43 ，得到头部外形。

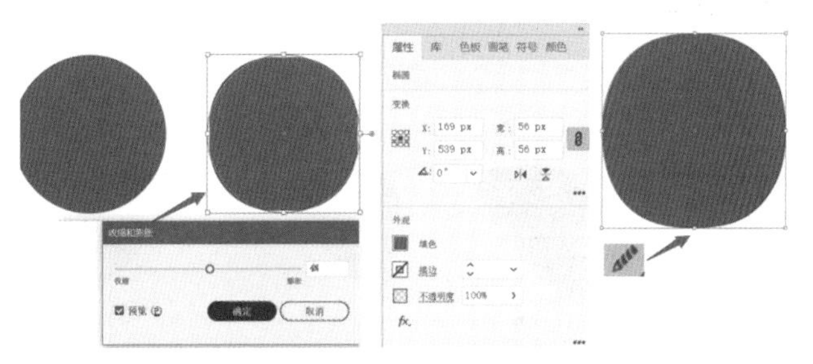

图 7-43 绘制狗头部

Step02 绘制眼睛。使用“椭圆工具”绘制一个白色的椭圆形，适当向左旋转。然后在椭圆形内部配合“Shift”键绘制一个小一点的黑色正圆形，再绘制一个更小白色的正圆形作为眼睛的高光。将整个眼睛编组后放在头部的左侧。选中左眼，使用“镜像工具”复制，得到右眼。这样就得到了狗的双眼，如图 7-44 所示。

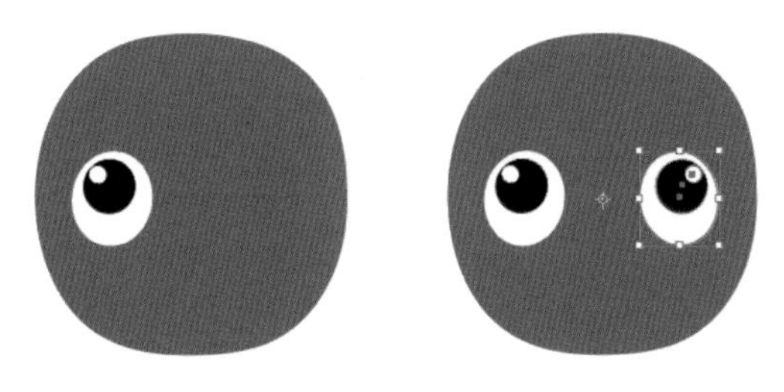

图 7-44 绘制狗眼睛

Step03 绘制口、鼻。使用“圆角矩形工具”绘制一个棕色的椭圆形（13×22px），拖动小圆点改变圆角到最圆。拖动复制得到一个副本，将副本旋转 90°。框选两个棕色圆角矩形，设置左对齐、顶对齐，将二者旋转 315°，得到一个向上的桃心形状。使用“形状生成器”将桃心图形合并，适当拖放调整形状，得到如图 7-45 所示的心形效果。

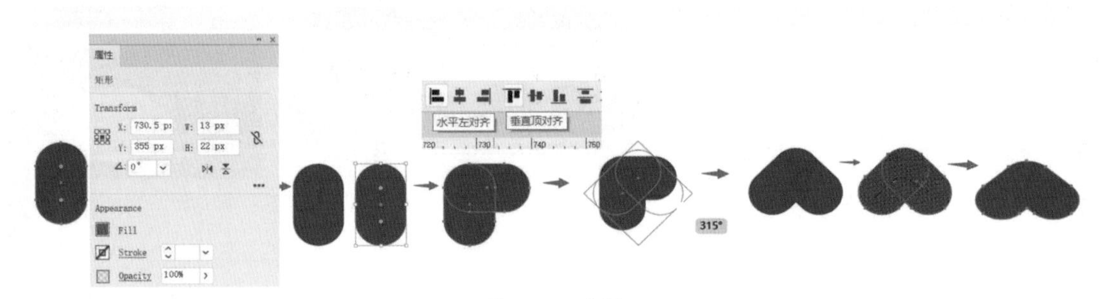

图 7-45　心形

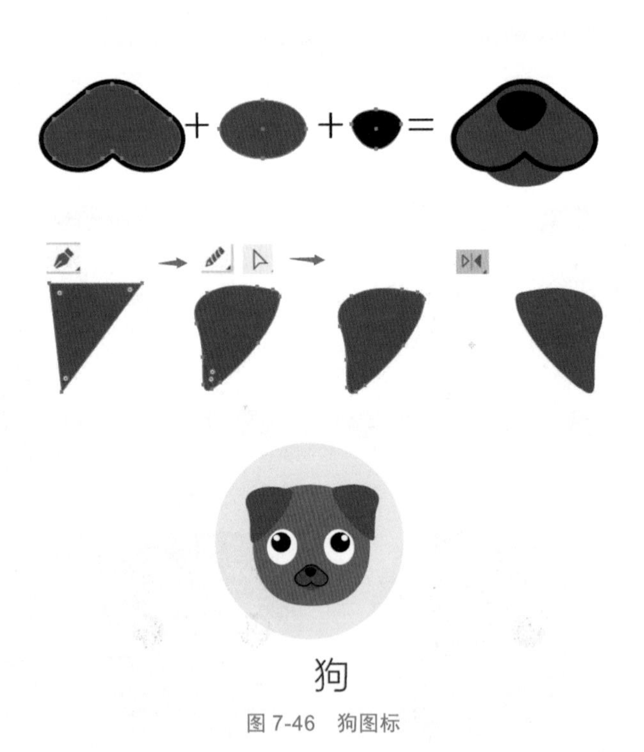

图 7-46　狗图标

设置心形的填色为棕色，居外黑色描边。再绘制一个棕色椭圆形，放置在心形底层，只露出部分即可。用绘制蛇图标头部外形的方法绘制一个黑色小鼻子，放置于心形顶层，设置三者水平居中对齐。

Step04 绘制耳朵。使用“钢笔工具”绘制一个闭合的三角形，再使用“直接选择工具”与“平滑工具”对三角形进行调整，直到圆滑度满意，最后使用“镜像工具”复制，完成一对狗耳朵。

Step05 整体调整。将双耳移动到绘制好的头部顶层，并适当调整对象间的关系，完成狗图标的制作，效果如图 7-46 所示。

12. 猪

为了更夸张地表达猪头的外形特点，整个猪图标都采用正圆形完成组合。制作方法与前面类似，需要特别注意对象间的对齐关系，完成效果如图 7-47 所示。

图 7-47 猪图标

设计无止境。最后，整体检查画板，仔细观察对比，根据自己的理解，对全套生肖图标进行最终的统一调整，如图标的整体大小、图标在背板中的位置等。在最终的效果图中，为了色调的统一性，我们重新设定了鼠与狗的配色；为了眼睛的相似性，我们替换了虎的眼睛等。最后得到全套十二生肖动物头像图标，如图 7-48 和图 7-49 所示，其中图 7-49 是在图 7-48 基础上转换的单色线性图标。

图 7-48 全套生肖图标

图 7-49 线性生肖图标

如图 7-50 至图 7-53 所示是部分学生完成的本章课堂实录的生肖图标。

图 7-50　学生作品 1

图 7-51　学生作品 2

图 7-52　学生作品 3

图 7-53　学生作品 4

7.4 相关知识

十二生肖的文献记载始于东汉，它的起源与动物崇拜有关。十二生肖，又称属相，它是十二地支的形象化代表，这十二种动物包括鼠、牛、虎、兔、龙、蛇、马、羊、猴、鸡、狗、猪，每个人都以其出生年的象征动物作为生肖。十二生肖是中国民间计算年龄的方法，也是一种十分古老的纪年法，十二生肖循环一次为一轮。

在中国，生肖文化深入人心，融入了人们的生活，甚至从动物上升到神格，受到人们的尊崇和膜拜。只有将自然生灵与文化神格相结合，才能构成完整的生肖动物印象。下面就是一些不同风格的十二生肖作品，如图 7-54 所示为剪纸风的十二生肖，如图 7-55 所示为 Missoni Home 的十二生肖家饰设计，如图 7-56 所示为十二生肖文字型图标。

图 7-54　剪纸生肖

图 7-55　生肖家饰

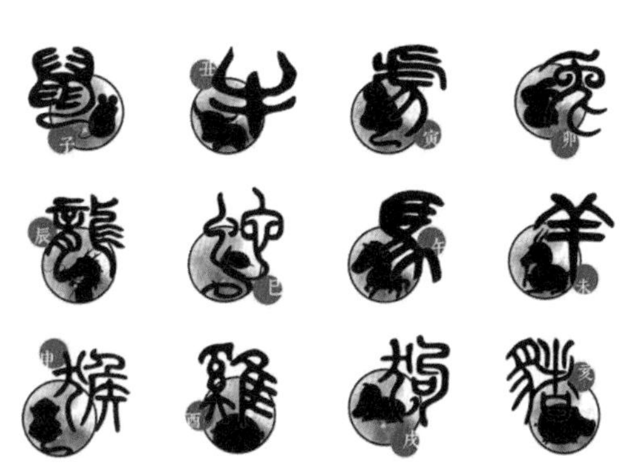

图 7-56　生肖文字

7.5 同步练习

1. 自选主题绘制系列图标。
2. 自选风格绘制一套十二生肖动物头像图标。

第 8 章

表情包设计与绘制

8.1 项目需求读解

在 Illustrator 中绘制表情包，和绘制图标、插画等一样，都是通过简单形状的绘制与组合实现的。一般微信表情尺寸大小是 240×240px，小一点也可以 200×200px 或 100×100px，建议不要超过 300×300px，太大的话就要单击微信图片才能看到完整的表情图了。微信添加图片大小通常不要超过 500KB。所以在 Illustrator 中绘制时，我们可以依据这些规定进行大小设定。表情包制作完成后，最好导出为 GIF 或 PNG 格式的图片，这两种格式支持透明信息，可以提供更好的用户体验。

8.2 表情包的绘制方法

表情包绘制方法大致分为以下四步。

1. 确定文案

制作表情包之前要先确定文案，大开脑洞进行一些词汇的头脑风暴，然后再根据文案进行创作。文案可以作为表情包的补充，可以显示在表情包中，也可以只作为系统提示文字，不出现在发送效果中。

2. 绘制表情（通常只画眉、眼、鼻、口）

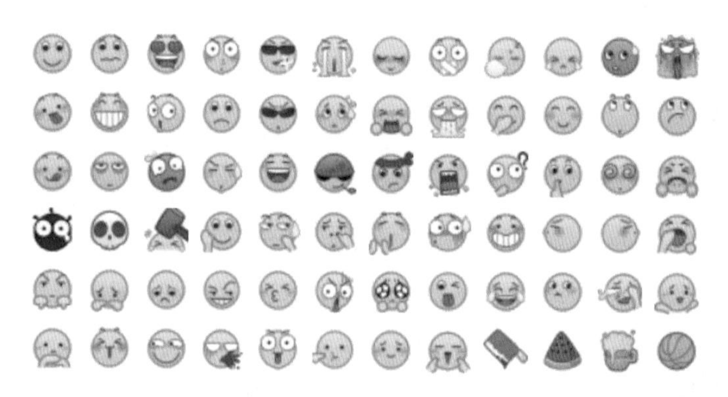

图 8-1　QQ 经典表情包

通常一套表情包的绘制与表现手法是一致的，如描边粗细、填色搭配、绘制风格等。比如，这一套文字型的表情包，^ ﹏ ^　~_~　>_<　#_#　(^_^)　-_-ll，都是由线性元素组成的。又如腾讯 QQ 的经典表情包（如图 8-1 所示），背景都是黄色大头。

每种表情都有其代表性的特征：开心的表情，眉、眼都是弯弯的，嘴角是上扬的；悲伤的表情，眼睛是饱含泪水的，眉头是紧皱的；绝望的表情，有目光呆滞的，口吐鲜血的……一边绘制一边观察，总能创造出有意思的作品。

微信表情包的版面有 16 个、24 个两种规格，设计绘制之前可以对关键词进行筛选，好的文案也与表情发送次数相关联。寻找表情词汇时，往往可以找一些当下流行的词语，或者聊天中经常会用到的一些词语。

3. 形象的设计，即绘制装表情的容器（可以是人、动物，以及一切拟人化的事物）

一套好的表情包，制作精良是一方面，形象也很重要。它决定了表情如何运动，如何表现关键词的含义。完整的形象设定通常需要绘制三视图，当然这需要一定的美术造型、透视运动等相关知识辅助。

4. 将表情与容器合成

合成就是把符号放在“脸”上，有时还需要配合调整动作，加上发型、头饰及面部装饰，如眼镜等，可以把形象的特征表现得更加淋漓尽致。如图 8-2 所示，小纯纯老师的作品熊猫频道中的熊猫形象，就被设定了多个视点与动作。

图 8-2 熊猫表情包

如图 8-3 所示为学生完成的获得学院奖的作品，小快克表情包的制作，展示了简单的表情包的制作过程。首先设计绘制了小快克熊的外形，再绘制相关表情，这里采用的很多相似的元素以保证整套表情包的风格统一（配色一致，粉红与黑色；眉毛形状一致等）。如图 8-4 所示为整套表情包效果(作者: 祝若男)。

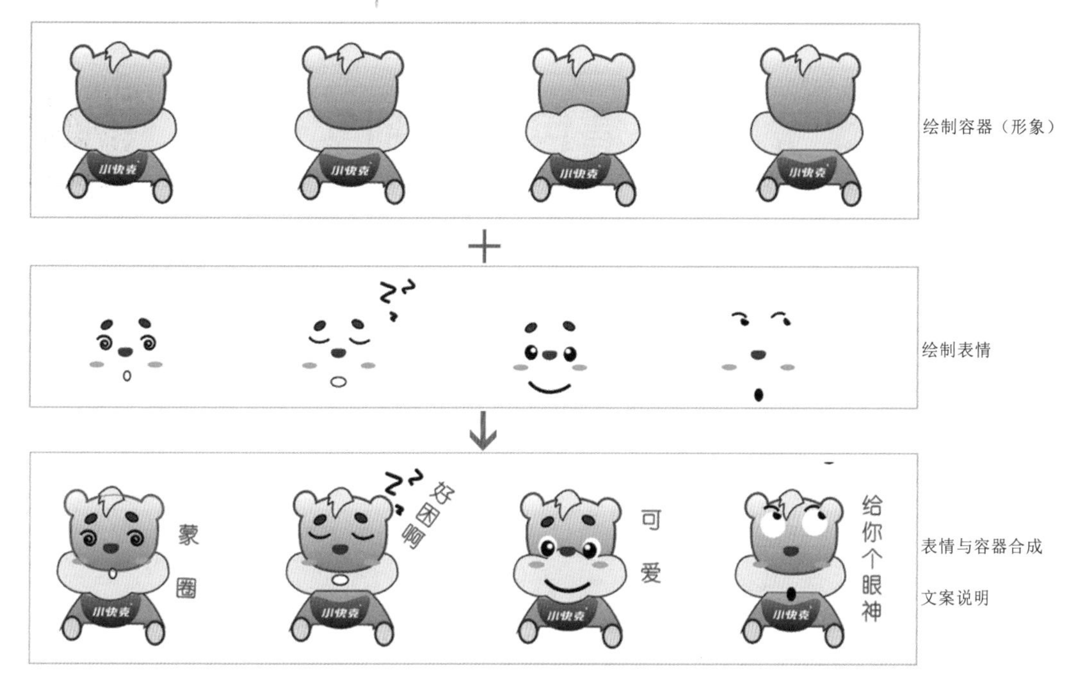

图 8-3 表情包制作过程

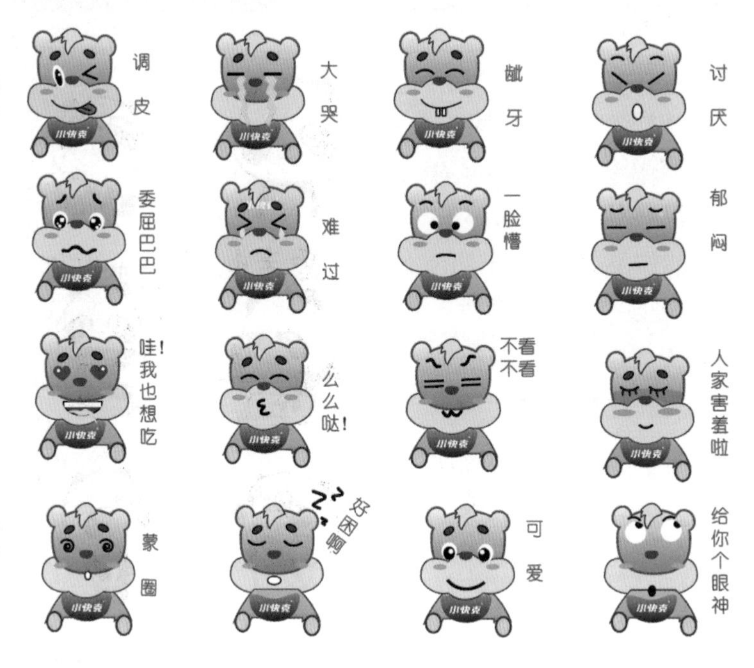

图 8-4　学院奖作品小快克表情包

8.3 表情包的绘制实例

表情包的绘制

1. 确定文案

根据潮流风尚、网络流行高频词等确定以下文案：“尴尬不失礼貌的微笑”“嘿嘿嘿～”“好冒火！”“不高兴，哼！”“莫说话，难受想哭”“莫问我，晓不得”“哼，丑鬼”“好乖哦”“讨厌！”“白痴了吧～！”“泥奏凯！”“交个朋友吧～”“糗大了”“气到吐血”“呵呵呵”“害羞”。

2. 新建文件

一般微信表情尺寸为 240×240px，所以我们新建一个 960×960px 的文档，命名为“表情包”，制作 4 行、4 列的 16 个表情。

3. 前期管理

Step01 打开“图层”面板，依次新建图层“参考线”“文案”“容器”“表情”。

Step02 双击“矩形网格工具”，在弹出的“矩形网格工具选项”对话框中设置大小与画板一致，并对齐画板绘制一个 4×4px 的正方形矩形网格，如图 8-5 所示。随即在“图层”面板中单击点亮参考线前的锁定按钮，将网格锁定。

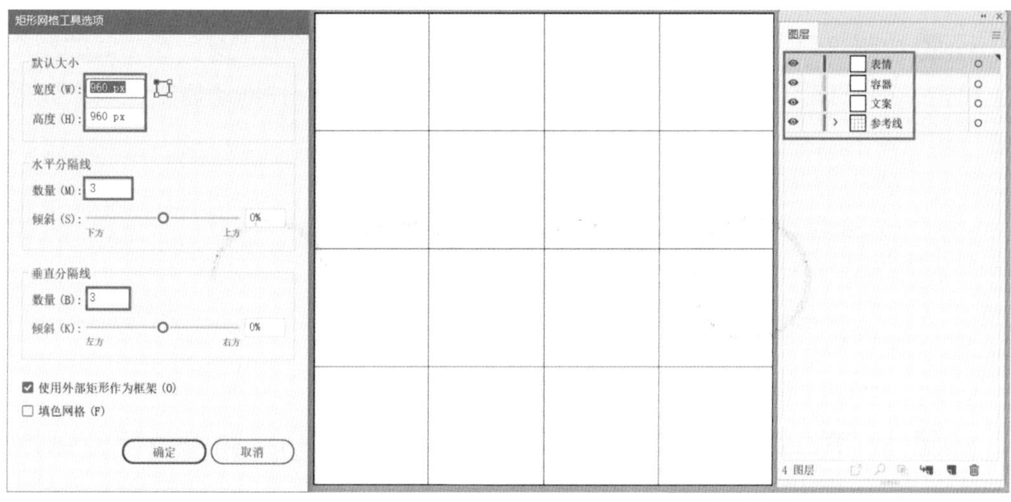

图 8-5　绘制矩形网格

Step03 使用“文字工具”在“文案”图层中输入文案提示文字，并适当调整排列对齐，完成后将图层锁定，如图 8-6 所示。

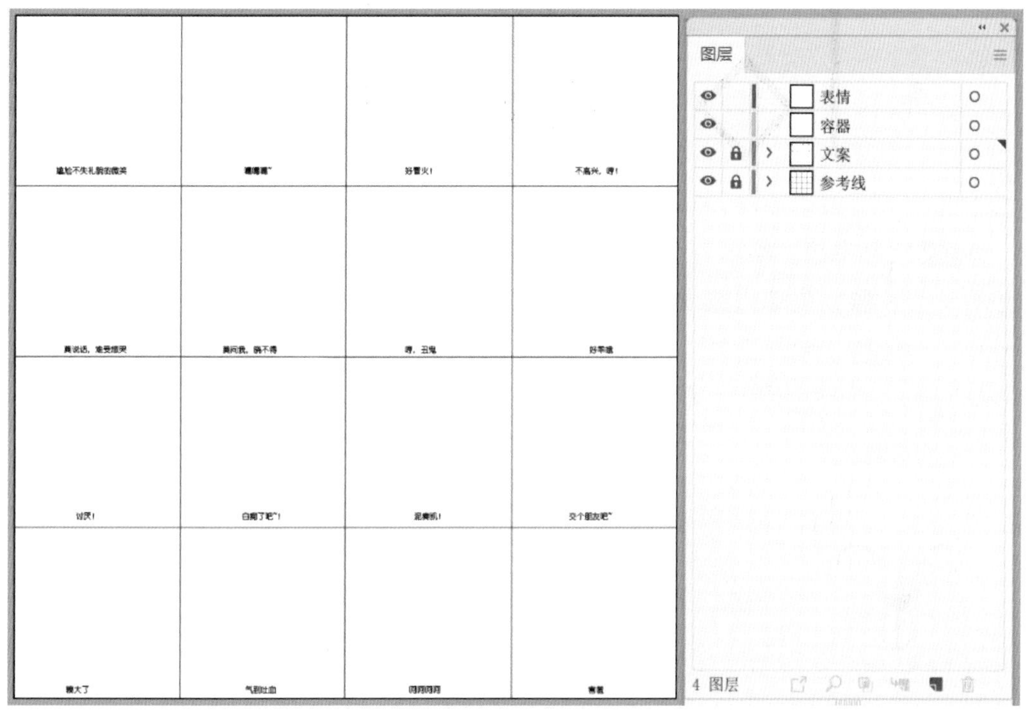

图 8-6　输入文案

4. 绘制表情

整套表情包含有很多线性元素，所以统一设置描边粗细为“1pt”，圆头端点，颜色为黑色。下文如有涉及不再单独提示。

1）第一个表情：尴尬不失礼貌的微笑

Step01 绘制双眼。绘制一个只有描边的正圆形，使用“剪刀工具”在中间的两个锚点上单击，剪断该闭合的正圆形路径，删掉下半个半圆形，并拖动复制上半个圆形，得到一对弯弯的眼睛，右击编组整个眼睛，如图 8-7 所示。

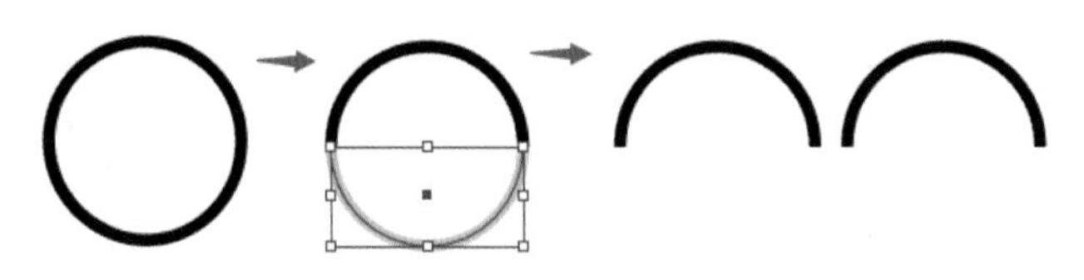

图 8-7　绘制眼睛

Step02 绘制嘴巴。绘制一根直线与仅有描边的正菱形，一起选中后进行水平居中对齐与底部对齐。使用“剪刀工具”单击菱形最左和最右的锚点后，将菱形上半截（为了更好地观察，图中设置为了灰色）直接删掉，就得到一个向下的箭头形状，模拟尴尬的微笑。右击编组整个嘴巴，如图 8-8 所示。

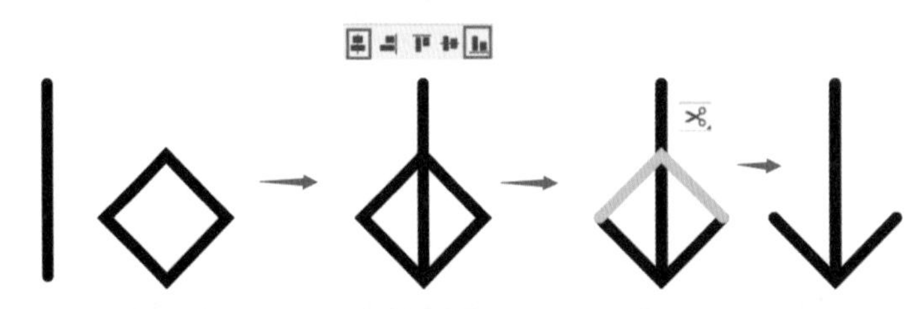

图 8-8　绘制嘴巴

Step03 绘制鼻子。绘制一个黑色椭圆形，并使用“直接选择工具”分别对上、下顶点进行适当调整，先单击选中顶部锚点向下移动，再选中底部锚点向下移动，得到鼻子外形。再使用“椭圆工具”在黑色椭圆形上方绘制一个无描边的绿色（#29ACB9）扁平椭圆形。右击编组整个鼻子。

图 8-9　第一个表情

Step04 调整位置关系与添加氛围。全选以上绘制的对象，使其水平居中对齐。在表情的两旁分别绘制粉红色椭圆形作为微笑的红晕，绘制三根竖线并适当排列，得到如图 8-9 所示的表情效果。

2）第二个表情：嘿嘿嘿～

Step01 直接复制第一个表情到文字“嘿嘿嘿～”的上方，删掉不一样的元素，保留同样的元素。更改绿色椭圆形为较深的粉红色（#E77680），并向上轻移与鼻子保持一定的间隙，如图 8-10 所示。

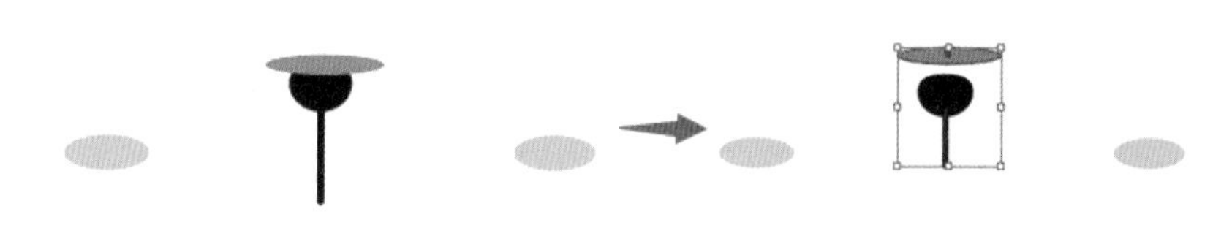

图 8-10 复制修改

Step02 采用绘制第一个表情中眼睛的方法，绘制半圆形作为嘴巴，并与鼻子保持水平居中对齐并相接。

Step03 绘制一个椭圆形，并拖动复制得到一个副本，框选两个椭圆形，使用“形状生成器”工具将形状修剪为新月形，再使用“平滑工具”对两端进行平滑处理，然后添加一个黑色的正圆形，完成一只眼睛的制作。选中所有组成眼睛的对象，右击编组，按住“Alt”键直接向右拖动复制得到另一只眼，如图 8-11 所示。最后得到一个斜眼笑的“嘿嘿嘿～”表情，如图 8-12 所示。

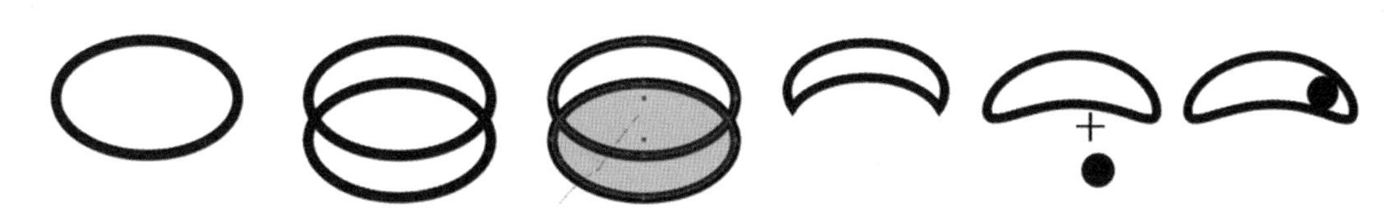

图 8-11 绘制眼睛

嘿嘿嘿~

图 8-12 第二个表情

3）其他表情

因为每套表情的元素都很相似，单独制作时需要对一些细节用心调整，但技术手段都是一样的，所以这里不再赘述，完成的整套表情如图 8-13 所示。

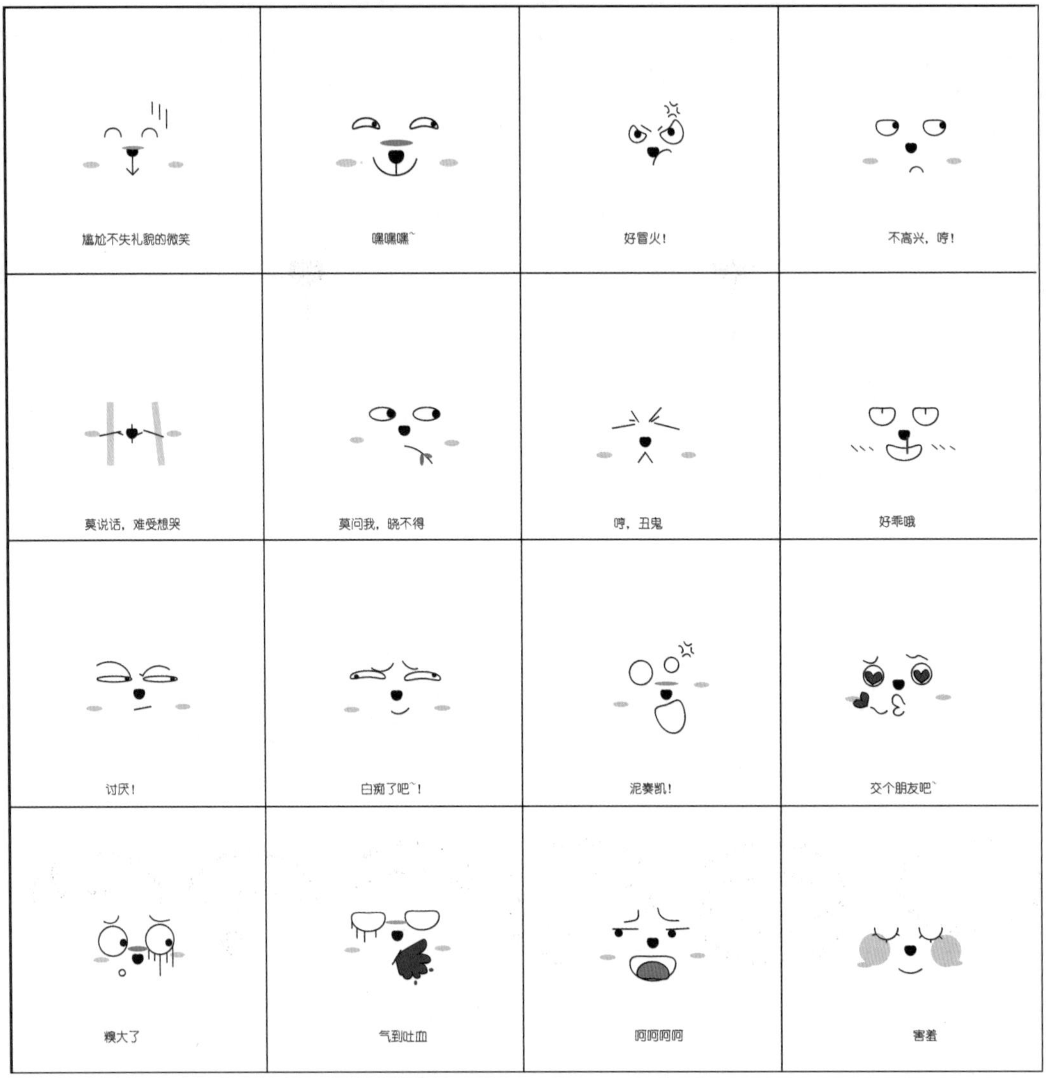

图 8-13　整套表情

5. 绘制容器

接下来我们需要在“容器”图层中完成操作。

1）动物

Step 01 打开素材源文件“12 生肖动物图标.Illustrator”，将里面的兔图标复制到“表情包”文档中。对兔图标进行适当调整，使其风格与表情包相符。删掉背板、眼睛、鼻子、嘴巴，并重新设置所有白色对象的描边为黑色、1pt，得到一个兔子头外形，右击编组，如图 8-14 所示。

Step 02 使用拖动复制的方法，将兔头复制到每个表情下方，并适当调整位置关系，最后得到一套静态的平面表情包，如图 8-15 所示。

图 8-14 创建表情包的“容器”

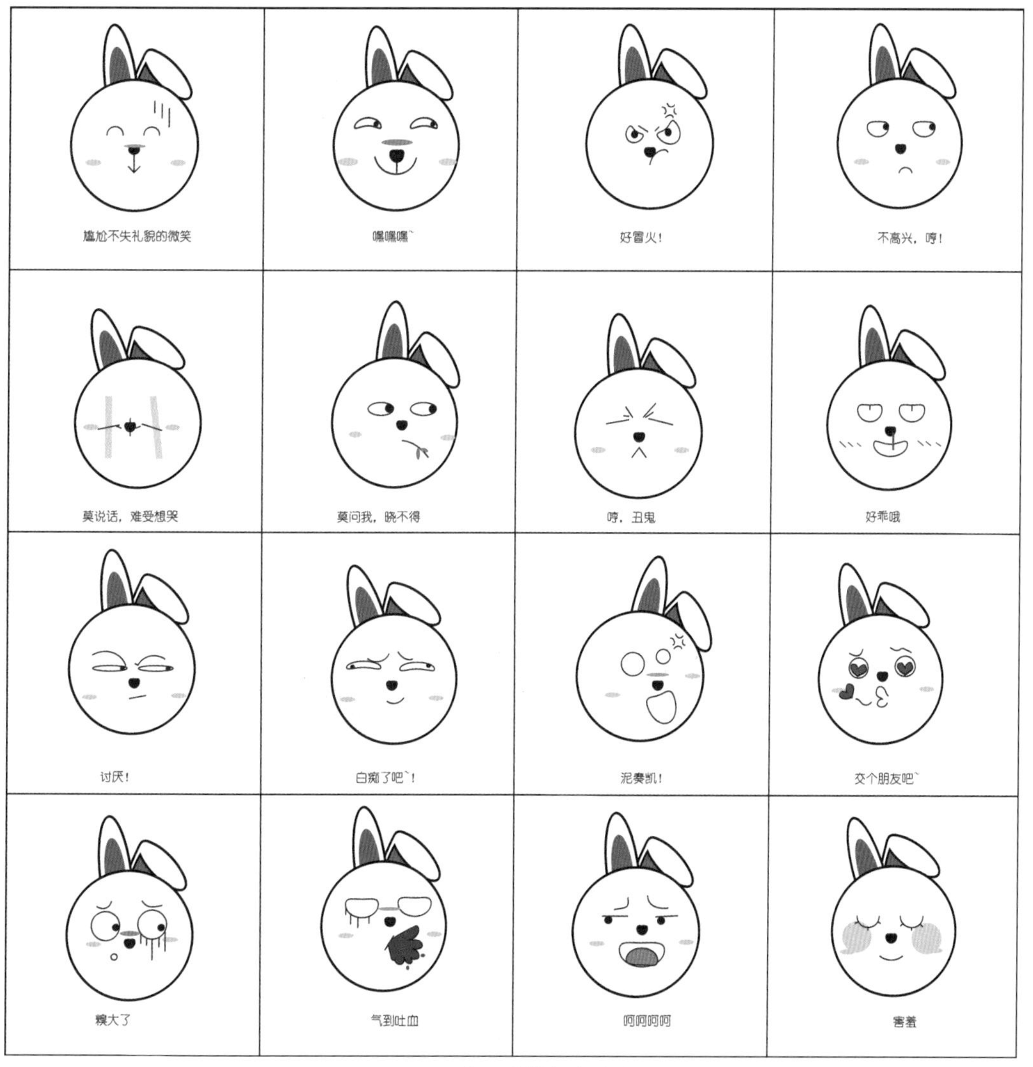

图 8-15 兔子表情包完成效果

2）人物

Step01 打开“图层”面板，重命名“容器”图层为“容器 - 兔子头”并隐藏该图层。在其上方新建图层“容器 - 娃娃头”。

Step02 绘制头发。按住“~”键，使用“弧形工具”，拖拽出如图 8-16 左图所示的图形，设置无填色，描边为黑色、1pt，再将其向右旋转 90°，使圆顶在上。为了让图形看起来更对称，直接框选不满意的一半并删掉，将剩余的一半利用“镜像工具”复制，得到一个对称的发型，如图 8-16 右图所示。

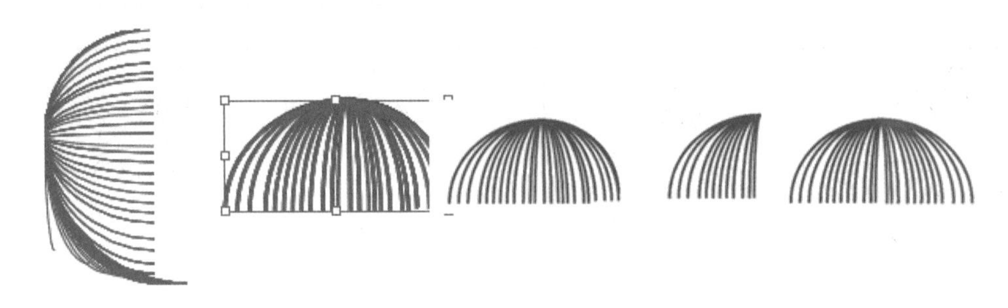

图 8-16　绘制发型

Step03 在头发的底层绘制两个椭圆形，框选整个头部，使用“形状生成器”修剪出黄底黑线的锅盖头。使用“钢笔工具”绘制耳朵，使用“椭圆工具”拉出脸蛋，最终全部组合在一起，得到娃娃头，如图 8-17 所示。编组整个娃娃头，使其成为整体对象，方便后续操作。

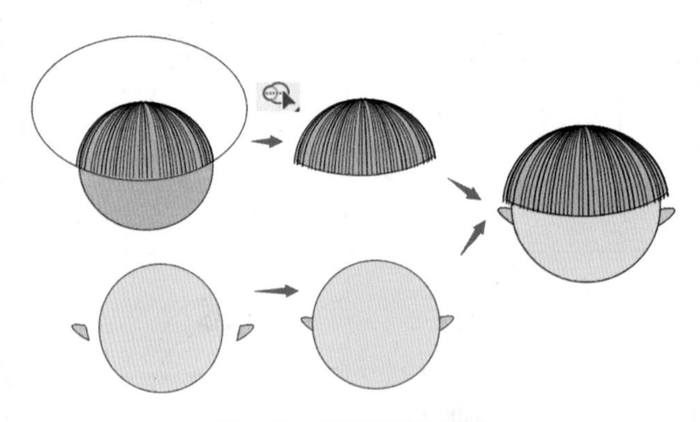

图 8-17　绘制娃娃头容器

Step04 调整好娃娃头整体大小后，直接将其复制多个放置在每个表情的下方，最后得到另一套表情包，如图 8-18 所示。

基于此，你可以通过改变表情、容器打造出更多属于自己的表情包。

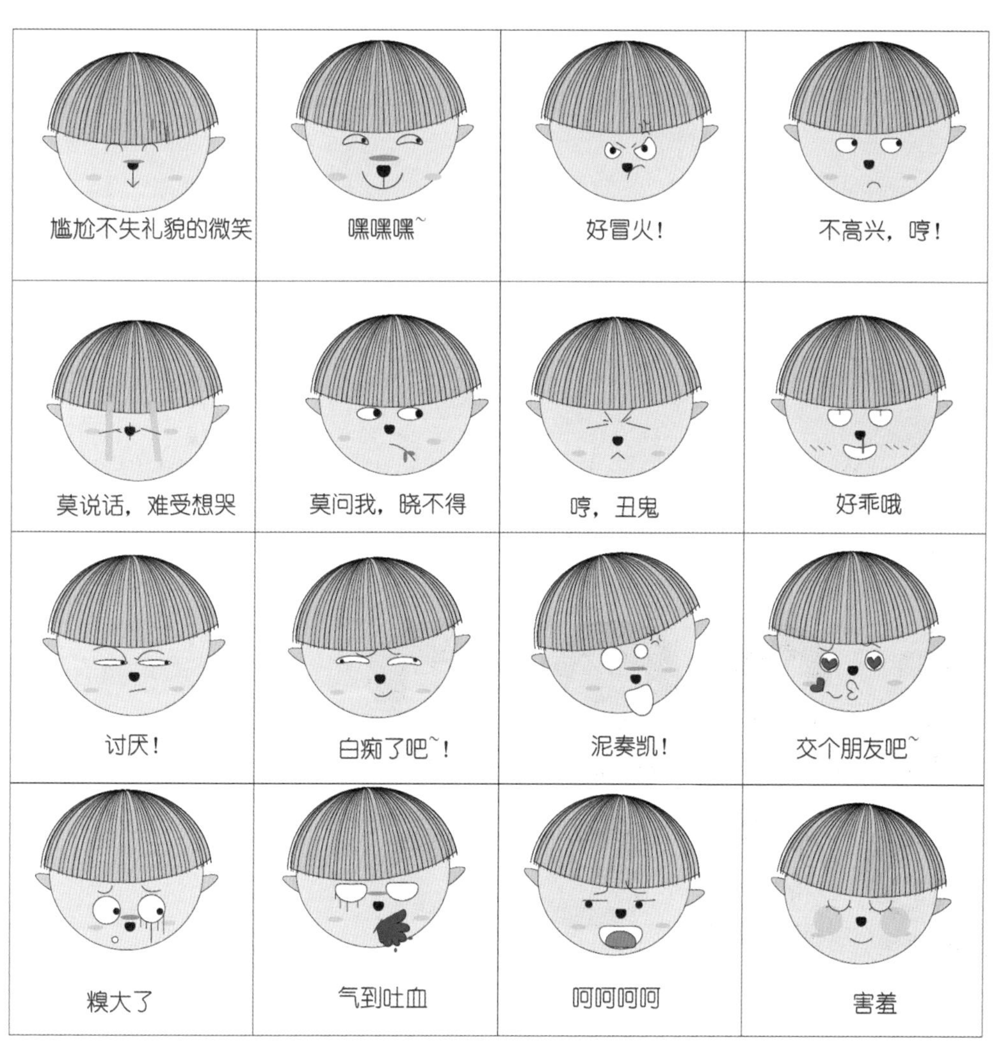

图 8-18 娃娃头表情包效果

8.4 相关知识

8.4.1 表情包介绍

表情包是在互联网上社交软件活跃之后，形成的一种流行文化。表情包可以表达多种情绪和状态，如喜悦、高兴、癫狂、愤怒、生气、悲伤、惊讶、自豪、无所谓、绝望、崩溃、怒吼、可爱、发呆、发烧、流鼻涕、头疼、咳咳咳、满血复活等。

网络上的表情包大致分为四种。一是纯文字的表情包，包括亮闪闪的文字动态文字等；二是真人表情包，如一些人物角色表情包和一些影视的 GIF 动态图；三是一些原创的动画表情包，如兔斯基、长草颜团子、乖巧宝宝等（如图 8-19 所示），其中“乖巧宝宝”一套表情包的发送量达到近 30 亿次。四是人脸和动画相结合的表情包，如蘑菇头（如图 8-20 所示）。

图 8-19　原创动画表情包

图 8-20　蘑菇头表情包

利用 Illustrator 我们更多的还是绘制一些偏扁平风格的静态表情包，也可以配合 Photoshop 等软件继续制作动态表情包。

8.4.2　如何添加单个微信表情

进入微信聊天界面，单击“+”按钮左手边的“表情图”按钮，单击“爱心”按钮。在“添加的单个表情”界面中单击“+”按钮，在弹出的界面中找到你需要的表情图片，单击选中，接着单击“使用”按钮，即已添加表情图片到你的表情图里了。当再次在聊天界面单击“表情”按钮时，你会发现表情库中已经添加了该表情图片，单击即可发送。

8.4.3 如何上传自己的表情包到微信商店

（1）在微信表情开放平台注册。（网址 http://sticker.weixin.qq.com/cgi-bin/mmemoticon-bin/loginpage?t=login/index）

（2）了解表情的制作规范，如主图尺寸是 240×240px，大小不得大于 100KB 等。单击“查看表情制作规范”链接，在“制作规范”页面里，你可以找到所有表情制作规范，非常详细。

（3）准备好你的表情包，动态表情要有 2px 的白边，格式为 .gif；静态表情无白边，格式为 .png。

（4）准备好你的表情包横幅，需要概括宣传你制作的表情包，突出个性。

（5）制作引导图 / 赞赏图。引导图就是希望别人给你赞赏的图；赞赏图就是别人给你赞赏之后，表示感谢的图。

（6）提交表情，按照 4 个流程一步一步提交表情包，如图 8-21 所示为表情包上传流程。

（7）等待审核，时间大约是 7 天。

（8）审核通过，预约上架时间；审核未通过，可以查看审核不通过的原因，并且在此基础上进行修改再提交。

图 8-21 上传流程

8.5 同步练习

1. 利用前期绘制的十二生肖动物头像图标继续延伸设计出一套表情包。
2. 自选主题绘制一套表情包。

第 9 章

系列插画设计与绘制

9.1 项目需求读解

在现实工作中，经常遇到直接将摄影图片素材转化为插画的做法，特别是在手绘界，当遇到需要插画风格的图片时最便捷的方法就是使用 Photoshop 和 Illustrator，Photoshop 中的滤镜和插件、Illustrator 中的图像描摹和描绘都非常实用。本项目需要将风景照片转化为矢量插画，并适当增添画面氛围。

9.2 关键知识点与设计制作技巧

本项目主要运用到了“钢笔工具”对形状进行描绘，用“渐变工具”对对象进行填充，用“粗糙化工具”和“平滑工具”对细节进行处理。“钢笔工具”的优点是可以勾画出非常平滑的曲线，用“钢笔工具”画出来的线条我们称为路径，分为开放路径（如“C”形）和闭合路径（如“O”形）两种。我们在使用 Illustrator 绘图时，有时需要对一些图形的边缘进行粗糙化或平滑处理，将其演变成另一种审美效果，就是通过“粗糙化工具”和“平滑工具”实现的。

9.3 项目设计制作实录

插画绘制

Step01 新建文档并置入位图素材

（1）启动 Illustrator，新建一个文档，设置名称为“风景插画”，选择空白文档预设【图稿和插画】|【明信片】，其他使用默认值，单击“创建”按钮。

图 9-1 新建文档

（2）执行菜单命令【文件】|【置入】，或直接将一张素材图片直接拖进 Illustrator 工作区，适当拖放边界框使之与画板等大，如图 9-2 所示。

（3）将图片平移出画板，并放置在一旁，作为绘制的参考，按“Ctrl+2”组合键将其锁定，避免移动。

图 9-2　置入位图素材

Step02 绘制

（1）使用“矩形工具”在画板外的右侧空白处绘制多个矩形块，并在原图上取色，根据自己的喜好进行色彩搭配与排列。这里我们从上到下依次排列由浅到深的颜色，便于绘制过程中的快捷取色。

（2）使用“矩形工具”绘制一个与画板等大、对齐的矩形，填充上定义好的最浅色，作为天空背景色。按“Ctrl+2”组合键将其锁定，避免移动。

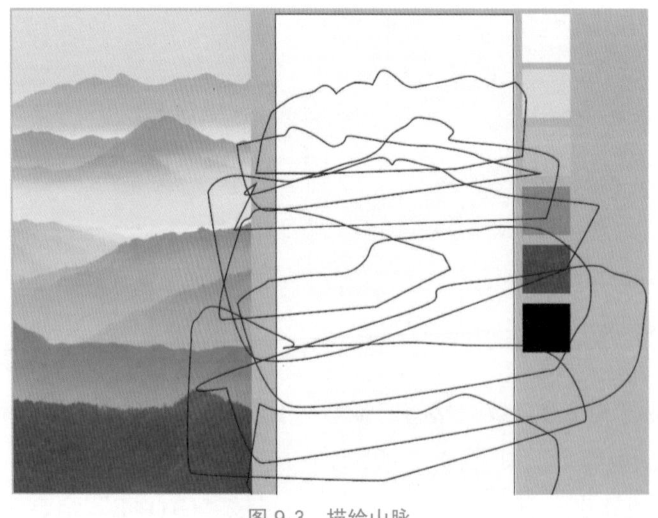

图 9-3　描绘山脉

（3）使用“钢笔工具”在原图上根据每个山峰的形状进行封闭图形的描绘。描绘时通常先绘制底层的对象，所以我们从图片顶端的山峰开始往下一个一个地描绘。为了更好地观察，我们暂时将描绘的所有山峰对象都设置为仅描边的效果。完成所有的描绘后，就将它们统一平移到画板上，效果如图 9-3 所示。

（4）按“Ctrl+Alt+2”组合键解除锁定，全选画板上的所有对象，并使用“形状生成器”修剪掉超出画板的部分。完成修剪后，再次将原图与天空底色矩形锁定。

Step 03 调整颜色

（1）仅有描边线的状态不好分辨，所以下面设置无描边，单击工具箱中的“渐变填色”按钮，重新将所有山峰都填充为默认的渐变黑白。这时已经可以大致看出来每个山峰的形状了，如图 9-4 所示。

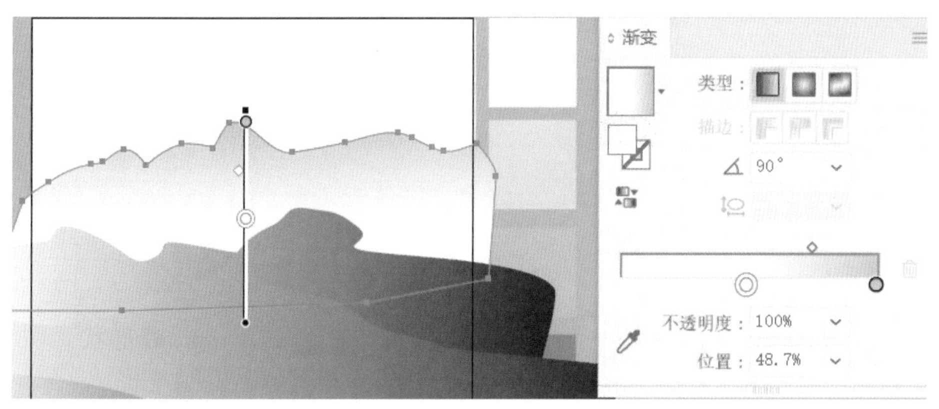

图 9-4　渐变填充

（2）选中顶端的远处山峰，将渐变的颜色更改为最浅的蓝色与天空的颜色，即之前排列好的最上面的两种颜色，设置类型为直线渐变、90°。

（3）使用“吸管工具”，先在最上面的山峰上单击取色，再按住“Alt”键将吸管光标转化为滴管，再依次在下面的山峰上单击，这样所有的山峰都被设置成了同样的渐变填充，效果如图 9-5 所示。

图 9-5　使用“吸管工具”设置渐变填充

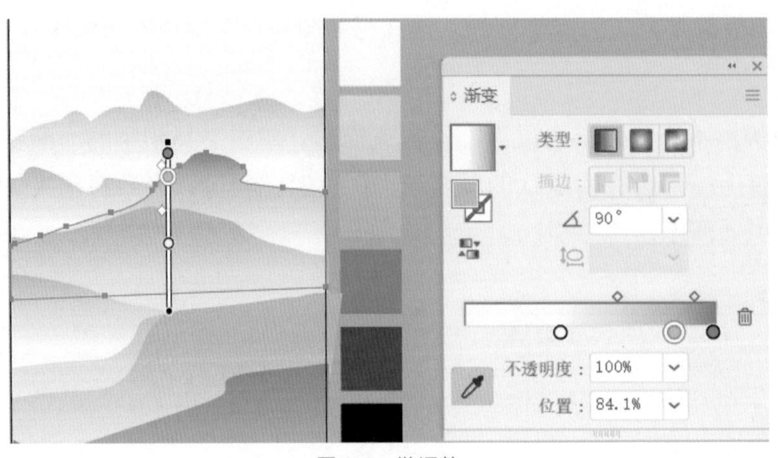

图 9-6　微调整

（4）对比左边的原图，单独对每个山峰进行渐变填充的微调整，如有的山峰适当增加一点更深的蓝色，效果如图9-6所示。

图 9-7　粗糙化

Step04 调整山峰形状

（1）此时山峰仍过于平滑，为了营造更真实的效果，可以对它们进行适当的处理。执行菜单命令【效果】|【粗糙化】，在弹出的"粗糙化"对话框中，先勾选"预览"复选框，再调整选项参数，边预览边调整，得到自己满意的效果后再单击"确定"按钮。参数与对比效果如图9-7所示。

（2）修改最下方的山峰填色为黑色，为后续添加城堡做铺垫。

（3）如果感觉粗糙的效果过于雷同与规则，可以再次根据画面效果做一定的调整。先执行菜单命令【对象】|【扩展】，再使用“平滑工具”对局部进行适度涂抹。为了避免过渡平滑，可以双击“平滑工具”，设置平滑保真度偏向“精确”，如图 9-8 所示。

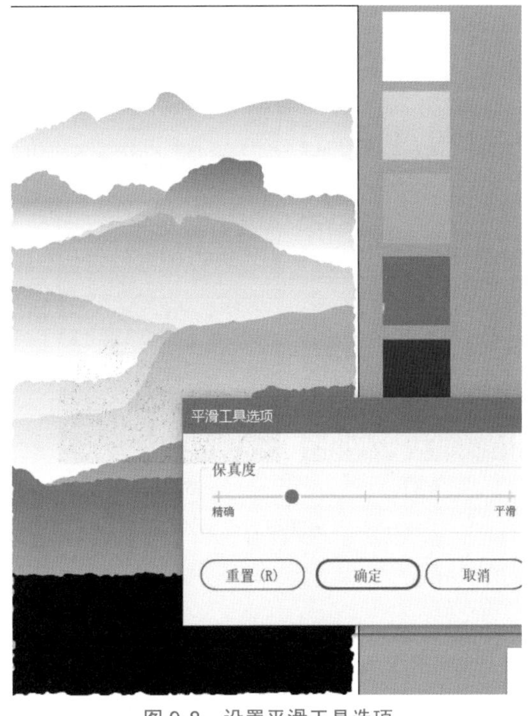

图 9-8　设置平滑工具选项

Step05 添加画面氛围

（1）置入一张城堡图片素材，并适当地调整位置及大小。颜色与最下方的山峰颜色一致，都设置为黑色，这样做一是可以很好地融合二者，二是会有夜景剪影的效果和氛围。

（2）经过粗糙化、添加城堡等系列操作后，整个画面又与画板有一定的缝隙或溢出。这时可以再次解锁对象，全选画板上的内容并向画板四周略微放大。再在画板的最上层绘制一个与画板等大、对齐的矩形，右击，在右键快捷菜单中选择“建立剪切蒙版”命令，如图 9-9 所示。

图 9-9　剪切蒙版

（3）最后得到完美的矢量风景，再来看看原图与效果图的对比，如图 9-10 所示。

图 9-10　原图与效果图对比

9.4 相关知识

粗糙化可以模拟出很多的细节，如图 9-11 所示，与“混合工具”结合更是可以打造毛茸茸的效果。如图 9-12 所示，先绘制的两个圆形并进行粗糙化，设置为不同径向的渐变颜色，再混合两个对象，绘制需要替换用的其他路径，并执行菜单命令【对象】|【混合】|【替换混合轴】，就模拟出了一条毛茸茸的尾巴。

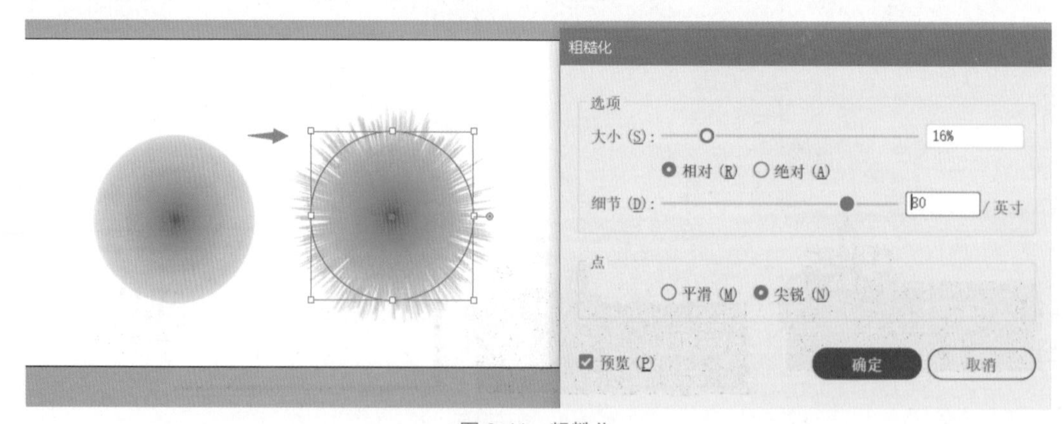

图 9-11　粗糙化

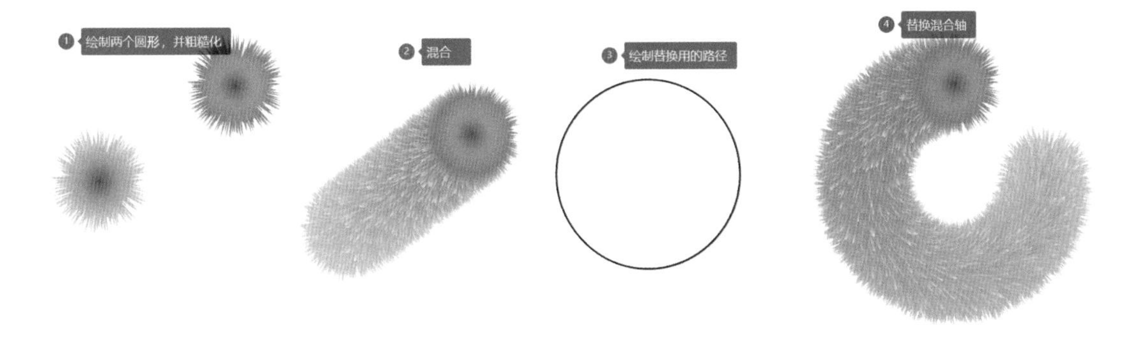

图 9-12　打造毛茸茸尾巴

9.5 同步练习

自选主题、风格，绘制一幅矢量插画。

第 10 章

Q 版戏剧娃娃设计与绘制

10.1 项目需求读解

本项目是基于重庆市社会科学规划普及项目——“传统文化川剧的数字可视化设计与传播”进行的旦角（闺门旦）Q 版娃娃设计。要求创作作品，采用数字动漫化方式绘制常见川剧的视觉 IP 形象，便于得到更多青少年群体的认同与更广泛的传播。建设和发展有中国特色的传统文化，核心就是要进行文化创新。对于川剧文化来说，在保持川剧文化原汁原味的基础上，又要迎合现代人的审美意趣，Q 版娃娃是不错的选择。

10.2 关键知识点与设计制作技巧

掌握 Q 版娃娃绘制的基本方法，头大、身体小、面部夸张。可爱的卡通动漫化视觉形象，表现手法要概括，用色鲜亮，对比强烈，便于视觉传播。

在 Illustrator 中绘制时，主要采用基本形的堆砌来完成。本项目涉及混合、渐变、图层顺序、对象排列顺序等多种关键技能的运用。

10.3 项目设计制作实录

Q 版戏剧娃娃设计与制作

1. 前期准备

寻找原型，是创作的基础，如图 10-1 所示是根据故事《拾玉镯》中的孙玉娇及手执团扇的女性形象进行的素材整理，其中，左边两个的形象是《拾玉镯》中孙玉娇的装扮，最右边的形象只提取手执团扇的动作。根据多个素材进行分析得知，戏剧里面的“闺门旦”是指未出嫁的姑娘，其典型特征是年轻貌美、有刘海。这些将是我们制作表现的关键，接下来我们分段进行创作。

图 10-1　参考图

2. 文件管理

启动 Illustrator，新建一个文档，设置名称为“闺门旦”，宽度为“300px”，高度为“350px”，颜色模式为“RGB 颜色，8 位”，背景内容为白色，栅格效果为屏幕（72ppi），预览模式使用默认值，单击“创建”按钮。

打开“图层”面板，新建两个图层，并重命名底层图层为“身体”，上层图层为“头部”。

3. 绘制头部

头部所有对象的绘制均在“头部”图层中完成，整个头部基本上用椭圆形完成绘制。

Step01 绘制头部外形和发带

（1）选择“椭圆工具”，按住“Shift”键绘制一个深棕色的正圆形。按住“Alt”键向下拖动复制一个副本，得到第二个圆形。在副本的基础上同位复制，得到第三个圆形。使用“形状生成器”对第二、第三个圆形进行修剪，最后再绘制一个椭圆形。

（2）分别对各个图形进行填充：将头发都填充为深棕色（#F9EDED），发带填充为浅蓝色（#4DDAE0），脸蛋填充为肉色（#F9EDED），描边为黑色。具体的操作步骤与填色效果如图 10-2 所示。

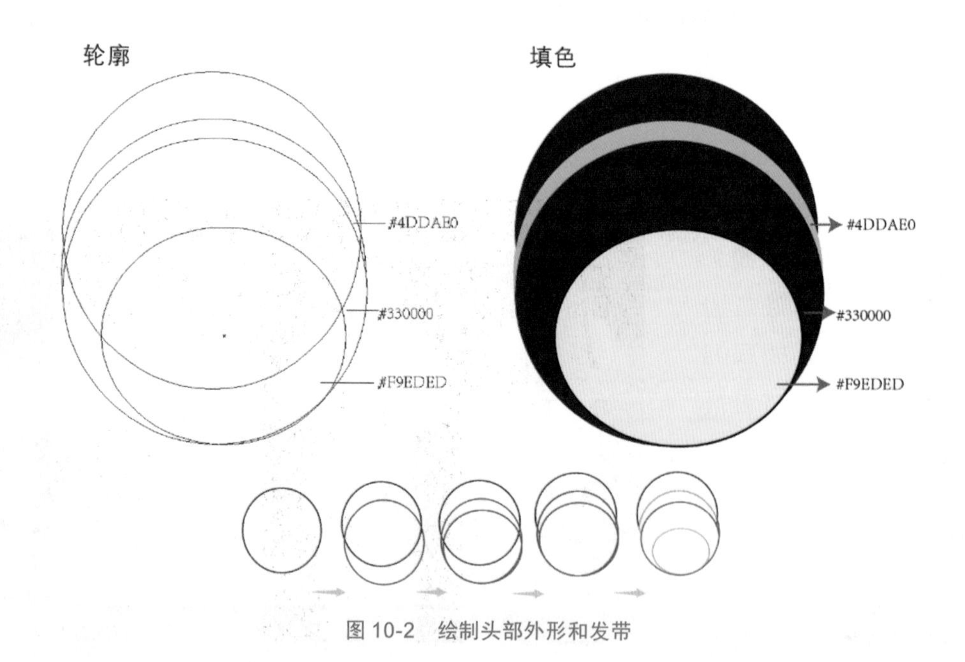

图 10-2　绘制头部外形和发带

Step02 绘制五官

（1）眉毛。使用“钢笔工具”绘制两条曲线，设置填充为黑色，无描边，形成简单的柳叶眉。

（2）眼睛。旦角演员基本是凤眼，外眼角略往上挑，给人妩媚之感，这里我们利用圆形与三角形组合完成。先使用“星形工具”绘制一个黑色三角形，再使用“椭圆工具”绘制一个黑色椭圆形及两个白色小正圆形，适当调整位置与大小，将 4 个元素组合为一只眼睛并编组。使用“镜像工具”复制出另一只眼睛，放置在脸庞上，如图 10-3 所示。

（3）胭脂。复制眼睛并联集整个头部外形，得到胭脂区域，重新填色为胭脂红（#FF0099），并排列顺序，放置在脸庞与眼睛中间。执行菜单命令【效果】|【模糊】|【高斯模糊】，勾选“预览”复选框，调整半径，直到适合画面效果为止，并将胭脂的位置调整到眼窝、鼻梁两侧，如图 10-4 所示。

（4）嘴巴。Q 版形象为了突出眼睛，常常夸张表现眼睛，相对地就缩小了嘴巴。所以我们用“椭圆工具”直接绘制一个粉红色椭圆形作为嘴巴即可。

图 10-3 绘制眼睛

Step 03 绘制头饰

1）发片与刘海

（1）水鬓片子。旦角发片通常有 7 片，中间最大。绘制 Q 版形象的时候，我们将发片简化，直接用与头发同色的深棕色绘制一个正圆形，不要描边（便于相互间的无缝衔接），然后沿着发际线的位置进行拖动复制，最后将居中的圆形适当拖放变大，编组 7 个圆，效果如图 10-5 所示。

图 10-4 眼睛

图 10-5 发片

（2）刘海。使用“直线工具”绘制一根描边为 2px 的深棕色线条，按住“Shift+Alt”组合键水平移动复制得到一个副本。选中两根直线，按下“Ctrl+Alt+B”组合键（或使用“混合工具”依次在两根直线上单击）得到混合效果。若混合的效果不满意，可以保持选中混合对象，再次双击“混合工具”，在弹出的“混合选项”对话框中进行设置。本案例中设置指定的步数为“8”。调整好后将刘海移动到发片中间，如图 10-6 所示。

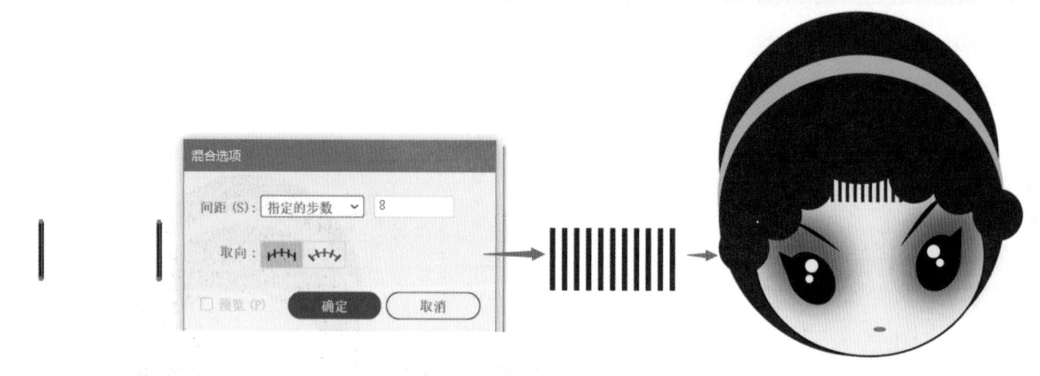

图 10-6　刘海

2）红宝珠

绘制一个正圆形，设置填充为渐变，打开“渐变”面板，将渐变设置为从米黄色到红色的径向渐变，调整到过渡自然即可，如图 10-7 所示，完成一颗红宝珠的制作。如图 10-8 所示，将红宝珠复制出 4 个副本，放置于相对对称的排列位置，将最中间的红宝珠放大。

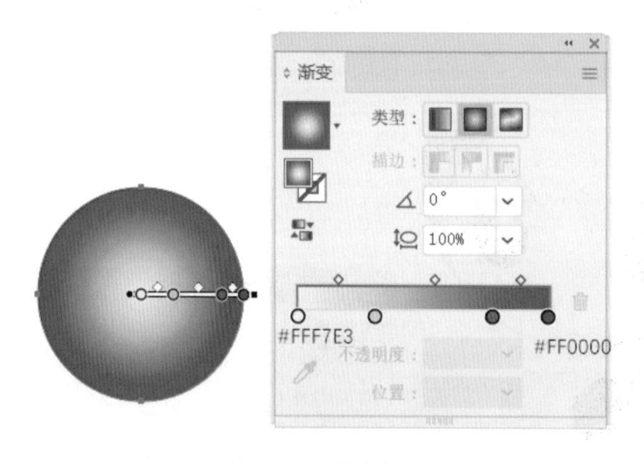

图 10-7　渐变红宝珠

图 10-8　复制红宝珠

3）珍珠

绘制一个正圆形，填充为渐变。执行菜单命令【窗口】|【色板库】|【渐变】|【玉石与珠宝】，在打开的面板中选择需要的渐变类型（珍珠），然后就可以在“渐变”面板的左上角直接选用了。这样就完成了单颗珍珠的制作，效果如图 10-9 所示。

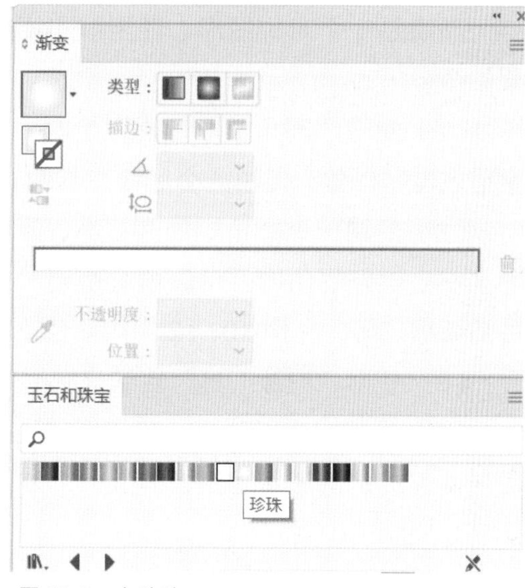

图 10-9　白珍珠

将画好的珍珠放置到最大的红宝珠旁，使用旋转复制功能，并结合“Ctrl+D”组合键打造珍珠绕红宝珠一圈的效果，如图 10-10 所示。

图 10-10　旋转复制

使用类似的手法，复制出其他珍珠，注意珍珠有大小两种型号。完成效果如图 10-11 所示。

图 10-11　珍珠复制效果

4）顶蝶

顶蝶是一个对称图形，使用圆角矩形、矩形、曲线组合完成，操作步骤与完成效果如图 10-12 所示。

（1）使用“圆角矩形工具”绘制一个圆角矩形，使用“直接选择工具”分别对 4 个锚点进行调整，保留一个圆角，其他 3 个都调整为直角。

（2）复制一个圆角矩形并缩小、旋转，组合成蝴蝶的一半，将二者右边沿对齐。为了产生更好的角度，可以再次使用“直接选择工具”将最右边的两个锚点向中心轻移后编组二者。在图 10-12 中用蓝色小圆圈做了标注。

（3）使用“镜像工具”复制得到另一半翅膀。

（4）绘制一个正菱形，并使用“直接选择工具”调整除顶部以外的 3 个锚点，将菱形调整成水滴形状。镜像复制一个水滴形状并上下对称摆放，然后将水滴形状放置到蝴蝶翅膀的中间。

（5）复制水滴形状并与曲线进行组合，得到类似花骨朵的形状，根据需要对称地复制多个。最后得到一个完整的顶蝶图案，全选后右击编组，并移动到头顶正中。

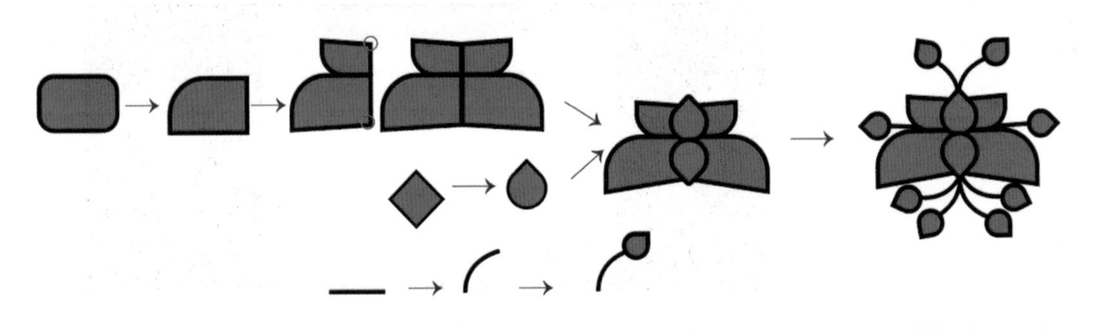

图 10-12 绘制顶蝶

5）绢花

（1）先绘制一个“圆角矩形”，按下“R”键，将当前工具锁定到了“旋转工具”上，这时可以按住“Alt”键调整旋转中心到指定的位置。对于这个图形，就让旋转中心在默认的图形中心即可，按下回车键，在弹出的“旋转”对话框中设置角度为“36° ”，单击“复制”按钮。

（2）接着按下“Ctrl+D”组合键 3 次，得到一朵线条复杂的花朵。全选整个花朵，使用“路径查找器”进行联集，简化形状，合并为一个对象。

（3）使用紫红色到白色的径向渐变填充花朵，得到一个中间深边缘浅的花朵。以上步骤及效果可参考图 10-13。

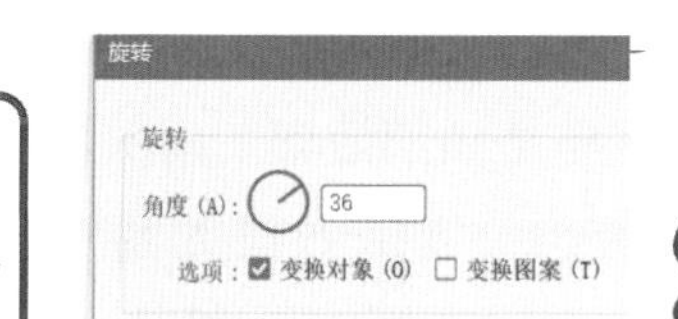

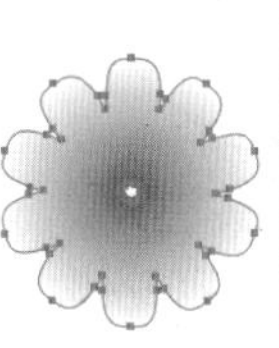
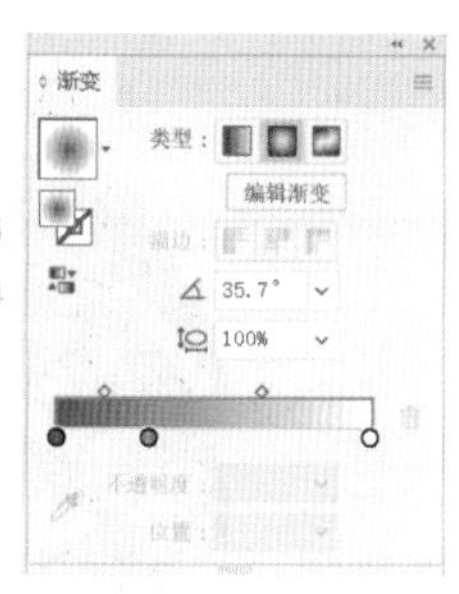

图 10-13　绘制绢花基本形

（4）复制多个花朵副本，并递减式改变大小。再绘制一个紫红色正圆形，确保这些图形从上层到下层保持从小到大的顺序，框选后单击控制栏上的“水平居中对齐”与“垂直居中对齐”按钮，得到一朵层次丰富的绢花，右击编组待用。图 10-14 中做了两种效果，默认的一种是外边沿为无色的，另一种是外边沿为紫红色的（操作方法是做好后双击最大的一层花朵，在隔离模式中为它设置描边）。设计时可以根据喜好进行修改。

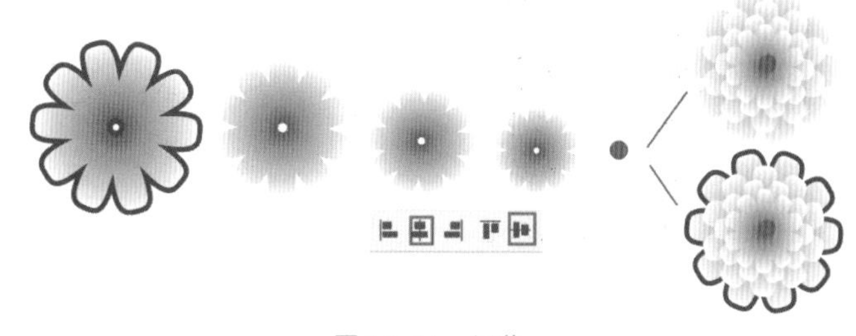

图 10-14　绢花

（5）复制多个绢花副本，执行菜单命令【编辑】|【编辑颜色】|【调整色彩平衡】，在弹出的“调整颜色”对话框中适当调整参数，得到其他的颜色效果，参考图 10-15 制作青绿色绢花。

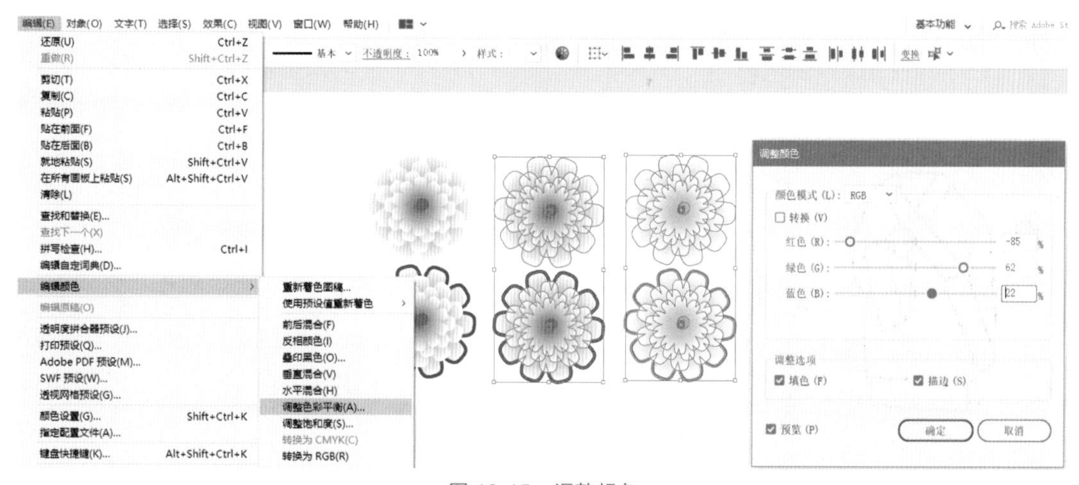

图 10-15　调整颜色

（6）将绢花分别放置到头部脸颊两旁，完成整个头部效果。再次框选全部对象后编组，完成效果如图 10-16 所示。

图 10-16 头部

Step04 绘制身体

接下来我们将在“身体”图层完成身体的绘制。身体与头部的比例决定了身体不是主要的表达对象，所以我们也尽量用简化的方式来完成。

（1）可以事先参考寻找到的一些素材手绘草图，简化形态，绘制草图，如图 10-17 所示。

图 10-17 绘制草图

（2）将画好的草图拍照上传至计算机中，置入“闺门旦”文件中，放置在一旁，锁定起来避免移动。

（3）选择“画笔工具”，直接在草图上跟随线条描画，效果如图 10-18 所示。“画笔工具”的优点是可以自动地做一些平滑处理，以及每笔都是独立的路径线条对象。

图 10-18 画笔描画

（4）在绘制好的路径的基础上，再次使用“平滑工具”进行调整。有的局部还可以重新使用基本形状工具进行绘制，如领口、手、团扇等。

（5）完成路径调整后就可以进行填色处理了，这时需要注意，必须要封闭的路径才更方便填色。然后调整对象的排列顺序，此处省略详细步骤。

（6）绘制一些小花朵装饰团扇和衣服，此处省略详细步骤。最后完成效果如图 10-19 所示。

（7）将身体与头部进行组合，适当调整位置与大小，一定要做到头部突出。完成效果如图 10-20 所示。

图 10-19 绘制身体

图 10-20 组合身体与头部

Step 05 绘制长辫子

（1）长辫子的位置很特别，辫子本该属于头部区域，但又与身体部分有一些交叉，所以我们先在“身体”图层的顶层使用“钢笔工具”绘制两条曲线，设置填色为深棕色，无描边，方法与绘制眉毛一样。

（2）一边按“Ctrl+[”组合键后移一层，一边观察长辫子的位置，直到调整到长辫子被手压住又能露出两端的效果即可，如图 10-21 所示。

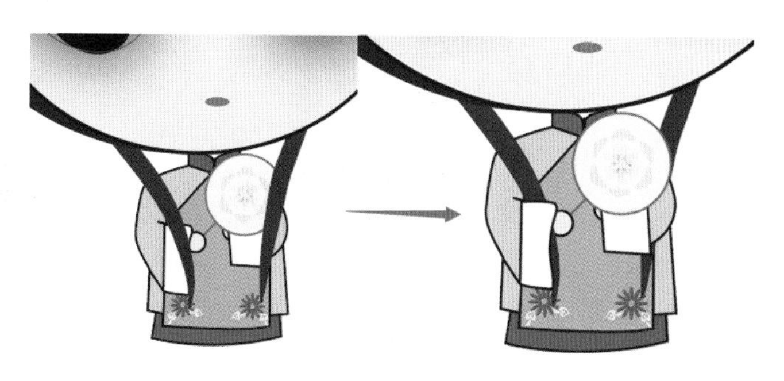

图 10-21 调整长辫子位置

最后再次整体检查，对不满意的地方进行微调，也可以再对画面背景进行装饰，删除多余素材与元素，保存文档，完成整个Q版闺门旦的制作，效果如图 10-22 所示。

如图 10-23 至图 10-25 所示是课堂上部分学生完成的角色绘制。也期待通过类似方法，你也能创作出一系列属于自己的作品。

图 10-22　Q 版闺门旦完成图

图 10-23　白蛇传主题花旦

图 10-24　穆桂英挂帅主题角色

图 10-25　武旦与武生

10.4 相关知识

川剧行当分为生角、旦角、净角、丑角。

生角：宋之南戏中已有生角，扮演男性人物。根据所演人物类型和表演艺术特点，又细分为正生、老生、红生、小生、武生、帕帕生、二小生等。

旦角：宋杂剧中已有旦角，扮演女性人物。根据所演人物类型和表演艺术特点，又细分为闺门旦、青衣旦、正旦、奴旦、泼辣旦、鬼狐旦、摇旦等。

净角：一般认为是由宋杂剧的“副净”演化而来，又称“花脸”，扮演男性人物。根据所扮演人物类型和表演艺术特点，又细分为袍带花脸、靠架（甲）花脸、草鞋花脸、粉脸，猫儿花脸等。

丑角：俗称“小花脸”“三花脸”。从宋元南戏到现代的各剧种都有丑行。川剧丑行扮演的人物多种多样，上至帝王将相，下至市井平民、三教九流、医卜星相、男女老幼，以至神仙鬼怪，无所不有。丑角有清正廉明、心地善良、语言幽默、行为滑稽的好人，也有奸诈刁恶、悭吝卑鄙、口蜜腹剑、人面兽心的恶徒。丑角又细分为袍带丑、宫衣丑、龙箭丑、褶子丑、襟襟丑、老丑、烟子丑、武丑等。扮演女性人物的丑角称丑旦、丑婆子。川剧行当细分如表 10-1 所示。

表 10-1　川剧行当细分

行当	细分											
	1	2	3	4	5	6	7	8	9	10	11	12
生角	正生（须生）	老生	红生	小生	武生	帕帕生（娃娃生）	二小生					
旦角	闺门旦	青衣旦	正旦	刀马旦	娃娃旦	武旦	泼辣旦	老旦	鬼狐旦	丑旦	摇旦	奴旦
净角	袍带花脸	靠架（甲）花脸	草鞋花脸	粉脸	猫儿花脸	黑头（黑净）	武净（武花脸）					
丑角	袍带丑	宫衣丑	龙箭丑	褶子丑	武丑	襟襟丑	老丑	烟子丑				

10.5 同步练习

挑选一个川剧行当完成以头像为主的动漫化娃娃设计与绘制。

创作方法提示如下。

（1）确定行当及细分种类。

（2）从典型剧目中选择喜欢的角色，并寻找一手的参考资源（川剧视频、剧照、名角海报、博物馆拍照等）。

（3）参考资源完成创作与绘制。

（4）对整体风格、色彩等细节进行调试。